RADIATION PROTECTION IN MINING
AND MILLING OF URANIUM AND THORIUM

PROCEEDINGS OF A SYMPOSIUM ORGANISED
BY THE INTERNATIONAL LABOUR OFFICE AND
THE FRENCH ATOMIC ENERGY COMMISSION,
IN CO-OPERATION WITH THE WORLD HEALTH
ORGANIZATION AND THE INTERNATIONAL ATOMIC
ENERGY AGENCY AND HELD IN BORDEAUX (FRANCE),
9-11 SEPTEMBER 1974.

INTERNATIONAL LABOUR OFFICE - GENEVA

ISBN 92-2-101504-1

First published 1976

The designations employed in ILO publications, which are in conformity with United Nations practice, and the presentation of material therein do not imply the expression of any opinion whatsoever on the part of the International Labour Office concerning the legal status of any country or territory or of its authorities, or concerning the delimitation of its frontiers. The responsability for opinion expressed in signed articles, studies and other contributions rests solely with their authors, and publication does not constitute an endorsement by the International Labour Office of the opinions expressed in them.

ILO publications can be obtained through major booksellers or ILO local offices in many countries, or direct from ILO Publications, International Labour Office, CH-1211 Geneva 22, Switzerland. A catalogue or list of new publications will be sent free of charge from the above address.

Contents

RAPPORT INTRODUCTIF

Les problèmes de protection posés dans l'extraction
 et le traitement de l'uranium et du thorium
 H. Jammet   3

GENERAL REVIEW - EPIDEMIOLOGY - RADIOTOXICOLOGY

La radioprotection dans l'extraction et le traitement
 des minerais radioactifs - Problèmes et évolution (Rapport)
 Z. Dvorák 13

Causes of death in Ontario uranium miners
 J. Muller and W.C. Wheeler 29

Etude expérimentale de la comparaison de l'action toxique
 sur les poumons du radon-222 et de ses produits de
 filiation avec les émetteurs α de la série des actinides
 J. Lafuma, H. Chameaud, R. Perrault, R. Masse,
 J.C. Nenot, M. Morin 43

Determination of natural uranium in urine
 M.B. Hafez, M.A. Gomaa 55

Discussion sur l'étiologie du cancer pulmonaire des
 mineurs d'uranium 65

MAXIMUM PERMISSIBLE LEVELS

Niveaux admissibles relatifs aux nuisances radiologiques
 dans l'extraction et le traitement des minerais d'uranium
 et de thorium (Rapport)
 M. Dousset 81

Thoron daughter working level
 A.H. Khan, R. Dhandayutham, M. Raghavayya,
 P.P.V.J. Nambiar 103

Rapid determination of radon daughter concentrations
 and working level with the instant working level meter
 P.G. Groer, D.J. Keefe, W.P. McDowell, R.G. Selman . . . 115

TECHNICAL AND ADMINISTRATIVE RADIATION PROTECTION MEASURES

Mesures techniques et administratives de radioprotection
dans les exploitations d'uranium de Mounana
M. Quadjovie (Rapport) 135

L'allocation des ressources de radioprotection dans
les mines d'uranium (méthodologie)
F. Fagnani, J. Pradel, P. Maitre, J. Mattei,
P. Zettwoog 157

Some measurements on ^{210}Pb in non-uranium miners
in Sweden
J.O. Snihs, P.O. Schnell, J. Soumela 171

MONITORING IN THE WORKING AND IN THE GENERAL ENVIRONMENT

Radiation protection monitoring in mines and mills
of uranium and thorium (Report)
M. Raghavayya 189

A portable α-counter for uranium mines with preset,
updated readout
D.J. Keefe, W.P. McDowell, P.G. Groer 207

A new monitor for long-term measurement of radon daughter
activity in mines
B. Haider, W. Jacobi 217

Recent developments in instrumentation for evaluating
radiation exposure in mines
A. Goodwin 227

La radioprotection dans l'extraction et le traitement des
minerais d'uranium en France 249

MEDICAL SURVEILLANCE

Medical surveillance in mining and milling of uranium and
thorium and in the handling of rare earth metals (Report)
L. Elovskaja 265

Risques et nuisances des mines d'uranium - Prévention
médicale
J. Chameaud, R. Perraud, J. Lafuma, R. Masse 277

Chelation studies of uranium for its removal from body
M.B. Hafez 287

ROUND TABLE ON WASTE MANAGEMENT

Waste management in mining and milling of uranium
R.G. Beverly 301

CONCLUSIONS

P. Pellerin 327

Rapport introductif

Les problèmes de protection posés dans l'extraction et le traitement de l'uranium et du thorium

H. Jammet[*]

Les problèmes soulevés par les mines d'uranium en particulier sont anciens : ils ont précédé la naissance de l'ère radiologique et à fortiori de l'ère atomique. L'histoire de la protection contre les rayonnements montre que ces problèmes ont été parmi les plus difficiles et, il faut le dire, parmi les plus douloureux pour les travailleurs. Ce sujet est l'un de ceux qui, à l'époque actuelle, méritent le plus d'attention car il pose de multiples questions dans les domaines biologique, réglementaire ou technique; ces questions sont graves et difficiles à résoudre. Bien que ces problèmes soient anciens, il n'a pas encore été trouvé de solutions donnant pleine satisfaction et cela justifie pleinement qu'un tel symposium ait été retenu par les trois organisations internationales ici présentes.

Sur le plan de la protection radiologique, le problème posé par les mines d'uranium, s'il n'est pas le seul, est certainement l'un des plus difficiles, avec certaines applications des substances radioactives naturelles ou artificielles en médecine ou dans le domaine industriel.

---

[*]Département de protection, Commissariat à l'énergie atomique, Fontenay-aux-Roses, France.

Aspects biologiques

Epidémiologie

Il se trouve, malheureusement, que les travailleurs dans les mines d'uranium ont eu à souffrir de leurs conditions de travail, ainsi que l'ont manifesté des enquêtes épidémiologiques réalisées à une époque où l'on ne connaissait pas les risques que couraient ces travailleurs et où, par conséquent, les manifestations pathologiques qu'ils présentaient étaient nombreuses et statistiquement importantes. Au cours des dernières décennies, les conditions de travail se sont améliorées considérablement, du fait de la connaissance des nuisances, mais elles n'ont pas toujours été entièrement satisfaisantes et les enquêtes épidémiologiques ont encore montré que ces expositions pouvaient entraîner des maladies professionnelles graves sinon mortelles. Ces enquêtes sont difficiles à mener, d'une part, parce que le nombre des travailleurs est souvent relativement restreint - et lors de l'interprétation statistique on se heurte à des difficultés tenant au petit nombre d'individus - et, d'autre part, parce que l'on ne dispose pas toujours de toutes les informations souhaitables : sur le plan médical, confusions ou erreurs de diagnostic, sur le plan physique, absence d'information précise quant à l'exposition effective des travailleurs, avec toutes ses composantes.

Recherches expérimentales

L'épidémiologie ne saurait, à elle seule, satisfaire les biologistes, et de nombreux travaux expérimentaux de radiobiologie ont été effectués. Ces travaux débouchent d'ailleurs dans des domaines de pointe de la radiobiologie, mais des domaines difficiles. En effet, les expositions auxquelles sont soumis les travailleurs des mines d'uranium sont des expositions chroniques : elles entraînent des _effets à long terme_. Or, autant les corrélations pour les effets à court terme sont faciles à mettre en évidence et sont bien connues chez l'homme, autant les corrélations relatives aux effets à long terme sont difficiles à préciser et souvent insuffisamment connues. Parmi les problèmes qui méritent l'attention, citons-en trois. Certains effets, dits bénins, peuvent entraîner des affections graves, par exemple les scléroses pulmonaires consécutives à des irradiations. Il est un autre aspect, malheureusement beaucoup plus connu au point

RAPPORT INTRODUCTIF

de vue de l'épidémiologie, mais dont les mécanismes de production sont encore à préciser, il s'agit des effets cancérogènes dus à l'exposition aux poussières radioactives : on sait qu'à partir de certains niveaux, les cancers du poumon apparaissent chez les personnes exposées dans des proportions qui statistiquement sont significatives, mais on connaît mal encore les raisons pour lesquelles ces cancers apparaissent et les mécanismes intimes liés à leur apparition. Enfin, il y a un problème classique qui concerne les effets des radiations ionisantes mais qui est loin d'être résolu, c'est celui de la réduction de la durée de vie à partir du moment où les expositions sont suffisamment importantes : le problème est très discuté quand il s'agit de faibles doses mais à mesure que les doses augmentent on sait qu'il peut y avoir réduction de la durée de vie. Mais dans ce domaine il y a encore beaucoup de travaux à faire aussi bien sur le plan expérimental que sur le plan épidémiologique.

Toxicologie

Ces problèmes biologiques sont également fort complexes sur le plan toxicologique. Il s'agit, en général, d'une combinaison d'irradiation c'est-à-dire qu'en fait ces travailleurs sont exposés à la fois à des irradiations externes et à des contaminations radioactives et dans des proportions relativement équilibrées, alors qu'en général il y a prédominance de l'une des deux modalités d'agression. Par ailleurs, en ce qui concerne la contamination radioactive elle-même, on n'a pas affaire à une contamination simple, mais complexe. L'air des mines d'uranium contient, à la fois, des gaz radioactifs, des particules radioactives très fines qui se fixent sur les poussières, des poussières elles-mêmes radioactives, dont tout un ensemble agresseur de substances dont les émissions et la période radioactive sont tout à fait différentes, entraînant d'une part des irradiations que l'on peut considérer comme instantanées et des irradiations étalées dans le temps après incorporation. On se trouve également en présence d'irradiations dues à des rayonnements divers, irradiations à distance dues aux rayonnements électromagnétiques, et d'irradiations plus ponctuelles des rayonnements β et surtout α. Or, actuellement, au point de vue radiobiologique on estime que l'action des rayonnements électromagnétiques qui sont au fond une forme particulière de la lumière, est très différente sur les tissus vivants de celle des rayonnements particulaires tels que les électrons et surtout les particules lourdes comme les α. Il convient de noter que, selon les mines, d'autres facteurs nocifs peuvent se rencontrer, liés à des poussières nocives mais non radioactives susceptibles d'entraîner des processus silicotiques selon les types de minerai. Ajoutons encore que l'induction de cancers pulmonaires implique, outre les facteurs dus aux risques professionnels et aux nuisances des lieux de travail, des facteurs extra-professionnels, par exemple, le tabac.

Aspects réglementaires

Ces aspects réglementaires ont posé des problèmes redoutables qui font encore l'objet de discussions. La Commission internationale de protection radiologique (CIPR) s'est occupée de ces questions dès le début de ses travaux. Ses recommandations présentent un caractère assez monolithique et forment un tout cohérent. Pour les mineurs d'uranium, la _norme fondamentale_ de limite d'irradiation de 5 rem par an n'est pas discutée. Les discussions ont surgi quand on a abordé le problème des _normes dérivées_, c'est-à-dire, en cas de contamination, les incorporations maximales admissibles que l'on peut tolérer dans le corps humain et d'autre part, par exemple, les concentrations maximales admissibles des produits nocifs dans l'air. Il y eut, à une certaine époque, des discussions entre organisations internationales au sujet des valeurs à donner à ces normes dérivées; au sein même de la Commission internationale de protection radiologique il y eut des discussions passionnées. Ainsi, et c'est le seul cas, des organisations internationales ou des pays ont adopté des normes dérivées, à première vue différentes, et parfois réellement différentes. Par ailleurs, ces discussions ont porté sur le fait qu'on avait souvent affaire à des interprétations de ces normes dérivées en fonction des conditions mêmes d'exposition, en fonction par exemple des conditions d'équilibre dans les atmosphères polluées. On se heurtait également à deux problèmes d'intérêt général pour la CIPR. Il y a d'abord un problème d'_additivité_, sur lequel on n'a jamais beaucoup insisté. L'exposition des travailleurs doit être inférieure à 5 rem par an et, en général, on admet que l'additivité des risques ne joue pas tellement, c'est-à-dire que l'un des risques - soit contamination, soit le plus souvent exposition externe - est tellement prédominant que c'est celui qui compte seul.

Dans les mines d'uranium, on a été obligé d'additionner les risques d'irradiation externe et les différents risques de contamination, et qui dit additivité dit facteur de pondération pour tenir compte de la disparité des éléments de l'addition. C'est à propos des mineurs d'uranium qu'on a pris en considération l'irradiation totale de l'individu au cours de sa vie. Les premières recommandations de la CIPR étaient des recommandations journalières, puis on est passé à la semaine, puis au trimestre, enfin à l'année; mais il est rare que l'on s'interroge sur l'irradiation subie par un individu au cours de sa vie entière; sur le plan réglementaire, cela ne se fait pas, mais lorsqu'on établit des normes, on a quand même à l'esprit ce que représente l'accumulation de l'irradiation au cours du temps. Or, et c'est assez remarquable, pour les mines d'uranium, les normes dérivées - par exemple les niveaux de travail ("working levels") sont estimés en cumulant les niveaux relevés au cours de la vie; ils s'expriment donc en niveaux de travail-mois sur une vie entière.

Aspects techniques

Par aspects techniques, j'entends les aspects opérationnels, c'est-à-dire comment règle-t-on, en pratique, les problèmes de protection dans les mines d'uranium ?

Protection

Dans les opérations habituelles de protection radiologique on est assez maître de la situation car il s'agit de création humaine; par exemple, les réacteurs sont conçus par l'homme, les problèmes de protection, de sûreté, sont étudiés dès la conception des installations et, de ce fait, on en a la maîtrise et le contrôle. Quand il s'agit d'extraire du minerai il faut aller là où il se trouve, dans les conditions où il se trouve, avec des méthodes souvent sophistiquées. Quand il s'agit de carrière, les choses sont relativement aisées, mais quand il s'agit de mines profondes, les problèmes d'extraction posent des problèmes techniques difficiles aux ingénieurs des mines responsables de la protection. La conception même des mines d'uranium et de l'extraction peut jouer un grand rôle dans la solution des problèmes de protection. Il y a des problèmes d'irradiation externe : abattre, par exemple, dans le filon ou parallèlement au filon n'entraîne pas la même irradiation. La lutte contre la contamination atmosphérique radioactive est l'un des points essentiels de la technologie de la protection; elle a fait l'objet d'importantes recherches, elle a entraîné des changements, par exemple, la mise en surpression ou au contraire en sous-pression qui apporte des solutions différentes aux problèmes de contamination, la lutte contre l'émanation des gaz radioactifs, contre la propagation des eaux, vecteurs de ces gaz. Il y a des solutions générales et un assez grand nombre de solutions particulières concrètes car ce qui est valable dans une mine ne l'est pas forcément dans une autre, par suite de l'importance des gisements, de leur nature, de leur richesse, etc., sans parler des problèmes de prévention concernant les travailleurs selon que l'on peut ou non les faire travailler avec des appareils de protection portatifs.

Avec M. Pradel, en France, je me suis personnellement occupé des mines d'uranium depuis plus de vingt ans. La situation actuelle est très différente. On peut être satisfait de son évolution, mais aujourd'hui encore, de nombreux problèmes technologiques se présentent

Surveillance

La surveillance des travailleurs est basée sur une surveillance physique - celle des nuisances auxquelles ils sont soumis et qui a un caractère primordial - et sur une surveillance médicale qui a pour but de veiller à ce que les travailleurs soient dans des conditions satisfaisantes de santé pour travailler et que ces conditions de santé ne s'altèrent pas. La surveillance physique a posé des problèmes difficiles car s'il est relativement aisé de mesurer l'irradiation externe, il n'en est pas de même pour l'incorporation radioactive. Ces mineurs sont des travailleurs "directement affectés à des travaux sous rayonnements"; par conséquent on est tenu d'avoir une estimation individuelle des doses reçues et des incorporations radioactives.

On a fait dans les mines un effort qui n'a jamais été fait ailleurs : on a essayé de savoir quelle était la contamination radioactive de chaque travailleur à partir de mesures effectuées collectivement sur les lieux de travail en fonction des différentes conditions de travail au cours du temps, par exemple, avant et après les tirs, selon que l'on se trouvait dans les zones d'abattage ou dans les zones d'évacuation du minerai, etc. ; compte tenu du temps passé par chaque travailleur on a mis sur pied des systèmes permettant une comptabilisation, pour chaque travailleur, des incorporations reçues. D'autre part, malgré la difficulté technologique - et l'on est déjà parvenu à un certain résultat - on a mis au point des appareils portatifs individuels qui devraient permettre de connaître, d'une façon directe, l'incorporation radioactive de chaque travailleur en supposant que ce que l'appareil enregistre correspond à ce que le travailleur inhale.

La surveillance médicale pose des problèmes en ce qui concerne l'aptitude au travail, mais il se pourrait qu'elle en pose d'autres dans l'avenir. L'épuration pulmonaire n'est pas forcément la même chez tous les individus; et, par conséquent, deux individus considérés comme sains sont peut-être assez différents sur le plan de l'épuration pulmonaire et doivent alors être considérés différemment sur le plan de l'aptitude au travail dans les mines d'uranium; un certain nombre d'affections pulmonaires tout à fait banales, des pneumopathies chroniques par exemple, peuvent très bien être des contre-indications du fait de la diminution considérable de l'épuration pulmonaire alors qu'elles ne le seraient pas pour d'autres postes de travail. Sur le plan de la médecine du travail, des efforts sont nécessaires pour le dépistage d'un certain nombre d'affections pathologiques qui peuvent être dues à l'exposition dans les mines d'uranium et pour un dépistage précoce qui permette de limiter les dommages s'ils devaient se produire.

Dans ce rapide survol, je ne voudrais pas omettre les aspects concernant le domaine public du fait du rejet des eaux provenant des mines d'uranium, de l'utilisation ultérieure éventuelle des stériles ou d'un certain nombre de déchets provenant de l'extraction ou du traitement de l'uranium et du thorium. Ces problèmes seront évoqués au cours de ce congrès, en particulier celui des déchets; ils passeront cependant un peu après les problèmes concernant les travailleurs qui sont les problèmes majeurs.

Conclusion

Quand on considère la situation qui régnait dans les mines d'uranium au siècle dernier ou au cours des premières décennies de ce siècle et ce qui se passe maintenant, je crois qu'il y a lieu d'être satisfait de son évolution. On continue à être très impressionné par les statistiques concernant les maladies professionnelles dans ce milieu, mais il faut ajouter que ces mêmes statistiques tendent à montrer que, quand les conditions de protection sont rigoureuses et que les normes sont effectivement respectées, les travailleurs peuvent être mis à l'abri des conséquences de cette exposition, c'est-à-dire que des expositions limitées et réduites sont tout à fait compatibles avec une bonne santé.

Comment se présente l'avenir ? Une évolution se fait jour actuellement en matière de protection radiologique à laquelle la Commission internationale de protection radiologique a voulu donner un essor nouveau, en particulier avec la Publication 22 qui traite des problèmes de justification, d'optimisation et de limitation des doses.

On sait que la non-limitation de doses entraînait des manifestations catastrophiques dans les mines d'uranium. Cela, c'est le passé lointain. On sait que la limitation des doses entraîne des conséquences favorables, c'est-à-dire qu'on ne doit plus voir les manifestations pathologiques d'alors. Cependant, il faut être conscient que les mines d'uranium vont être obligées de précéder le développement de l'énergie nucléaire dans le monde, qu'il n'est pas question d'énergie atomique s'il n'y a pas, à la base, l'uranium et le thorium et que, par conséquent, l'effort ainsi fait va entraîner sur le plan économique des impératifs. Il ne faut pas que ces impératifs économiques se traduisent par des négligences sur le plan social et sur la protection en particulier. La doctrine nouvelle de la CIPR, en mettant l'accent sur les problèmes d'optimisation, veut faire en sorte que non seulement on respecte les normes, mais qu'on essaie de faire mieux en cherchant l'optimum, c'est-à-dire l'équilibre entre les considérations économiques et sociales d'une part, et les considérations sanitaires d'autre part. C'est certainement la voie de l'avenir, mais elle est délicate parce que basée sur les méthodes d'analyse décisionnelle modernes qui nécessitent que l'on quantifie des notions en général demeurées quelque peu qualitatives, que l'on essaie d'estimer les dépenses engagées pour la protection des travailleurs et le gain résultant qui est la santé des travailleurs. De ce fait, on doit à tout prix rechercher cet optimum. Cela sera sans doute dans les années à venir une tâche très intéressante à la fois sur le plan technique et sur le plan sanitaire.

General review − Epidemiology − Radiotoxicology

La radioprotection dans l'extraction et le traitement des minerais radioactifs - Problèmes et évolution

Z. Dvorák[*]

RAPPORT

Abstract - Résumé - Resumen - Резюме

Radiation protection in mining and milling of radioactive ores - Problems and developments - After a short historical review, the author describes the hazards connected with mining and milling of radioactive ores and the development of safety, health and administrative protective measures. He also refers to the most recent epidemiological investigations carried out in Czecoslovakia.

La radioprotection dans l'extraction et le traitement des minerais radioactifs - Problèmes et évolution - Après un bref aperçu historique, l'auteur décrit les risques liés à l'extraction et au traitement des minerais radioactifs et l'évolution des mesures de radioprotection tant sur le plan technique que sur le plan de l'hygiène et le plan administratif. Il rend compte des enquêtes épidémiologiques les plus récentes effectuées notamment en Tchécoslovaquie.

La protección contra las radiaciones en la extracción y el tratamiento de minerales radiactivos - Problemas y evolución - El autor, después de hacer una breve descripción histórica, enumera los riesgos inherentes a la extracción y el tratamiento de minerales radiactivos y la evolución de las medidas de protección contra las radiaciones tanto en el plano técnico y de la higiene como en el administrativo. Seguidamente alude a las encuentas epidemiológicas más recientes realizadas, entre otros lugares, en Checoslovaquia.

Проблемы и развитие радиационной защиты при добыче и обработке радиоактивных руд - После краткого исторического обзора, автор описывает опасность, возникающую при добыче и обработке радиоактивных руд, а также сообщает об усовершенствовании мер радиационной защиты как в техническом и гигиеническом, так и в организационном плане. Он описывает самые последние эпидемиологические исследования, проведенные в Чехословакии.

---

[*]Závodní Ústav Národního Zdraví Uranového Prumyslu, Pribam, Ceskoslovensko.

Plusieurs siècles avant la découverte de la radioactivité, l'homme ressentit déjà les effets nocifs des rayonnements ionisants. C'est justement dans la région de la chaîne de montagnes de Krušné hory, en allemand "Erzgebirge", sur le territoire actuel de la République socialiste tchécoslovaque et de la République démocratique allemande, qu'il en prit conscience pour la première fois dans son histoire.

    La richesse en minerais des montagnes de Krušné hory était connue à l'époque préhistorique, où de riches gisements d'étain étaient exploités pour la production du bronze. Au XVIe siècle, de puissantes exploitations minières s'étaient développées dans la région de Jáchymov, du côté tchèque, et de Schneeberg, du côté allemand, où l'on avait découvert de riches filons d'argent; en 1533, plus de 8 000 mineurs y étaient occupés dans des conditions extrêmement primitives. A cette époque, le médecin municipal de Jáchymov, George Bauer Agricola, constatait une forte mortalité parmi les mineurs et décrivait une affection pulmonaire singulière, accompagnée de cachexie et aboutissant au décès à un âge précoce, qu'il appelait "maladie des mineurs". A part les conditions de vie défectueuses, il signalait comme causes possibles de cet état pathologique le travail très dur et l'aérage absolument insuffisant des mines.

    Au XVIIIe siècle, outre l'argent, on extrayait le cobalt, le bismuth et l'arsenic. Au début du XIXe siècle, commença à Jáchymov l'extraction industrielle du nouvel élément découvert, l'uranium. Après les découvertes d'Henri Becquerel (1896) et de Pierre et Marie Curie (1898), la production industrielle du radium s'y développa, et un premier gramme de radium-226 pur fut produit à partir de la pechblende de Jáchymov, en 1907.

    Au fur et à mesure que l'exploitation des mines d'uranium de Jáchymov et de Schneeberg prit de l'essor, on s'intéressa à l'affection pulmonaire maligne des mineurs dénommée alors "maladie de Jáchymov ou de Schneeberg". Toujours avant la découverte de la radioactivité, Härting et Hesse [1] constatèrent, par l'autopsie de vingt mineurs, qu'il s'agissait d'un processus tumoral qu'ils tenaient pour un lymphosarcome. Au XXe siècle et jusqu'à la seconde guerre mondiale, Arnstein [2], Rostocki, Saupe, Schmorl [3], Löwy [4] et Pirchan, Šikl [5] mirent en évidence un cancer pulmonaire primaire, le carcinome bronchique.

LA RADIOPROTECTION DANS L'EXTRACTION ET LE TRAITEMENT DES MINERAIS RADIOACTIFS - PROBLEMES ET EVOLUTION

Au début, on attribuait la maladie aux conditions sociales défavorables dans lesquelles vivaient les travailleurs, au grand effort physique qu'ils avaient à fournir, aux fortes concentrations de poussières auxquelles ils étaient exposés, à l'arsenic, etc. C'est Ludewig et Lorenser pour les mines de Schneeberg [6], et Běhounek pour les mines de Jáchymov [7] qui, en 1924, furent les premiers à attirer l'attention sur le radon présent dans l'atmosphère des mines, comme facteur potentiel dans l'étiologie du cancer des poumons, et à effectuer des mesures systématiques. Les concentrations de radon dans l'atmosphère des mines d'uranium variaient considérablement, allant de 0,5 à 100 x 10^2 pCi/l. A cette époque, les mesures de la radioactivité ne concernaient que le radon dans l'air et dans l'eau, parfois dans les forages de roche. En même temps, on mesurait la radioactivité des poussières dans l'atmosphère des mines, mais avec la technique dont on disposait alors, on n'enregistra pas de valeurs plus élevées. Les résultats des mesures de concentrations de poussières dans les mines d'uranium montraient des valeurs plutôt inférieures à celles relevées dans les mines similaires des autres régions.

Jusqu'à 1924, nous ne disposons pas de données plus précises sur les conditions d'hygiène prévalant dans les mines, si ce n'est que l'aérage était absolument insuffisant, la concentration de poussières extrêmement élevée, et l'effort physique excessif, le forage étant effectué à la main et à sec. Dès 1929, furent mis en oeuvre les premiers marteaux perforateurs à air comprimé et à injection d'eau. Au cours des années 30, sur la base des mesures effectuées et des recommandations formulées par Běhounek [7] et Rajewski [8], on adopta diverses mesures techniques et d'hygiène visant à l'amélioration générale des conditions d'aérage, à la suite desquelles les concentrations de radon tombèrent entre 500 et 1 000 pCi/l. C'est en 1938 qu'on fixa pour la première fois en tant que norme une concentration maximale admissible de 3 maches, c'est-à-dire approximativement 1 000 pCi/l.

Pour la période de la seconde guerre mondiale, nous manquons de données précises sur les conditions d'exploitation des mines de Jáchymov.

Aux Etats-Unis d'Amérique, l'extraction de minerai contenant de l'uranium s'est poursuivie depuis la fin du XIXe siècle dans la région du Plateau du Colorado, dans les Montagnes Rocheuses. Il s'agissait de carnotite que l'on extrayait pour sa teneur en vanadium mais qui contenait également de l'uranium et une petite quantité de radium. Au début du XXe siècle, la carnotite fut exploitée non seulement pour le vanadium mais aussi pour l'uranium et le radium; la productivité était cependant faible en comparaison de celle du Congo belge après 1923. L'importance de l'extraction de l'uranium aux Etats-Unis alla en augmentant jusqu'après la deuxième guerre mondiale. Quelques mesures de la concentration en radon y furent effectuées pour la première fois en 1949. En 1951, on s'intéressa également aux produits de filiation du radon, le rôle significatif, dans l'étiopathogenèse du cancer pulmonaire, de la dose absorbée de rayonnements ionisants ayant été constaté avant la guerre déjà par les auteurs britanniques [9]. En 1952, des échantillons des produits de filiation du radon furent prélevés dans 157 mines américaines. Dès 1955, à la suite d'une conférence de sept Etats américains, certaines des plus grandes sociétés de mines d'uranium appliquèrent le programme d'échantillonnage de l'air [22], et l'on entreprit d'assurer la surveillance de toutes les mines d'uranium du secteur étatique; la surveillance de toutes les autres mines d'uranium fut graduellement mise en place à partir de 1960. Les prélèvements effectués en 1949-50 donnèrent des résultats semblables à ceux qui furent obtenus dans les mines d'uranium européennes. Au cours des années 1951 à 1968, ce sont près de 43 000 mesures des produits de filiation du radon qui furent effectuées aux Etats-Unis, dans 2 500 mines environ.

En 1953, une nouvelle unité fut adoptée pour la détermination de la concentration des produits de filiation du radon, soit le "working-level" (WL), qui représente une énergie potentielle de $1,3 \times 10^5$ MeV/l du rayonnement α des produits de filiation du radon. L'unité "working-level-month" (WLM), utilisée aux Etats-Unis et dans quelques autres pays pour désigner l'exposition pendant 170 h à une concentration de l'énergie potentielle du rayonnement α des produits de filiation du ^{222}Rn présents dans l'air inhalé, de $1,3 \times 10^5$ MeV/l, représentait en même temps une valeur admissible d'exposition. Ultérieurement, il fut proposé de fixer la norme à 1/3 de WLM environ. Sur la base des données actuelles, on estime que 1 WLM équivaut à la dose de 0,5 rad au niveau de la couche basale cellulaire de l'épithélium bronchique [29].

LA RADIOPROTECTION DANS L'EXTRACTION ET LE TRAITEMENT
DES MINERAIS RADIOACTIFS - PROBLEMES ET EVOLUTION

Pour ce qui est des problèmes d'hygiène dans les mines et les usines de traitement du thorium, nous manquons de données d'expérience en Tchécoslovaquie. La plupart des mines de thorium dans le monde sont actuellement des mines peu profondes ou à ciel ouvert [16]. L'extraction du thorium en mine souterraine est pratiquée en Afrique du Sud et l'on envisage la possibilité d'exploiter des gisements très profonds au Brésil. Dans certaines mines du Canada, le thorium se présente dans la même proportion que l'uranium.

Le rayonnement externe dans les mines de thorium à ciel ouvert est généralement très faible. Contrairement à l'uranium dont la concentration dans l'atmosphère des mines est basse, le thorium peut se trouver en quantité importante dans la poussière des mines, du fait de la teneur de la roche. Il faut, dans ce cas, surveiller non seulement les concentrations de thoron, mais aussi les concentrations de thorium et des produits de désintégration à long terme.

Comme on l'a constaté à plusieurs reprises, parmi les travailleurs qui sont au contact des rayonnements ionisants, ce sont les travailleurs de l'industrie de l'uranium et surtout les mineurs des mines d'uranium qui représentent le groupe le plus menacé. On sait que l'on ne constate pas d'effets aigus lors de l'extraction et du traitement d'uranium et de thorium, le niveau d'exposition étant beaucoup plus bas que celui auquel on enregistre des désordres aigus. Les études épidémiologiques ont toutefois montré chez les travailleurs exposés des effets somatiques tardifs importants.

Les connaissances en matière de radiotoxicologie et de cinétique de la plupart des radionucléides de la série de l'uranium-radium et de la série du thorium sont à présent assez avancées et les résultats de recherche des spécialistes sont présentés dans de nombreux travaux scientifiques.

Des groupes de spécialistes ont été constitués en France, en URSS et dans d'autres pays pour la surveillance des conditions d'hygiène dans l'environnement des mines d'uranium et des usines de traitement du minerai.

Le problème de la présence de radon et de ses produits de désintégration dans l'atmosphère se présente dans plusieurs autres mines de minerai où l'on signale une augmentation du nombre de cas de cancer du poumon [11, 12, 15, 20, 21, 24, 25, 26, 27].

En Tchécoslovaquie, on pratique depuis 1948 des mesures systématiques dans toutes les mines. La mesure des produits de filiation du radon se fait depuis 1960 et elle est devenue une méthode de routine depuis 1968.

L'aération naturelle a été remplacée par des systèmes d'aérage artificiel mis en place sur les installations existantes. Grâce à ces mesures, on est parvenu vers 1960 à réduire les concentrations moyennes de radon par un facteur de 2 à 3 par rapport à l'étape précédente. La concentration maximale admissible du radon était à cette époque de 100 pCi/l; celle qui est en vigueur depuis 1966 est l'énergie potentielle du rayonnement α des produits de filiation du radon de 4×10^4 MeV/l.

Au cours des dix dernières années, les méthodes d'aérage dans les mines d'uranium se sont considérablement perfectionnées. Des fiches dosimétriques personnelles ont été instituées grâce auxquelles on a pu mettre en place un système de surveillance de la dose absorbée. Ces fiches sont contrôlées chaque trimestre et, si l'absorption risque de dépasser la dose annuelle, le travailleur est affecté à un autre poste.

Dans les usines de traitement du minerai d'uranium, les conditions d'hygiène se sont également améliorées au cours des dix dernières années. Les symptômes de détérioration des reins signalés auparavant ont disparu. En revanche, les derniers travaux des auteurs américains [35] font entrevoir la possibilité d'altérations du système lymphatique et du système hématopoïétique, probablement dues à la présence de ^{230}Th.

LA RADIOPROTECTION DANS L'EXTRACTION ET LE TRAITEMENT DES MINERAIS RADIOACTIFS - PROBLEMES ET EVOLUTION

Les travailleurs occupés à l'extraction et au traitement du minerai d'uranium et du minerai de thorium sont exposés au risque non seulement d'irradiation externe mais surtout de contamination interne par les radionucléides de la série de l'uranium-radium ou de la série du thorium.

Sauf de très rares exceptions, le rayonnement α externe est faible, et ni dans les mines ni dans les usines de traitement, la dose d'exposition annuelle ne dépasse 1,0 R.

Les aérosols dans les mines et les usines comportent des radionucléides à longue période, principalement ^{238}U, ^{230}Th, ^{226}Ra, ^{210}Pb et ^{210}Po. Dans les mines et les usines de traitement du thorium, il s'agit d'une part des radionucléides de la fraction thorique (^{232}Th et ^{228}Th), d'autre part des radionucléides de la fraction non thorique (^{228}Ra et ^{224}Ra). Les radionucléides à long terme peuvent, suivant les conditions d'aérage, se trouver en quantités importantes dans les usines, cependant que, dans l'environnement des mines, ils ne dépassent généralement pas les limites recommandées (CIPR n° 2). Par exemple, dans les mines d'uranium de Tchécoslovaquie, la concentration de ^{226}Ra ne dépasse généralement pas 0,03 pCi/l, celle de U^{nat} n'excède pas 0,06 pCi/l et les concentrations de ^{210}Pb varient de 0,0005 à 0,01 pCi/l.

C'est le radon-222 et ses produits de filiation à court terme qui sont considérés comme présentant le risque le plus grand d'irradiation dans les mines d'uranium. Les études expérimentales montrent que les produits de filiation du ^{222}Rn et du ^{220}Rn inhalés sont éliminés assez rapidement des poumons. On a observé principalement deux phases, avec des périodes biologiques approximatives de 1/2 h et 6-60 h. Pour déterminer la déposition probable des produits de filiation dans les zones respiratoires, il convient de distinguer les deux états que peuvent présenter les atomes radioactifs inhalés : a) les atomes ou les ions libres ou non fixés; b) les atomes radioactifs fixés sur les aérosols. Pour ce qui est de l'évaluation de la répartition de la dose dans l'appareil respiratoire, il s'est révélé que l'énergie potentielle α des produits de filiation du ^{222}Rn (ou ^{220}Rn) n'est pas seule déterminante, mais qu'il faut également prendre en considération les conditions d'inhalation des radionucléides, notamment la teneur de l'air en aérosols et le débit de l'aérage [17]. Sur la base d'un nouveau modèle de poumon recommandé par la CIPR [14], pour une dose annuelle de produits de filiation du ^{222}Rn correspondant à l'exposition de 1 WLM, la dose annuelle moyenne du rayonnement α au niveau de la zone bronchique peut être évaluée à 0,4-1,0 rad environ, pour une atmosphère assez pure, et à 0,08-0,2 rad environ pour une concentration élevée [30]. Selon la conception actuelle [37] il y aurait lieu de fixer des valeurs numériques pour les doses maximales admissibles annuelles en ce qui concerne les produits de filiation du ^{222}Rn (ou ^{220}Rn), compte tenu des informations fournies par les études épidémiologiques sur l'induction du cancer des poumons chez les mineurs d'uranium.

Plus nombreux sont les résultats d'études épidémiologiques pour les mineurs d'uranium que pour les travailleurs des usines de traitement du minerai. De longues années d'observation des mineurs d'uranium mettent en évidence un accroissement significatif de l'incidence du cancer de l'appareil respiratoire, les autres causes de décès qui accusent également une augmentation se répartissant entre les accidents du travail et la tuberculose pulmonaire [34]. Une attention particulière a été prêtée également aux tumeurs malignes des tissus lymphatiques et hématopoïétiques, au cancer du larynx et au cancer de la peau.

L'intérêt porté aux problèmes du cancer pulmonaire dans les mines d'uranium est considérable : à ce jour plus de cent communications y ont été consacrées, qui portent également sur les mineurs des mines autres que les mines d'uranium. La relation du cancer du poumon et de l'exposition aux produits de filiation du ^{222}Rn s'appuie [37] principalement sur les résultats d'études épidémiologiques chez les mineurs d'uranium aux Etats-Unis [22, 28, 34, 36] et en Tchécoslovaquie [23, 32, 38, 39, 40, 41, 42].

L'étude épidémiologique américaine [22, 34] qui a touché un grand nombre de mineurs d'uranium pendant la période d'après-guerre fait ressortir une incidence excessive du cancer du poumon pour la catégorie d'exposition de 120 à 359 WLM, incidence qui augmente encore pour les catégories plus élevées. Le risque couru, sur une unité d'exposition, semble être, d'après l'étude américaine, plus élevé dans les groupes d'exposition basse que dans les groupes à l'exposition plus élevée.

Les résultats de l'étude épidémiologique tchécoslovaque [23, 32, 38, 39, 40, 41, 42] s'appuient sur l'observation - qui se poursuit encore - d'une cohorte encore plus large de mineurs qui sont entrés en service dans les mines d'uranium après 1947.

LA RADIOPROTECTION DANS L'EXTRACTION ET LE TRAITEMENT DES MINERAIS RADIOACTIFS - PROBLEMES ET EVOLUTION

Le tableau 1 indique en chiffres relatifs ((par 1 000 personnes) l'incidence présumée (P), observée (O) et excessive (O-P) du cancer pulmonaire ainsi que le rapport O/P pour un groupe de mineurs dont l'exposition dans les mines d'uranium a débuté entre 1948 et 1952. Les observations ont été enregistrées jusqu'en 1971, c'est-à-dire pendant 19 à 23 ans, pour différents niveaux d'exposition cumulée aux produits de filiation du ^{222}Rn [32, 42].

Tableau 1

Exposition cumulée		Incidence du cancer du poumon par 1 000 personnes			
Catégories (WLM)	Moyenne avec l'écart-type (WLM)	P (‰)	O limite de confiance à 95 % (‰)	O-P (‰)	O/P
100	64 ± 1,8	22,6	37,6 ± 28*	15,0*	1,6*
100-199	154 ± 1,5	18,2	44,2 ± 16	26,0	2,4
200-399	308 ± 2,5	17,7	78,7 ± 17	61,0	4,5
400-599	514 ± 5,0	16,6	107,8 ± 30	91,0	6,5
600 et plus	720 ± 9,0	17,1	121,5 ± 44	104,5	7,1
Total		17,9	75,6 11	57,7	4,2

*Il n'y a pas de significativité statistique au seuil de 5 %.

Pour les mines d'uranium tchécoslovaques, on dispose depuis 1948 d'un grand nombre de résultats dosimétriques et l'exposition cumulée a pu être évaluée sur la base de plus de 100 mesures par an, dans chaque mine, des concentrations de radon. Les résultats de cette étude montrent que :

- l'incidence du cancer du poumon croît de manière significative lorsque l'exposition cumulée dépasse 100 WLM;
- le rapport linéaire entre l'exposition cumulée et le risque excessif de cancer du poumon n'est pas en contradiction avec les résultats obtenus;
- l'importance du risque de cancer du poumon dépend de l'âge au moment du début de l'exposition. Les résultats laissent

supposer une sensibilité plus élevée des personnes âgées (âgées de plus de 40 ans au début de l'exposition) à l'effet cancérogène des rayonnements, en cas d'exposition à des niveaux inférieurs.

La plupart des décès par cancer du poumon sont survenus, suivant les enquêtes américaine et tchécoslovaque, entre 10 et 20 ans après le début de l'exposition.

Les résultats d'une comparaison de quelques autres paramètres effectuée aux Etats-Unis et en Tchécoslovaquie pendant une période à peu près égale montrent la comparabilité du "risque relatif" (rapport O/P pour une catégorie d'exposition) et de la dose conduisant à une incidence observée double de l'incidence présumée.

Les résultats des études épidémiologiques permettent une appréciation de l'acceptabilité de l'exposition aux produits de filiation du ^{222}Rn. De l'avis de quelques auteurs, on peut aborder cette appréciation en comparant le risque de cancer du poumon avec le risque moyen d'accident du travail dans l'industrie et le risque de tumeur maligne lors d'une autre exposition aux rayonnements. L'exposition cumulée inférieure à 100-120 WLM à laquelle on n'a pas observé d'augmentation significative de l'incidence du cancer pulmonaire par rapport à l'incidence présumée [22, 32] pour 40 années de travail dans les mines d'uranium, correspond à une exposition annuelle moyenne de 2,5-3,0 WLM pour une dose reçue de $6,6 \times 10^{10} - 8,0 \times 10^{10}$ MeV d'énergie potentielle des produits de filiation du ^{222}Rn.

Le tableau 2 fait ressortir que le risque de cancer du poumon pour une exposition annuelle de 3 WLM [38] est comparable au risque de tumeur maligne (leucémie comprise) en cas d'irradiation de l'organisme entier à la dose maximale admissible [18], de même qu'au risque d'accident mortel dans les mines de charbon [31]. Dans l'hypothèse [29] où 1 WLM équivaut à la dose de 0,5 rad et où le "facteur de qualité" est égal à 10 (QF = 10), l'équivalent de dose estimé à la zone critique de l'épithélium bronchique, pour une exposition annuelle de 3 WLM, est comparable à une limite de dose de 15 rem/an aux "autres organes particuliers" [45].

Une étude épidémiologique récente sur le cancer du larynx effectuée en Tchécoslovaquie dans les mêmes conditions que celle du cancer du poumon n'a pas révélé de différence entre les incidences présumée et observée de la maladie chez les mineurs des mines d'uranium.

Tableau 2

Risque professionnel	Exposition annuelle	Nombre de cas par 10^6 personnes	Référence
Accident mortel aux mines de charbon		200-500	Jacobi [31]
Tumeur maligne après irradiation de l'organisme entier	5 rem	500	Dolphin, Marley [18]
Cancer du poumon après exposition aux produits de filiation du radon-222	3 WLM	300-450	Šévc, Placek [38]

On a étudié de même le risque du rayonnement α externe lors de la contamination superficielle de la peau par les produits de filiation du ^{222}Rn, étant donné que, selon des données nouvelles, jusqu'à 50 % des personnes peuvent présenter, sur la face et certaines parties du tronc, une épaisseur de l'épiderme de moins de 50 µm.

L'observation sur cinq années (1968-1972) d'un grand groupe de mineurs d'uranium a mis en évidence une augmentation significative du nombre de cancers cutanés (pour la plupart du type basocellulaire au niveau de la face) par rapport au nombre présumé et à l'incidence du cancer cutané chez les travailleurs de l'industrie d'uranium à la surface [44]. Les résultats de cette étude font entrevoir la possibilité d'un effet cancérogène du rayonnement α externe sur la peau; ils exigent toutefois d'autres observations et plus de précisions quant à la relation dose-effet.

On a suivi également en Tchécoslovaquie les niveaux des immunoglobulines du sérum sanguin chez les mineurs d'uranium. La communication publiée signale une variation considérable des niveaux constatés. Quelques groupes de mineurs exposés longtemps au fond (plus de cinq ans) présentent un abaissement significatif des immunoglobulines G et M. Ces observations se poursuivent, les autres facteurs d'ambiance susceptibles d'influer sur les niveaux des immunoglobulines étant pris également en considération.

Aux Etats-Unis, les causes de décès survenus dans un groupe de travailleurs d'une usine de traitement chimique du minerai d'uranium ont été étudiées de 1950 à 1967 [35]. En comparaison avec la fréquence présumée, aucune augmentation ni des cas de cancer pulmonaire ni des autres causes de décès n'a été constatée. Le groupe des néoplasmes des organes lymphatiques et hématopoïétiques autres que la leucémie accuse une augmentation statistique significative. Les données obtenues par l'expérimentation sur l'animal [19] évoquent la possibilité d'une influence du ^{230}Th. Une étude plus étendue est en cours dans une usine de traitement d'uranium [35] pour la vérification de ce résultat.

L'examen d'ensemble des résultats obtenus jusqu'à présent confirme cette constatation préalable que les travailleurs de l'extraction et du traitement du minerai radioactif ont été exposés à l'irradiation interne dans une mesure beaucoup plus grande que les travailleurs sous rayonnements occupés dans n'importe quelle autre branche d'industrie. Il a été prouvé que le risque le plus grave pour la santé des mineurs des mines d'uranium était le risque de cancer du poumon. On peut constater qu'une amélioration significative de la radioprotection dans l'industrie de l'uranium a été réalisée au cours des dix dernières années grâce à l'effort commun des cadres techniques et administratifs, de l'inspection du travail et des syndicats de travailleurs. En même temps, apparaît la nécessité d'une vérification ou de l'élaboration de limite d'exposition, d'un perfectionnement continuel des méthodes d'inspection et de surveillance des conditions d'hygiène ainsi que des mesures techniques et administratives en vue d'assurer la meilleure protection possible des travailleurs dans ce secteur industriel.

LA RADIOPROTECTION DANS L'EXTRACTION ET LE TRAITEMENT
DES MINERAIS RADIOACTIFS - PROBLEMES ET EVOLUTION

REFERENCES

[1] Härting, F.H.; Hesse, W. (1879). Der Lungenkrebs, die Bergkrankheit in den Schneeberger Gruben. Vierteljahresschrift für gerichtliche Medizin und öffentliche Gesundheit, 30, 296-309.

[2] Arnstein, A. (1913). Sozialhygienische Untersuchungen über die Bergleute in den Schneeberger Kobaltgruben, insbesondere über das Vorkommen des sogenannten Schneeberger Lugenkrebses. Wochenschrift österreichisches Sanitätswesen, Beiheft 1.

[3] Rostocki, O.; Saupe, E.; Schmorl, G. (1926). Die Bergkrankheit der Erzbergleute in Schneeberg in Sachsen. Zeitschrift für Krebsforschung, 23, 360.

[4] Löwy, J. (1929). Uber die Joachimsthaler Bergkrankheit. Medizinische Klinik, 25, 141-142.

[5] Pirchan, A.; Šikl, H. (1932). Cancer of the lung in miners of Jáchymov (Joachimsthal) : report of cases observed in 1929-1930. American Journal of Cancer, 16, 681-722.

[6] Ludewig, P.; Lorenser, E. (1924). Untersuchung der Grubenluft in den Schneeberger Gruben auf dem Gehalt an Radiumemanation. Strahlentherapie, 17, 428-435.

[7] Běhounek, F. (1927). Uber die Verhältnisse der Radioaktivität im Uranpecherzbergbaurevier von St. Joachimsthal in Böhmen. Physikalische Zeitschrift, 28, 333-342.

[8] Rajewsky, B. (1939). Bericht über die Schneeberger Untersuchungen. Zeitschrift für Krebsforschung, 49, 315-340.

[9] Jones, J.C.; Day, M.J. (1945). Protection measurements on operators and workrooms in the radium dial painting industry. British Journal of Radiology, 8, 208, 126-131.

[10] Archer, V.F.; Magnuson, H.J.; Holaday, D.A.; Lawrence, P.A. (1962). Hazards to health in uranium mining and milling. Journal of Occupational Medicine, 4, 55-60.

[11] Wagoner, J.K.; Miller, R.W.; Lundin, F.E. et al. (1963). Unusual cancer mortality among a group of underground metal miners. New England Journal of Medicine, 269, 284-289.

[12] De Villiers, A.J.; Windish, J.P. (1964). Lung cancer in a fluorspar mining community. British Journal of Industrial Medicine, 21, 94-109.

[13] ICRP (1965). The evaluation of risk from radiation. Publication No. 8.

[14] ICRP (1966). Task group on lung dynamics. Health Physics, 12, 173 (revised at the ICRP Meeting, Oxford 1969).

[15]   Ševc, J.; Čech, J. (1966). Koncentrace ^{222}Rn a jeho rozpadových produktů v některých československých dolech. Pracovní lékařství, 18, 10, 438-442.

[16]   BIT-AIEA (1968). Radioprotection dans l'extraction et le traitement des minerais radioactifs. Recueil de directives pratiques (suivi d'un supplément technique). Manuel de protection contre les radiations dans l'industrie, partie VI et AIEA - Collection Sécurité, No 26. BIT, Genève.

[17]   Morken, D.A. (1969). The relation of lung dose rate to Working Level, Health Physics, 16, 796-798.

[18]   Dolphin, G.W.; Marley, W.G. (1969). Risk evaluation in relation to the protection of the public in the event of accidents at nuclear installations. Proceedings of a IAEA-WHO Seminar on Agricultural and Public Health Aspects on Environmental Contamination by Radioactive Materials, 241-254. IAEA, Vienna.

[19]   Stuart, B.O.; Gaven, J.C.; Skinner, W. (1970). Non equilibrium tissue distribution of ^{238}U and ^{234}U, ^{230}Th, ^{210}Pb and ^{210}Po in beagles after inhalation of uranium ores, BNWL-1050, Part 1, 349. Batelle-Northwest Laboratory, Richland, Washington.

[20]   Pekárek, V.; Martinec, M.; Urbanec, J. (1970). Výskyt rakoviny plic u horníků rudných dolů severočeského kraje. Pracovní lékařství, 22 (5), 161.

[21]   Boyd, J.T.; Doll, R.; Faulds, J.S. et al. (1970). Cancer of the lung in iron ore miners. British Journal of Industrial Medicine, 27, 97-105.

[22]   Lundin, F.E.; Wagoner, J.E.; Archer, V.E. (1970). Radon daughter exposure and respiratory cancer : Quantitative and temporal aspects, NIOSH and NIEHS Joint Monograph No. 1. National Technical Information Service, Springfield, Virginia.

[23]   Ševc, J.; Plaček, V.; Jeřábek, J. (1971). Lung cancer risk in relation to longterm radiation exposure in uranium mines. Proceedings of 4th Conference on Radiation Hygiene, CSSR, 315-326.

[24]   Basen J.K.; Wyndham, C.H. et al. (1971). A biostatistical investigation of lung cancer incidence in South African gold/uranium miners. Proceedings of Fourth United Nations International Conference on the Peaceful Uses of Atomic Energy, Geneva.

[25]   Sundell, L.; Axelson, O.; Rehn, M.; Josefson, H. (1971). Svensk pilot-studie över lung cancer hos gruvarbetare, Lakartidningen, 68, 49, 5687-5693.

[26]   Axelson, O.; Rehn, M. (1971). Lung cancer in miners. Lancet, 706-707.

[27]   Archer, V.E. (1971). Lung cancer among population having lung irradiation. Lancet, 1261-1262.

[28]   Saccomanno, G.; Archer, V.E.; Auerbach, O.; Kuschner, M.; Saunders, R.P.; Klein, M.G. (1971). Histologic types of lung cancer among uranium miners. Cancer, 27, 515-523.

[29]   BEIR (1971). The effects on population of exposure to low levels of ionising radiation. Commission on the Biological Effects of Ionising Radiation, NAS, NRC, Washington, 85-156.

[30] Jacobi, W. (1972). Relations between the inhaled potential α-energy of ^{222}Rn and ^{220}Rn and the absorbed α-energy in the bronchial and pulmonary region. Health Physics, 23, 3-11.

[31] Jacobi, W. (1972). Problems concerning the recommendation of a maximum permissible inhalation intake of short-lived radon daughters. Proceedings of the IRPA Second European Congress on Radiation Protection, Budapest.

[32] Ševc, J.; Plaček, V. (1972). Lung cancer risk in relation to long-term exposure to radon daughters. Proceedings of the IRPA Second European Congress on Radiation Protection, Budapest, 129-136.

[33] Wágner, V.; Andrlíková, J.; Ševc, J. (1972). Investigation of immunoglobulin levels in blood-serum of uranium miners after a higher exposure to ionizing radiation. Proceedings of the IRPA Second European Congress on Radiation Protection, Budapest, 341-347.

[34] Archer, V.E.; Wagoner, J.K.; Lundin, F.E. (1973). Lung cancer among uranium miners in USA. Health Physics, 25, 4, 351-371.

[35] Archer, V.E.; Wagoner, J.K.; Lundin, F.E. (1973). Cancer mortality among uranium mill workers. Journal of Occupational Medicine, 15, 1, 11-14.

[36] Archer, V.E.; Wagoner, J.K.; Lundin, F.E. (1973). Uranium mining and cigarette smoking effects on man. Journal of Occupational Medicine, 15, 3, 204-211.

[37] Jacobi, W. (1973). Das Lungenkrebsrisiko durch Inhalation von Radon-222 - Zerfallsprodukten. Biophysik, 10, 103-114.

[38] Ševc, J.; Plaček, V. (1973). Radiation induced lung cancer : Relation between lung cancer and long-term exposure to radon daughters. Proceedings of the 6th Conference on Radiation Hygiene, ČSSR, 305-310.

[39] Ševc, J.; Thomas, J.; Roth, Z. (1973). Posouzení spolehlivosti odhadu kumulované expozice dceřiných produktů radonu. Sborník abstrakt III. Celostátního Symposia Radiologické Dozimetrie, ČSSR, 122.

[40] Plaček, V.; Ševc, J.; Thomas, J. (1973). The course of accumulation of radiation exposure and the risk of lung cancer. Proceedings of the 6th Conference on Radiation Hygiene, ČSSR, 251-255.

[41] Plaček, V.; Ševc, J.; Suda, J. (1973). Histologic types of lung cancer at different exposure to radon daughters. Proceedings of 6th Conference on Radiation Hygiene, ČSSR, 237-250.

[42] Ševc, J.; Plaček, V.; Kunz, E. (1974). Quantitative relations of lung cancer and long-term exposure to radon daughters. Proceedings of Radiobiological Conference of Socialist Countries, Bedřichov, ČSSR, (in Russian, in print).

[43] Plaček, V.; Ševc, J. (1974). K otazce rizika rakoviny hrtanu u horníků uranovych dolů. Pracovní lekařství, (in print).

[44] Ševcová, M.; Ševc, J.; Thomas, J. (1974). External alpha-radiation of skin and possibility of late effects. Proceedings of Radiobiological Conference of Socialist Countries, Bedřichov, ČSSR, (in Russian, in print).

[45] Recommendations of the Internal Commission on Radiobiological Protection (1965). ICRP Publication No. 9, Pergamon Press, Oxford.

DISCUSSION

J. VALENTINE (Canada): As I understand it, the acceptable level of concentration of ionising radiation was reduced, in 1966, to about 1/3 WLM (4 x 10^4 MeV/l) and since then the seriousness of the problems has been considerably reduced. Did the situation improve only for the non-smokers or for all members in general?

How is ionising radiation measured in the mines - on the basis of the individual's exposure to the surrounding radiation or on the basis of the entire mine in general?

Z. DVORÁK: The situation has improved for all miners in general but the problem has not been examined exactly from this point of view in Czecoslovakia. Measurements have not been performed till now individually except the personal γ-radiation, but measurements of several so-called "points" in each mine have been made weekly in average in such uranium mines.

H. SORANTIN (Austria): Did the personal monitoring of the miners also include the performance of excretion analysis?

Z. DVORÁK: The personal monitoring of the miners also include the performance of excretion analysis as a routine. This was performed only in special cases.

R. BEVERLY (USA): Did I understand that you said that in the United States studies showed that there was a higher incidence of lung cancer at the lower exposure rates? If this is true, I would like to comment.

Z. DVORÁK: J'ai dit que le risque couru calculé sur une unité d'exposition semble être plus élevé dans les groupes à l'exposition cumulée plus basse que dans ceux à l'exposition cumulée plus haute.

Causes of death in Ontario uranium miners

J. Muller[*] and W.C. Wheeler[**]

Abstract - Résumé - Resumen - Резюме

Causes of death in Ontario uranium miners - Uranium mining and milling in Ontario started less than twenty years ago and the concentrations of radon daughters in the mines did not exceed about 5 WL during the worst period. It was, therefore, of interest to find out if an increased lung cancer risk could be demonstrated in these miners. Additionally, identification of those men who had died of pulmonary cancer allows consideration to be given to their compensation under the Ontario Workmen's Compensation Act. A nominal roll of 8 649 past and present uranium miners was matched against Ontario death certificates from 1955 to 1972. Out of 368 deaths observed in this group, there were 152 (41%) violent deaths. Among the remaining 216 non-violent deaths there were 75 deaths from malignant neoplasms including 41 deaths from pulmonary cancer. The number of lung cancer deaths observed is significantly greater than the number expected from Ontario experience (13.1). Silicosis is known to occur in Ontario uranium miners, but only one death in this group was related to silicosis and tuberculosis.

Les causes de décès parmi les mineurs des mines d'uranium de l'Ontario - L'extraction et le traitement de l'uranium ont commencé en Ontario il y a moins de vingt ans et la concentration des produits de filiation du radon dans les mines n'a pas excédé 5 WL environ pendant les périodes les plus critiques. Il était donc intéressant de voir si l'on observait chez ces mineurs un risque accru de cancer du poumon. En outre, l'identification des personnes décédées des suites d'un cancer de ce type permet d'examiner les cas où une indemnisation peut être accordée au titre de la loi sur la réparation des travailleurs de l'Ontario. On a rapproché un effectif nominatif de 8 649 travailleurs, actuellement ou précédemment employés dans les mines d'uranium, des certificats de décès établis dans l'Ontario de 1955 à 1972. Sur 368 décès observés dans cette catégorie, 152 (41%) correspondent à des cas de mort violente.

---

[*]Ontario Ministry of Health, Occupational Health Protection Branch, Toronto, Canada.

[**]Workmen's Compensation Board, Ontario, Canada.

Parmi les 216 autres, 75 décès sont dus à des tumeurs malignes, et notamment à un cancer du poumon dans 41 cas. Le nombre de décès par cancer du poumon ainsi observé est significativement plus élevé que le le nombre correspondant aux cas habituellement attendus dans l'Ontario (13,1). On sait qu'il existe des cas de silicose chez les travailleurs des mines d'uranium en Ontario, mais dans le groupe en question, un seul décès a été provoqué par la silicose et la tuberculose.

Causas de muerte en las minas de uranio de Ontario - La extracción y el tratamiento del uranio se iniciaron hace menos de 20 años en Ontario, y las concentraciones de productos descendientes del radón no excedieron de unos 5 WL en el peor período. Por esta razón, era interesante averiguar si había un mayor riesgo de cáncer del pulmón para los mineros. Por otra parte, la identificación de las personas muertas de cáncer pulmonar permite estudiar el derecho a indemnización de conformidad con la ley de Ontario sobre indemnización de accidentes del trabajo. Una nómina de 8 649 mineros de uranio, empleados en el pasado y el presente, se comparó con las actas de defunción extendidas entre 1955 y 1972. De las 368 muertes que se registraron en este grupo, 152 (41 %) eran casos de muerte violenta. Entre los 216 casos restantes de muerte no violenta, 75 eran imputables a neoplasmas malignos, incluidas 41 muertes de cáncer pulmonar. El número de muertes por cáncer pulmonar que se ha registrado es bastante mayor que el número de muertes esperado teniendo en cuenta la experiencia adquirida en Ontario (13,1). Se sabe que hay casos de silicosis entre los mineros de uranio de Ontario, pero sólo un caso mortal en este grupo se debía a la silicosis y tuberculosis.

Причины смерти на урановых рудниках Онтарио - Добыча и обработка урана в Онтарио начались менее 20 лет тому назад, и концентрации дочерних продуктов радона в рудниках не превышали примерно пяти рабочих уровней в худший период. Поэтому представлялось интересным исследовать, можно ли обнаружить и показать повышенную опасность заболевания раком легких у рабочих этих рудников. Кроме того, определение тех случаев, когда люди умерли от рака легких, позволяет рассматривать вопрос о соответствующей компенсации согласно Закону о компенсации трудящихся Онтарио.

Было произведено сравнение номинального списка из 8649 шахтеров, работавших на рудниках в прошлом и работающих в настоящее время, со списком умерших в Онтарио в период с 1955 по 1972 год. Из 368 случаев смерти, отмеченных в этой группе, 152 случая (41 процент) являлись случаями насильственной смерти. Из остальных 216 случаев ненасильственной смерти 75 являлись результатом злокачественных опухолей, включая 41 случай - от рака легких. Число отмеченных случаев смерти от рака легких значительно превышает ту цифру, которая ожидалась, исходя из опыта Онтарио (13,1).

Известно, что среди рабочих, занятых добычей урана в Онтарио, отмечался также силикоз, но лишь один случай смерти в этой группе был отнесен к силикозу и туберкулезу.

CAUSES OF DEATH IN ONTARIO URANIUM MINERS

Mining of radioactive ore started in Canada in 1932-1933 following the discovery of pitchblende, native silver and cobalt by Gilbert La Bine and E.C. St. Paul on the east shore of Great Bear Lake near Echo Bay in the North Western Territories [1]. The deposit was worked for its radium and silver content, but other products such as uranium, copper and cobalt were eventually recovered. In 1953, uranium mining operations started in the Beaverlodge region of Saskatchewan.

In Ontario, uranium mining and milling started in the Elliot Lake area in 1953, followed in 1955 by mining and milling developments in the region of Bancroft. Elliot Lake soon became the main uranium mining camp in Canada.

Uranium production rose rapidly from 1955-1959 and declined again to a minimum production in 1968 (Table 1). The contribution of Ontario to the Canadian uranium production rose from about 22% in 1956 to about 90% at peak production in 1959 and Ontario has since contributed most to the Canadian uranium production.

Table 1

Ontario and Canadian production of uranium
(in tonnes of U_3O_8)

Year	Ontario	Canada
1955	24	
1956	453	2 285
1957	3 985	6 636
1958	9 985	13 403
1959	12 746	15 892
1960	9 807	12 748
1961	7 485	9 641
1962	6 402	8 430
1963	6 385	8 352
1964	5 902	7 285
1965	3 412	4 443
1966	2 937	3 922
1967	2 725	3 738
1968	2 687	3 701
1969	3 075	3 855
1970	3 338	4 105
1971	3 504	4 107
1972	4 235	4 898
1973	4 219	4 881

The man-hours worked overall in the industry and those worked specifically underground are of course related to production. Table 2 indicates man-hours expended underground in Ontario uranium mines.

The rapid rise of uranium mining from 1955 to 1959, with the following sharp decline of mining operations involving the closing down of most mines and mills in the area, caused a great number of men having uranium mining experience of relatively short duration to draft into other occupations in other parts of the province or even in other provinces.

Table 2

Man-hours in Ontario uranium mines underground [10]

Year	Man-hours
1955	19 014
1956	202 776
1957	5 031 366
1958	12 338 945
1959	12 602 904
1960	6 800 897
1961	4 167 309
1962	3 725 170
1963	3 114 049
1964	2 208 099
1965	1 196 250
1966	1 277 656
1967	1 502 059
1968	1 529 665
1969	1 690 579
1970	1 739 277
1971	1 623 903
1972	1 533 446
1973	1 509 236

Another characteristic feature of Ontario uranium mining operations is that the most important mining camp in the Elliot Lake area was originally established in a location distant from large centres of population and it was necessary therefore to draw on men from other areas to work in the mines and mills.

CAUSES OF DEATH IN ONTARIO URANIUM MINERS

Probably about 18 000 men worked during some time between 1955 and 1973 in Ontario uranium mines and a computer file of those with one month or more of uranium mining experience is being prepared at present. There are less than 1 000 miners working in the mines at present and it is practically impossible to trace most of the other men.

The radon daughter concentrations in the mines were at peak levels, about 2-5 WL. These levels were lower than in some other mining areas where an increased lung cancer risk has been demonstrated [2, 3, 4, 5].

The radon daughter concentrations were higher, however, in Ontario uranium mines than in haematite mines in the United Kingdom [6], where miners were found to have a lung cancer risk 1.7 times that of comparable local non-mining groups or national experience [7]. The period of exposure underground in these miners was probably longer than for the Ontario uranium miners.

It was therefore of interest to find out if an increased risk of dying of lung cancer could be demonstrated under the circumstances namely:
1) relatively short exposures
2) relatively low concentrations
3) the lapse of some years since exposure.

Methods

Based on requirements of the Mining Act of Ontario, pre-employment physical examinations, including chest X-rays and annual chest X-ray examinations, have been carried out for all persons employed underground in dust exposure occupations since 1928 by physicians employed by the Workmen's Compensation Board. In 1954 all information on men with signs of silicosis or tuberculosis were coded and punched into IBM cards. Late in 1955 it was decided to supplement this programme by adding data on all men with 60 months or more of dust exposure in mines irrespective of their chest X-ray rating. This information was updated annually.

In recent years, all pertinent information was transferred to magnetic tape and is referred to as the Mining Master File.

The Mining Master File formed later the basis for the Nominal Roll of Uranium Miners, that comprises all members of the Mining Master File having one month or more of uranium mining experience. Thus the Nominal Roll of Uranium Miners comprises all men with one month or more of exposure in uranium mining in addition to compliance with either or both of the following conditions:
1) Employment of 60 months or more in mining
2) Signs of pneumoconiosis (X-ray Rating 4-9)[1] or tuberculosis (X-ray Rating 13-16)[2].

The Nominal Roll of Uranium Miners updated to December 31, 1972 contained 8 510 names. It was matched with Ontario death certificates for January 1, 1955 to December 31, 1972. For the purpose of matching complete agreement between the Nominal Roll and the death certificate was required for the following parameters: surname, given name(s), and the date of birth. Additional parameters considered included date of the last examination, place of death and the occupation indicated on the death certificate. In some instances the match was not perfect and some minor discrepancies existed. These cases were submitted to the Workmen's Compensation Board, Statistics Department, for further investigation. Only the cases considered "certainly" or "most probably" the same person, were included. Those considered "possibly" or "certainly not" the same person, were excluded.

---

[1]Pneumoconiosis Ratings
1. Normal thorax
2. Slight increase in linear radiation
3. Moderate increase in linear radiation
4. Generalised arborisation
5. Generalised arborisation with partial mottling
6. Generalised small mottling
7. Generalised medium mottling
8. Generalised large mottling
9. Gross mottling

[2]Tuberculosis Ratings
10. Primary foci parenchymal upper
11. Primary foci parenchymal lower
12. Primary foci hilum
13. Tuberculosis, undetermined
14. Tuberculosis, active
15. Tuberculosis, arrested
16. Shadows suggesting possible tuberculosis

CAUSES OF DEATH IN ONTARIO URANIUM MINERS

Proportional mortality ratios were used in calculating the expected number of lung cancer deaths. Age adjusted data for the male population of Ontario for the pertinent periods were used for comparison.

Two groups of causes were used as reference cause of death:
(a) All non-violent deaths excluding pulmonary cancer
(b) All cancer deaths excluding pulmonary cancer.

Results

A total of 368 death certificates matched with names on the Nominal Roll of Uranium Miners. Of this number, 216 or 59% died of disease causes, while 152 or 41% were violent deaths. Table 3 indicates the causes of death grouped into major categories. Among the deaths from other disease causes, there was one death from coronary thrombosis in a male with a diagnosed cancer of the right lung with metastases 4 months earlier.

Table 3

Causes of death

Disease causes		216
Malignant neoplasms		75
Pulmonary	41	
Other	34	
Other disease causes		141*
Violent deaths		152
Motor vehicle accidents		45
Suicide, Homicide		22
Other violent deaths		85
Industrial	58	
Non-industrial	27	
All causes		368

*One case (No. 369) died of coronary thrombosis. Carcinoma of the right lung with metastases had been diagnosed 4 months earlier.

Table 4 indicates the number of lung cancer deaths observed as well as the expected number of pulmonary cancer deaths by periods in which death occurred.

Table 4

Number of pulmonary cancer deaths expected and observed by five-year period

Period	Lung cancer deaths Expected	Lung cancer deaths Observed
1955-59	0.4	1
1960-64	1.9	11*
1965-69	4.9	13*
1970-72**	5.9	16*
Total	13.1	41*

*Significant at 1% level.
**Three-year period.

There was no significant difference in the expected number of lung cancer cases when calculated by the two reference causes of death indicated. A total of 12.5 lung cancer deaths were expected when using all non-violent deaths excluding pulmonary cancer as reference and 13.6 cases were expected when using non-pulmonary cancer as reference cause of death. Similar agreement was also found for the individual age groups and periods. The tables 4 and 5 indicate therefore average results using the two reference causes of death.

The hypothesis that there were no lung cancer deaths attributable to the mining environment was tested. The critical comparison is between the observed number of pulmonary cancers and the corresponding expected number. Assuming a Poisson distribution, the lower and upper confidence limits for a 1% probability for 41 cases are 26.38 - 60.56 [8]. Since the expected number of lung cancer cases is outside the 99% confidence limits of the observed number of cases, the hypothesis of no lung cancer deaths attributable to the mining environment was rejected.

The number of observed lung cancer cases for the period 1955-1959 does not significantly differ from that expected (see table 4). During the period 1960-1964 and for the total period of follow-up, significantly more cases of lung cancer were observed than expected. The age groups 40-59 years appear to be most affected (see table 5). The observed number of lung cancer deaths in miners aged 40-59 years is significantly greater than expected.

Table 5

Number of pulmonary cancer deaths expected and observed by age group

Age group	Lung cancer deaths	
	Expected	Observed
25-29	< 0.1	0
30-34	< 0.1	1
35-39	0.6	1
40-44	0.8	6*
45-49	2.2	10*
50-54	3.1	7
55-59	2.1	10*
60-64	2.3	2
65-69	1.4	2
70-74	0.3	2
75+	0.2	0
Total	13.1	41*

*Significant at 1% level.

Discussion

The requirements for a miner to qualify for the Nominal Roll of Uranium Miners were originally intended to select men with significant dust exposure, rather than to select men with significant exposure to radon daughters in the uranium mine environment. This is the result of having used the Mining Master File as the basis for the development of the Uranium Nominal Roll. This approach made it possible, however, to develop the Nominal Roll within a reasonable time. Currently, only about 50% of all men with one month or more of uranium mining exposure are listed in the Nominal Roll. If one assumes that lung cancer is dose related, the inclusion of a large number of miners with very short exposure in our cohort will tend to dilute the risk of lung cancer deaths compared to other causes and we believe that the definition used in this study tends to underestimate the risk due to radiation exposure.

It was not possible to assume that all men were still alive at the end of 1972 if their names did not match with Ontario death certificates. During the mid-Sixties many men moved to other provinces and possible even left Canada when several uranium mines were closed down and others limited production. Some of these men certainly died in other provinces. The method of proportional mortality ratios used in this study overcomes this difficulty. The use of this method implies that the expected ratio of pulmonary cancer deaths to all non-violent deaths less pulmonary cancer, and the ratio of pulmonary cancer deaths to all non-pulmonary cancer deaths, is the same for the members of the Nominal Roll in each age group and period as in the same age group and period for the male population of Ontario. No correction was made (at this stage) for possible differences in smoking habits. It is recognised that cigarette smoking is a major etiologic factor in the causation of lung cancer and that correction for differences in smoking habits between the mining population and the control population is desirable. The design of the present study did not make it possible, however, to obtain the pertinent information. Comparison of expected lung cancer deaths predicted in United States uranium miners from U.S. rates, with and without adjustment for cigarette smoking, indicates that the smoking patterns in uranium miners might increase expected lung cancer deaths by no more than 49%. This increase was considered to be probably an overestimate [4]. The possible increase in the number of expected lung cancer cases by a factor of 0.49 is small compared to the factor of 3 by which the number of expected and observed lung cancer cases differs in Ontario uranium miners.

CAUSES OF DEATH IN ONTARIO URANIUM MINERS

In addition, no correction was carried out for possible differences in national-origin sub-groups between the uranium mining population and the Ontario population. However, differences in national origin could not explain the increased lung cancer risk observed [9].

Members of the Nominal Roll include both Elliot Lake miners and miners from the area of Bancroft, about 360 miles south east of Elliot Lake and both these groups are represented among lung cancer deaths. In addition, miners did not necessarily live in the area where the mines were located either prior to or following their employment. Ontario mortality rates were therefore considered most appropriate for comparison.

It is noteworthy that the observed number of pulmonary cancer deaths during the period 1955-1959 did not significantly differ from the number expected. This might well be due to the fact that the time elapsed since the beginning of exposure to radon daughters in the mine atmosphere was not sufficient, in terms of latent period or dose, to cause a similar increase in lung cancer deaths as we see in subsequent five-year periods. It was surprising to find the relatively great number of lung cancer deaths as early as 1960-1964. The time elapsed since onset of exposure up to death in these 11 cases varied between 3 and 8 years with a mean of 4.7 years (median 4.5 years). The time of exposure in uranium mining varied between 1 and 84 months with a mean of 35 months (median 22.6 months).

The increased risk of lung cancer is pronounced particularly in the younger and middle age groups of 40-59 years; no pronounced difference in risk was noted in the age groups 25-39 and 60 years and over. All but one of the 41 deaths from lung cancer occurred in men who started uranium mining in 1960 or earlier. This, however, was also the peak period of employment in the mines and no definite conclusions should be drawn from this finding.

The median period of exposure in miners that died of lung cancer was 27.4 months and they died 8.3 years (median) following the start of uranium mining exposure.

Conclusion

The data available at present indicate an increased risk of lung cancer in Ontario uranium miners. Such a finding, as it relates to conditions in past years, does not necessarily indicate it will apply to men who started work during the recent years when conditions in the mines have substantially improved. In a population meeting the requirements for inclusion on the Nominal Roll of Uranium Miners, the risk of dying of lung cancer is greater than expected by a factor of 3. No correction for smoking or places of residence was carried out. No increased risk of dying of lung cancer was noted in the five-year period 1955-1959 and this might well be due to the shortness of time since the start of uranium mining. Respiratory tuberculosis and silicosis were responsible for one death.

Present work

Data, unpublished at present, indicate that the concentration of radon and its daughters has substantially decreased during the last decade. A new Nominal Roll of Uranium Miners is being prepared at present including all men with one or more months of underground experience in an Ontario uranium mine independent of any other mining experience. In addition, data on radon daughter concentrations in each individual uranium mine for each year are being assembled. Plans are being made to relate lung cancer risk to time-weighted exposures to radon daughters.

A programme using sputum cytology has begun recently on a selected group of miners. No results are available as yet.

REFERENCES

[1] Griffith, J.W. (1967). The uranium industry - its history, technology and prospects. Mineral Report No. 12. Mineral Resources Division, Department of Energy, Mines and Resources, Ottawa.

[2] Pirchan, A. (1930). Czechoslovakian Medical Journal, 69, 1767.

[3] Behounek, F. (1927). Physikalische Zeitschrift, 28, 333.

[4] Radon daughter exposure and respiratory cancer - Quantitative and temporal aspects. (1971). U.S. Department of Health, Education and Welfare, Washington.

[5] DeVilliers, A.J.; Windish, J.P. (1964). British Journal of Industrial Medicine, 21, 94.

DeVilliers, A.J. (1971). Occupational Health Review, 22, 1.

[6]   Duggan, M.J.; Soilleux, P.J.; Strong, J.C.; Howell, D.M. (1970). British Journal of Industrial Medicine, 27, 106.

[7]   Boyd, J.T.; Doll, R. ; Faulds, J.S.; Leiper, J. (1970). British Journal of Industrial Medicine, 27, 97.

[8]   Documents Geigy Scientific Tables (1962). 6th Edition, p. 106.

[9]   Cook, D.; Mackay, E.N.; Hewitt, D. (1972). Canadian Journal of Public Health, March-April.

[10] Canada Minerals Year Books. Department of Energy, Mines and Resources, Ottawa.

[11] Wadge, N.H. Ontario Mines Accident Prevention Association. (Private Communication).

DISCUSSION

R. BEVERLY (USA): The number of deaths (11) in the 1960-64 period from exposures in 1955-59 - after only 5 to 8 years between exposure and death - is very surprising compared to US statistics. Could this be caused from other mining exposure to radon daughters?

J. MULLER : Only data as obtained could be presented. As in the United States many miners had previous hard rock mining experience.

G.R. YOURT (Canada): The nominal roll referred to in the presentation includes some surface workers with no underground uranium exposure because the preparation of the roll was based on dust exposure. One or more of the 41 lung cancer cases fell in this group.

J. MULLER : As some surface workers with low radon daughter exposures are included in the nominal roll this will lead to underestimating the risk.

G.R. YOURT: The roll includes former European miners and some who had underground uranium exposure outside of Ontario.

J. MULLER: The 41 cases of lung cancer will be thoroughly investigated not only for scientific reasons, but also for consideration of possible compensation of the families in accordance with the Ontario Workmen's Compensation Act.

G.R. YOURT: The trend indicated in the table especially 1960-64 group should not be considered very significant without relation to actual radon daughter exposure in working-level-months and other factors.

J. MULLER: The early appearance of pulmonary cancer in the period 1960-64 is interesting but only actual findings would be reported.

G.R. YOURT: Cancer incidence reported among uranium miners in USA and France indicates that death occurs mostly between 10 and 20 years after beginning of exposure. Therefore other factors should be sought to account for the high ratio of observed cases expected in the 1960-64 group in Table 2.

J. MULLER: As pointed out in my oral presentation all the cases of lung cancer including those who died in the period 1960-64 will be investigated in detail. It should be borne in mind however that the apparent latent period will increase as the time interval from onset of mining operations to the time of observation increases.

Etude expérimentale de la comparaison de l'action toxique sur les poumons du radon-222 et de ses produits de filiation avec les émetteurs α de la série des actinides

J. Lafuma**, J. Chameaud*, R. Perraud*,
R. Masse**, J.C. Nenot, M. Morin

Abstract - Résumé - Resumen - Резюме

<u>An experimental study on a comparison between the toxic effects of ^{222}Rn and its daughters on the lungs, and those exerted by α-emitters of the actinium series</u> - Relations between doses and effects are compared with regard both to survival and the induction of cancers. Similarly, the histological types and siting of lung tumours are described. A relationship is established between WLA and rads. The results are discussed as regards the machinery whereby lung cancers are induced, and whether or not extrapolation from animals to man is possible.

<u>Etude expérimentale de la comparaison de l'action toxique sur les poumons du radon-222 et de ses produits de filiation avec les émetteurs α de la série des actinides</u> - Les relations doses-effets sont comparées tant sur la survie que sur l'induction de cancers. De même, les types histologiques et la localisation des tumeurs pulmonaires sont décrits. On a tiré une relation entre les WLA et les rads. Les résultats sont discutés quant aux mécanismes d'induction des cancers pulmonaires et à la possibilité d'extrapoler de l'animal à l'homme.

<u>Estudio experimental sobre la comparación de la acción tóxica en los pulmones del radón-222 y de sus descendientes con los emisores α de la serie de los actinios</u> - Las relaciones dosis-efecto se comparan tanto respecto de la supervivencia como de la inducción de los cánceres. Se describen análogamente los tipos histológicos y la localización de los tumores pulmonares. Se establece una razón entre los niveles de trabajo admisibles y las radias. Los resultados se estudian en relación con los mecanismos de inducción de los cánceres pulmonares y la posibilidad de extrapolar entre el animal y el hombre.

---

*Commissariat à l'énergie atomique, B.P. n° 1 - 87640, Razes, France.

**Commissariat à l'énergie atomique, Fontenay-aux-Roses, France.

Экспериментальное исследование сравнительного токсического воздействия на легкие 222Rn и его дочерних продуктов и источников изучения альфа-частиц серии актинидов - Проведено сравнение кривых "эффект-доза" среди лиц, у которых не были обнаружены признаки рака, а также лиц, у которых были обнаружены признаки рака. Описываются также гистологические образцы и локализация легочных опухолей. Установлена связь между W.L.A. (уровень радиации в нормальных рабочих условиях) и количеством рентген. Обсуждаются результаты исследований механизма возбуждения рака легких и возможности перенесения на человека результатов опытов, проведенных на животных.

La relation entre l'activité déposée et la dose délivrée dépend de l'hétérogénéité de la répartition de l'activité dans le poumon.

Pour les actinides, la répartition spatiale dépend de la nature physico-chimique sous laquelle se trouve le contaminant (soluble ou insoluble, diffusibilité plus ou moins grande, taille des particules, etc.).

Pour le radon et ses produits de filiation, la répartition n'est pas homogène dans l'appareil respiratoire et l'on admet que l'activité déposée par gramme de tissu est beaucoup plus importante dans les voies respiratoires que dans le poumon profond.

La valeur de la dose calculée peut être différente suivant le degré d'homogénéité de la déposition. L'influence du degré d'homogénéité sur les lésions produites pose un problème auquel nous avons cherché à donner une solution expérimentale.

Nous avons utilisé des lots de rats (près de 700 animaux avec les actinides et autant avec le radon). Les expériences ont été menées avec des rats mâles âgés de deux mois et demi au début de la contamination. Deux races ont été utilisées : Sprague Dawley et Wistars.

Tous les actinides ont été administrés aux rats en une seule séance. Le radon a été administré de façon chronique avec différentes modalités de concentration et de durée d'administration.

ETUDE EXPERIMENTALE DE LA COMPARAISON DE L'ACTION TOXIQUE SUR LES POUMONS DU RADON-222 ET DE SES PRODUITS DE FILIATION AVEC LES EMETTEURS α DE LA SERIE DES ACTINIDES

Actinides

Le tableau 1 résume les conditions expérimentales [1]. Après la contamination, l'activité déposée dans le poumon profond a été mesurée pour chaque animal.

Les animaux ont été suivis pendant la durée de leur existence et sacrifiés lorsqu'ils étaient moribonds. Après le sacrifice, l'activité de chaque organe a été mesurée. Les poumons ont été fixés en bloc et systématiquement découpés en tranches de 5 μm. Le seuil de détection d'une anomalie histologique était inférieur à 10 000 cellules.

Tableau 1

Eléments et activités déposés dans les alvéoles

	nCi/g	Nombre de rats
$^{244}Cm(NO_3)_3$	20-3500	140
$^{241}Am(NO_3)_3$	120-2300	120
$^{238}Pu(NO_3)_4$	200-1000	55
$^{239}Pu(NO_3)_4$	16-2000	60
$^{241}AmO_2$	30-23000	150
$^{239}PuO_2$	80-3300	165

Ce que l'on a observé tout d'abord c'est qu'il existait, pour chaque composé utilisé, une relation entre l'activité cumulée (nombre total de particules α par gramme de poumon) et le temps de survie.

La figure 1 montre des courbes obtenues pour quatre éléments. Chaque point expérimental est la date du décès de l'animal médian du groupe.

Les quatre courbes ont la même allure et ne sont que décalées.

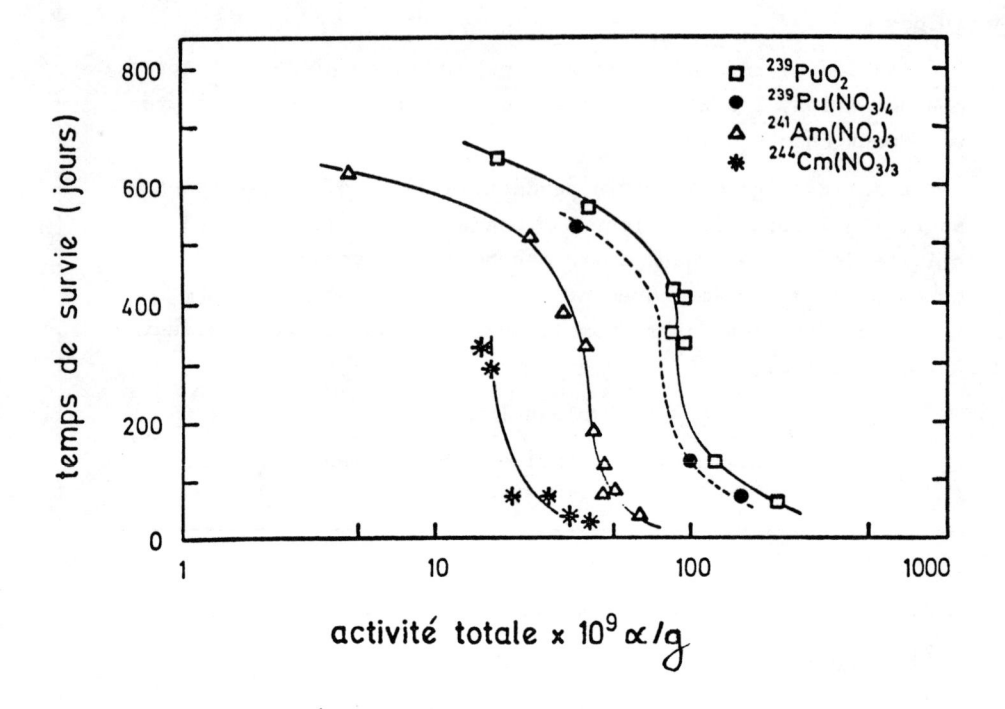

Figure 1

Les autoradiographies systématiques montrent que l'élément le plus toxique (^{244}Cm) est celui qui est dispersé de la façon la plus homogène. A l'opposé, l'oxyde de ^{239}Pu, formé de particules insolubles est le moins efficace à activité cumulée égale.

Le nitrate de ^{244}Cm, par la grande homogénéité de sa répartition, est très proche des conditions requises dans la définition du rad. Nous avons donc calculé les doses relatives à cet élément par la méthode habituelle.

Par contre, pour les autres, nous avons divisé les valeurs calculées avec la méthode habituelle par un facteur d'hétérogénéité, tiré de la comparaison des activités α totales susceptibles de réduire d'un facteur deux, la durée de la vie des animaux. Ces facteurs ont été obtenus par rapport au nitrate de curium-244 qui sert de référence H F = 1.

ETUDE EXPERIMENTALE DE LA COMPARAISON DE L'ACTION TOXIQUE
SUR LES POUMONS DU RADON-222 ET DE SES PRODUITS DE FILIATION
AVEC LES EMETTEURS α DE LA SERIE DES ACTINIDES

Le tableau 2 résume les facteurs d'hétérogénéité pour tous les éléments utilisés. Ces facteurs sont basés sur la réduction de la durée de la vie, mais il faut remarquer qu'ils évoluent dans le même sens que l'hétérogénéité de la répartition de l'activité observée sur les autoradiographies. C'est probablement le nombre total de cellules atteintes qui conditionne la durée de la survie.

Tableau 2

Facteurs d'hétérogénéité basés sur l'activité
totale qui reduit la durée de vie d'un facteur 2
(la valeur de référence est fournie par
le ^{244}Cm, élément le mieux dispersé)

	F.H	R
^{244}Cm(NO$_3$)$_3$	1,	93
^{241}Am(NO$_3$)$_3$	3,	38
^{238}Pu(NO$_3$)$_4$	2,	44
^{239}Pu(NO$_3$)$_4$	5,	16
^{241}AmO$_2$	3,	29
^{239}PuO$_2$	5,5	15
^{238}PuO$_2$	1,5	58

F.H - facteurs d'hétérogénéité
R - rad / 10^9 α/g.

La figure 2 relie la perte de la durée de survie, exprimée en pourcentages de la durée de vie des témoins, avec le logarithme de la dose, exprimée en "rads équivalents curium-244".

Sur un papier gausso-logarithmique, cette relation est sensiblement linéaire entre 500 et 10 000 rad.

Nous avons actuellement en expérience une nouvelle série homogène (500 animaux) qui explorera la zone comprise entre 20 et 200 rad.

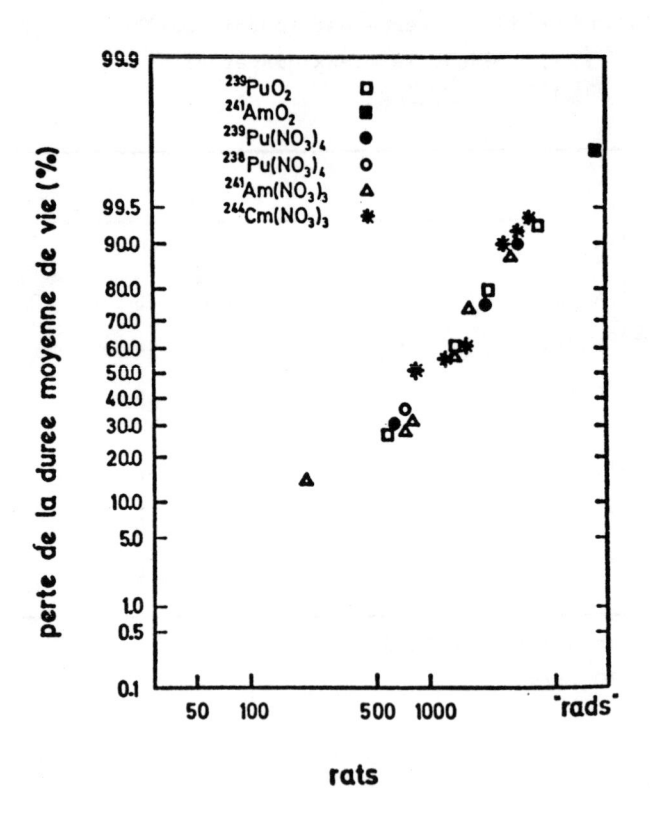

Figure 2

ETUDE EXPERIMENTALE DE LA COMPARAISON DE L'ACTION TOXIQUE
SUR LES POUMONS DU RADON-222 ET DE SES PRODUITS DE FILIATION
AVEC LES EMETTEURS α DE LA SERIE DES ACTINIDES

Radon

Le radon a été administré aux rats dans des enceintes de grands volumes où l'on maintenait une concentration constante pendant toute la durée des inhalations [2].

Les animaux ont été conservés dans les mêmes conditions qu'avec les actinides. Les poumons ont été fixés et analysés de façon identique.

La figure 3 montre la perte de la durée de vie des animaux en expérience exprimée par rapport à celle des témoins suivant les conditions d'inhalation exprimées en WLM.

Dans cette courbe, quatre expériences non encore terminées montrent leur état d'avancement au 1er juillet 1974, les valeurs étant exprimées par rapport à la vie moyenne de la souche utilisée.

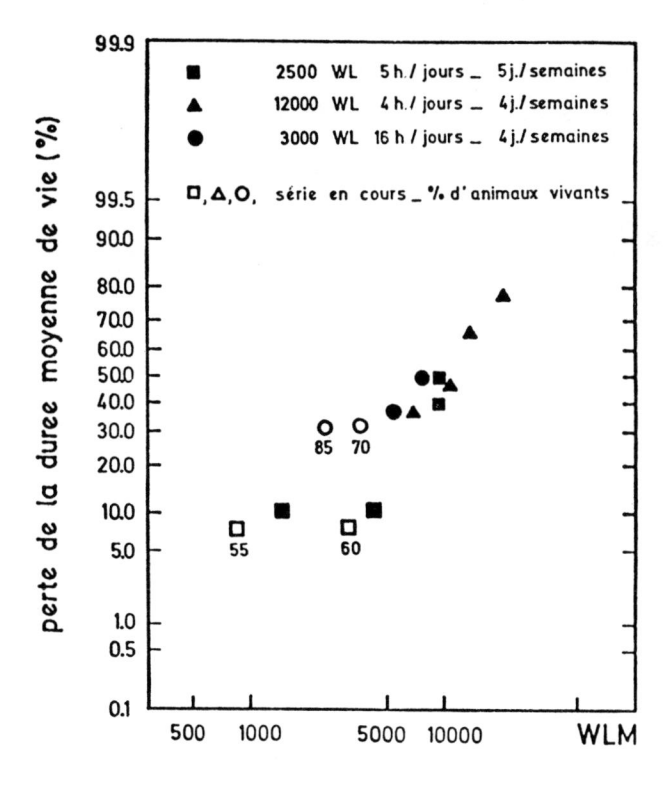

Figure 3

Entre 5 000 et 25 000 WLM, la relation est linéaire. Si on la compare à celle obtenue avec les actinides, on voit que 1 WLM a une action équivalente sur la survie à celle de 0,10 à 0,12 "rad équivalent curium-244".

Des expériences, à des valeurs comprises entre 100 et 500 WLM, seront lancées à la fin de cette année pour comparer à ces bas niveaux le radon et les actinides.

Cancers du poumon

Au cours des expériences, plus de deux cents animaux porteurs de cancers du poumon ont été observés, près du tiers d'entre eux avec le radon.

Ce nombre est trop faible pour étudier la relation entre la dose et la fréquence d'apparition des cancers.

On peut cependant faire quelques remarques:

a) relation dose-survie pour les rats cancéreux

L'ajustement sur une relation linéaire de la survie et du logarithme de la dose donne les valeurs de perte suivantes :

actinides: - 0,0028 ± 0,00046
radon: - 0,0029 ± 0,00042

b) Tailles des cancers à la mort des animaux

A la mort des rats, on a observé des cancers dont les tailles vont de moins de 1 mm^3 à plusieurs centimètres cubes.

Les animaux - en règle générale - meurent avec un cancer et non pas tués par les troubles respiratoires provoqués "in situ" par les tumeurs.

c) Relations entre la localisation des cancers et la nature du radioélément déposé

Pratiquement tous les cancers peuvent être qualifiés de "périphériques". Seuls, trois cancers des voies respiratoires supérieures ont été obtenus avec le radon.

Il n'y a pas de point de départ spécifique sous la dépendance de la localisation des radioéléments dans l'organe.

ETUDE EXPERIMENTALE DE LA COMPARAISON DE L'ACTION TOXIQUE
SUR LES POUMONS DU RADON-222 ET DE SES PRODUITS DE FILIATION
AVEC LES EMETTEURS α DE LA SERIE DES ACTINIDES

d) Types histologiques des cancers

Le tableau 3 montre la variété des types histologiques observés sur plus de 200 animaux.

Tableau 3

Histologie des cancers pulmonaires observés

		Pourcentages
- BRONCHOGENIC CARCINOMAS		57,2
Squamous-cell	52,4	
Bronchogenic adeno-carcinomas	3,7	
Anaplastic (large cells)	1,0	
- BRONCHIOLO ALVEOLAR CARCINOMAS		39,6
- ALVEOLAR CARCINOMAS		1,0
- SARCOMAS		2,1
Reticulo-sarcomas	1,6	
Hemangio-sarcomas	0,5	

Il n'y a pas de type histologique préférentiel en fonction de la nature du radioélément.

Ces types histologiques sont assez comparables à ceux observés chez l'homme. Il y a une seule exception, mais elle est importante. Nous n'avons jamais observé de cancers à petites cellules (oat-cells carcinomas).

e) Vitesse d'évolution des tumeurs

Des sacrifices systématiques sur des lots d'animaux ayant reçu les mêmes doses, ont montré qu'il y avait une période pendant laquelle il n'y avait aucune tumeur, puis apparition de petites tumeurs avec de très forts index mitotiques et se développant très rapidement.

Tous se passe comme s'il y avait un temps de latence muet entre la fin de la contamination et le début du processus tumoral. Le temps de latence chez le rat est d'autant plus court que la dose délivrée a été plus forte.

f) Relation entre la fréquence des tumeurs et la dose

Le petit nombre de cancers observés (200) ne permet pas d'établir la relation avec précision, même aux niveaux élevés auxquels nous avons expérimenté.

Le maximum de fréquence est obtenu avec les actinides pour 700 rad et avec le radon pour 6 000 WLM.

Les deux valeurs correspondent à une réduction de la durée de la vie d'un tiers environ.

Conclusions

Pour des doses comprises entre 500 et 10 000 rad et des contaminations par le radon comprises entre 5 000 et 25 000 WLM., la réduction de la durée de la vie montre que 1 WLM est comparable à 0,12 rad.

Pour de telles doses, on observe des cancers du poumon avec les deux types de contaminant.

Dans les deux cas, le temps de latence entre la fin de la contamination et le début des tumeurs est sous la dépendance de la dose. Ceci rend difficile l'utilisation d'une relation entre la fréquence des cancers et la dose qui ne tiendrait pas compte du temps.

REFERENCES

[1] Lafuma, J.; Nenot, J.C.; Morin, M.; Masse, R.; Metivier, D.; Nolibe, D.; Skupinski, W. (1974). Respiratory carcinogenesis in rats and monkeys after inhalation of radioactive aerosols of actinides and lanthanides in various physico-chemical forms. In - Symposium on Experimental Respiratory Carcinogenesis (Seattle, June 1974).

[2] Chameaud, J.; Perraud, R.; Lafuma, J.; Masse, R.; Pradel, J. (1974). Lesions and lung cancers induced in rats by inhaled radon^{222} at various equilibriums with radon daughters. In - Symposium on Experimental Respiratory Carcinogenesis (Seattle, June 1974).

ETUDE EXPERIMENTALE DE LA COMPARAISON DE L'ACTION TOXIQUE SUR LES POUMONS DU RADON-222 ET DE SES PRODUITS DE FILIATION AVEC LES EMETTEURS α DE LA SERIE DES ACTINIDES

DISCUSSION

K. VALENTINE (Canada): Has any experimental work been done to determine the effect, possibly other than carcinoma, of radon in synergy with other substances such as silica dust?

J. LAFUMA: Oui, nous avons utilisé deux types d'empoussiérage en plus du radon:

1) le minerai d'uranium: les résultats ont été les mêmes qu'avec le radon pur;

2) un hydroxyde de cérium dont l'action toxique est connue: les résultats ont été un raccourcissement plus marqué de la durée de vie et une accélération du processus cancéreux.

Des expériences sont en cours avec de la fumée de cigarette. Les premiers résultats montrent que l'action de ce facteur n'est que faible chez l'animal.

J. PRADEL (France): 1 WLM dans vos expériences correspond à 0,1 rad. Cette relation est-elle valable quel que soit l'empoussiérage, c'est-à-dire le nombre de particules support du dépôt actif? Avez-vous vérifié les résultats de Jacobi selon lesquels 1 WLM peut correspondre à des doses variant de 0,08 à 1 rad?

J. LAFUMA: Cette relation n'est valable que dans les conditions de l'expérience: atmosphère ni filtrée ni empoussiérée. Nous n'avons pas vérifié les résultats de Jacobi.

Determination of natural uranium in urine

M.B. Hafez, M.A. Gomaa[*]

Abstract - Résumé - Resumen - Резюме

    Determination of natural uranium in urine - The present work describes the development and the use of a method for the routine determination of uranium in urine. Existing methods are surveyed and discussed. The method consists of co-precipitation of natural uranium on calcium phosphate from urine, adsorption of tetravalent uranium ion from the phosphate solution on sephadex, then elution of the adsorbed activity with diluted HCl solution, and finally the solution is evaporated on a stainless steel tray for preparing a source. The different techniques used for the measurement of the source activity are ZnS scintillations method, fluorimetry and the solid state track method. The recoveries of this method was about 92% ± 3.7%.

    Dosage de l'uranium naturel dans l'urine - Cette étude décrit la mise au point et l'application d'une méthode courante pour mesurer la teneur de l'urine en uranium. Les méthodes actuelles sont passées en revue et analysées. La méthode décrite consiste à faire coprécipiter l'uranium naturel présent dans l'urine sur du phosphate de calcium, puis à adsorber l'ion uranium tétravalent contenu dans la solution de phosphate sur du séphadex; on effectue ensuite une élution de l'élément actif adsorbé à l'acide chlorhydrique dilué, la source s'obtenant finalement en faisant évaporer la solution sur un plateau en acier inoxydable. Diverses techniques sont utilisées pour mesurer l'activité de la source : scintillométrie du ZnS, fluorimétrie et détection des traces dans un semi-conducteur. Le rendement de la méthode est de l'ordre de 92 ± 3,7 %.

    Determinación del uranio natural en la orina - En el presente trabajo se describen el desarrollo y la utilización de un método para la determinación rutinaria del uranio en la orina y se examinan y estudian los métodos vigentes. El método consiste en la coprecipitación del uranio natural en fosfato cálcico de la orina, adsorción de iones de uranio tetravalente a partir de la solución de fosfato en sephadex, a continuación elución de la actividad adsorbida con una solución de ácido clorhídrico diluido y por último

---

[*]Radiation Protection Department, Atomic Energy Establishment, Cairo, Egypt.

evaporación de la solución en una bandeja de acero inoxidable para preparar una fuente. Para la medición de la actividad de la fuente se utilizan diversas técnicas entre las que cabe citar el método del centelleo (sulfuro de cinc), la fluorimetría y el método de semi-conductor sólido. Los resultados de este método fueron de 92 ± 3,7 %.

Определение содержания естественного урана в моче - В настоящей работе описывается разработка и применение метода для обычного определения содержания урана в моче. Приводятся обзор и описание существующих методов. Данный метод состоит из следующего: со-осаждение естественного урана на фосфат кальция из мочи, поглощение ионов четырехвалентного урана из раствора фосфата на сефадекс, затем элюция поглощенной активности с помощью раствора HCL и, наконец, выпаривание раствора на нержавеющей стальной кювете для подготовки источника. Различные методы, используемые для измерения активности источника, включают в себя сцинтилляционный метод ZnS и метод следов твердых состояний. Рекуперация этого метода составляет около 92 процента ± 3,7 процента.

Introduction

Untill now internal contamination by α-emitters can be preferably assessed by bioassay techniques, since direct counting methods in vivo are not sensitive enough to detect the activity in critical organs. The uranium isotopes are principally α and β emitters; they also emit γ rays. By using a sodium iodide crystal in a well shielded enclosure, the amount of uranium in lungs has been estimated by observations of the 186 KeV γ-rays from ^{235}U and the 90 KeV γ-rays from the uranium daughters. The sensitivity assessed [1] showed that it was easy to detect the presence of 50% of the maximum permissible body burden recommended by ICRP. It will therefore be necessary to rely on excretion studies. It is important to know the conditions of uranium entry into the body when evaluating the results of bioassay techniques. It has been demonstrated that the fate of a radionuclide taken into the body depends greatly on the physical and chemical form in which it is introduced [2]. Both solubility in body fluids and particle size are vital factors.

Existing methods for the determination of uranium [3, 4, 5, 6] can be subdivided into three distinct stages, oxidation step, isolation of uranium step and measurement step.

Oxidation step

Two separate approaches have been used to effect the oxidation of urine to break down any organic compounds associated with uranium and to effect the initial concentration of the uranium from the large bulk of the urine sample. The first approach utilizes some form of evaporation, ashing or wet oxidation, while the second approach involves a direct coprecipitation procedure. Coprecipitation on bismuth phosphate and calcium and magnesium ammonium phosphate have all been employed in this latter approach.

Isolation of uranium step

Procedures recommended for the separation of uranium with good decontamination from other α-emitters are numerous. This by addition of carrier followed by a chemical separation procedure such as solvent extraction of ether [7].

Measurement step

The use of standard electronic α-counting equipment was the basis of the final measurement stage in all published methods for a number of years. However, more recently, an insulating material such as makrofal or mica [8, 9, 10] involving α-track and/or fission fragment track-counting has been advocated.

A collection of procedures for the analysis of biological materials was published by WHO and FAO [11]. These methods depend on two important factors: (a) simplicity and speed of chemical analysis; and (b) efficiency, sensitivity and precision of physical measurements.

The initial oxidation step of enriched uranium in urine is usually done by concentrated nitric acid, then enriched uranium is ether extracted from oxidised urine and the extract, after return to the aqueous phase is dried and mounted, for α-scintillation counting. The investigated enriched uranium is about 10 pCi. The limit of detection of this method is 0.2 pCi.

In case of natural uranium, for amount greater than 10^{-2} µg, i.e. 5µg/l, it can be determined by making use of the property of its fluoride of fluorescing under ultraviolet light by fusion of a small amount of ashed urine with a mixture of sodium fluoride and sodium carbonate. The investigated natural uranium level [12] is 40 µg/l.

From the investigation described above, it is of interest to facilitate the chemical separation stages of uranium to increase the percentage of recoveries in urine. Three methods are proposed which involve a purification stage using sephadex gel.

Experimental conditions

All chemicals were of analytical reagent purity. Calcium phosphate solution containing 60 g/l and 70 ml of 14N HNO_3 was used as precipitating agent for uranium. Salting out reagent, composed of 750 g ammonium nitrate, 36 g ferric nitrate and 62.9 ml nitric acid dissolved in one liter of water. Fusion mixture composed of 80% w/w sodium bicarbonate and 10% w/w sodium fluoride. Reduction of uranyle ion also ferric ion in nitric acid solution was carried out in presence of gas hydrogen and using orthochloroplatinic acid as catalyst. By this method there are no limits of concentration of uranyle nitrate [13] to complete the reduction effect.

The dextran gel (sephadex) was of type G-25b with size 100-250 mesh. The sephadex column had a diameter of 1.2 cm and 10 cm length with 250 ml capacity reservoir, the column was supported by silica wool plug.

The glass electrode-calomel electrode system, model PHM-28 was used to measure the solution pH. The α-sources were counted by ZnS scintillation counter (detection limit being 0.1 pCi). The fluorimetric measurements were done by using fluorimeter unit with platinum dishes. The solid state track detectors used are the Makrofal E (300 μm thick) plastic detector and natural mica.

Results and discussion

Preliminary experiments [7] were carried out to assess the optimum conditions for maximum fixation and complete elution from the sephadex column. These experiments showed that 0.25 g sephadex could adsorb 4×10^{-4} M of uranium, fixation and elution processes were complete regardless of the flow rates, and complete removal of radioactive element from sephadex is attained at 30 ml 0.5N HCl. The re-use of sephadex for new separation was made by washing the gel with 50 ml 6N HCl followed by washing with distilled water.

Fixation of uranium and iron on sephadex

Groups of nine solutions of 250 ml of HNO_3 1M were spiked with approximately 5 pCi of the following ion: ^{59}Fe II, ^{59}Fe III, ^{235}U IV and ^{235}U VI. In case of using natural uranium, solution contained approximately 40 μg/l. The solutions of each group were adjusted to a pH range of 0.5 to 10. Each of these solutions was passed directly after preparation through the sephadex column. The fixed quantity of the radioelement was removed from the column by 30 ml of 0.5N HCl. The acid solution was evaporated to small volume and quantitatively transferred to a clean stainless steel tray for counting, ^{235}U was counted by using α-scintillation counting and ^{59}Fe was counted by using G-M counter. In case of natural uranium fusion of 1 ml of the eluant solution was melted with a mixture of sodium fluoride, sodium carbonate and potassium carbonate and was determined in the fluorimeter.

Figure 1 illustrates the variation of the percentage fixation of freshly radioelement as a function of pH. The maximum fixation of tetravalent uranium occurred at pH > 3, while no fixation of divalent iron, up to pH 6, was occurred. There results were applied to Brook's method [14] as a purification step to separate the iron concentration which existed in urine, normally the fluorescence of the natural uranium activity is suppressed by iron. On the other

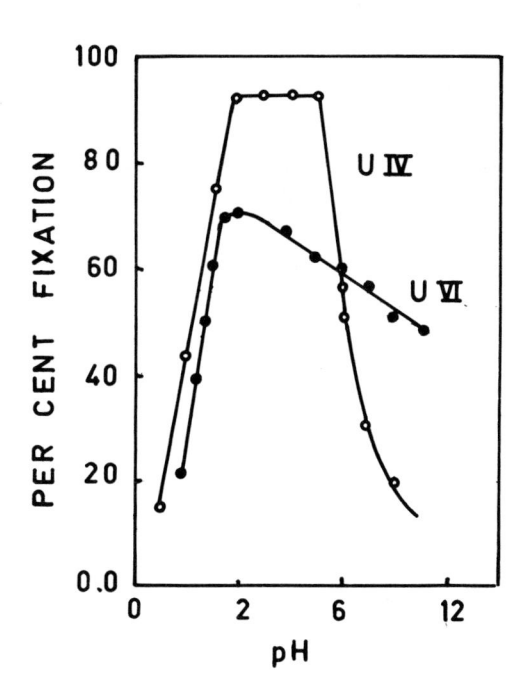

Figure 1
Fixation of U IV and U VI from aqueous solution

hand, high percentage fixation of tetravalent uranium could be used as purification stop of enriched uranium either for removing organic residue and ether in Caperhurst's method [15] or to increase the recoveries of uranium for gross determination α-activity in urine.

The full analytical procedure could be described as follows:

(a) <u>for the determination of enriched uranium in urine (gross activity)</u>:

(1) <u>concentration of uranium in urine solutions</u> - Urine sample is mineralised with 200 ml of concentrated nitric acid in presence of 300 mg of calcium ammonium phosphate, then heated for one hour at 90 °C and 7M ammonia is added till complete coprecipitation occurred, then the precipitate is separated by centrifugation.

(2) <u>purification of uranium in solution</u> - The residue is ashed in muffle furnace at 500 °C. After cooling, successive drops of fuming nitric acid are added and the solution is heated to evaporation till white pure precipitate is obtained. The precipitate is quantitatively dissolved in 200 ml of 1N HNO_3.

(3) <u>adsorption of uranium on sephadex</u> - Few drops of orthochloroplatinic acid is added to the nitric solution then hydrogen gas is passed till black precipitate of the catalyst is obtained; the pH is then adjusted to 5.0 with ammonia. The solution is passed through the sephadex column followed by washing with 20 ml of distilled water. The adsorbed activity is eluted by 30 ml 0.5N HCl.

(4) <u>counting of uranium</u> - The acid solution is then boiled down to a small volume and evaporated on a stainless steel tray for counting. The method gives recoveries of 92 ± 3.6%.

(b) <u>for the determination of enriched uranium</u>:

The method is based on the method published by Caperhurst [15]

(1) <u>mineralisation of uranium in urine solution</u> - To the urine solution, 2 ml of 8N nitric acid for every gramme of sample is added and is heated almost to dryness, then converted to nitrate by evaporating down with small quantities of concentrated nitric acid.

(2) **extraction of uranium** - The residue is dissolved in a salting out reagent (about 25 ml); and then the uranium extracted by ether. The aqueous solution is evaporated to dryness then is dissolved in 100 ml of 1N HNO_3.

(3) **purification using sephadex** - Hydrogen gas is passed through the extracted solution in presence of few drops of ortho-chloroplatinic acid; the solution is then adjusted to pH 5 then passed through the sephadex column. Followed by washing with 20 ml of distilled water. The adsorbed activity is eluted by 30 ml of 0.5N HCl.

(4) **counting of uranium** - The acid solution is then boiled down to a small volume and evaporated on a stainless steel tray for α-counting. The recoveries of this method are 96 ± 4.2%.

(c) **determination of natural uranium**:

(1) mineralisation of a natural uranium sample is done as described in method (b), paragraph (1). The residue is dissolved in 250 ml of 1N HNO_3, hydrogen gas is passed through the solution in the presence of few drops of ortho-chloroplatinic acid, then the solution was adjusted to pH 5 using ammonia.

(2) **purification using sephadex** - The solution is then passed directly through the sephadex column, followed by washing with 20 ml of distilled water. The adsorbed activity is eluted by 30 ml of 0.5N HCl, then diluted to 250 ml. Small aliquot of this solution was diluted ten folds accurately.

(3) **counting natural uranium** - 1 ml of the aliquots of the diluted solution is pipetted into the platinum dishes and fused with the fusion mixture then measured in the fluorimeter. The method gives recoveries of about 93 ± 3.6%.

Feasibility study on the possible use of solid state track detector for the measuring stage

Solid state tracks are produced as a result of the interaction of the charged particles with insulating materials. These tracks can be seen microscopically after proper etching. The etching agent used for Makrofal is 35% KOH at 60 °C and the etching agent used for natural mica is 40% HF at 60 °C. While the tracks recorded in plastics are spherical, the tracks recorded in mica are rhombic.

The uranium content in the sample under study may be assessed by the direct method i.e. by the direct interaction of the α-particles, of the uranium source, with the Makrofal. The uranium content may also be assessed indirectly via the fission fragment track method where the fission fragments are produced as a result of the interaction of neutrons with the uranium sample.

In the present study, natural and enriched uranium sources are used. The results indicated that the minimum exposure time for natural and enriched uranium samples is several hours in order to detect the maximum ICRP level. Longer exposure time will lead to accurate and reliable results.

For the fission fragment track method, natural and enriched uranium should be exposed to known fluence of thermal neutrons. For Makrofal E, the fission fragment tracks will be seen under the microscope larger than the α-tracks of the uranium sources.

The relationship between the track density recorded in the plastic or the mica and the neutron fluence is given by

$$T \alpha f \cdot \frac{\text{Avogadro's number}}{\text{Atomic weight}} \cdot \sigma \cdot t$$

where T is the number of tracks recorded per cm^2
      f is the neutron fluence in cm^{-2}
      σ is the fission cross section in cm^2
      t is the sample thickness in gramme cm^{-2}

The track density recorded per neutron fluence is estimated to be 2×10^{-7} for natural uranium sample of 40 µg/cm^2 and 7×10^{-8} for enriched uranium sample of 10^{-1} µg/cm^2.

The thermal neutron fluence needed for track counting is estimated to be 10^{12} cm^{-2}. For quick measurements, the fission fragment track detector may be exposed to a high neutron flux density.

REFERENCES

[1] Snyder, W.S. (1961). 7th Annual Bicassay and Analytical Chemistry Meeting, Argonne National Laboratory.

[2] Swanberg, F. (1962). In - Symposium on the Biology of the Transuranic Elements, Hanford.

[3] Colfield, R.E. (1960). Health Physics, 2, 269.

[4] Bakins, J.D.; Gomm, P.J. (1967). On the determination of radionuclides in material of biological origin. AERE - Harwell.

[5] Jeanmaire, L.; Jammet, H. (1959). Annales de radiologie, 2, 703.

[6] Hafez, M.B.; Saied, F.A. (1973). International Journal of Applied Radiation and Isotopes, 24, 241-244.

[7] Dolphin, G.W.; Jackson, S.; Lister, B.A.J. (1964). Interpretation of bio-assay data. AHSB (RP) R 41.

[8] Widell, C.O. (1967). In - Neutron monitoring. Proceedings Series - STI/PUB/136, 4 International Atomic Energy Agency, Vienna.

[9] Gomaa, M.A.; Eid, A.M.; Sayed, A.M. (1973). In - Neutron monitoring for radiation protection purposes. Proceedings Series - STI/PUB/318, 2, 219. International Atomic Energy Agency, Vienna.

[10] Buijs, K.; Vanne, J.P.; Burgkhardt, S.; Piesch, E. (1973). In - Neutron monitoring for radiation protection purposes. Proceedings Series - STI/PUB/318, 2, 159. International Atomic Energy Agency, Vienna.

[11] Methods of radiochemical analysis (1959). Technical Reports Series No. 173. WHO/FAO. World Health Organization, Geneva.

[12] Lister, B.A.J. (1963). In - Diagnosis and treatment of radioactive poisoning. Proceedings Series - STI/PUB/65, 265. International Atomic Energy Agency, Vienna.

[13] Gogliatti, G.; De Leone, R.; Lanz, R. (1964). RT/CHI (64). Roma, Giugno 14.

[14] Brooks, R.O.R. (1960). Collected laboratory procedure for the determination of radioelements in urine. AERE-AM 60, Harwell.

[15] The determination of alpha activity due to uranium in human body (1957). UKAEA, Unclassified Report IGO-AM/CA, 79.

Conclusion

The work described in this paper demonstrates that the phenomenon of surface adsorption of uranium and iron on sephadex can be used as part of purification step in the methods described by Brook and Caperhurst. This purification step increases the recoveries of uranium in urine to a large extent (about 10%). For the measuring stage, ZnS scintillation, fluorimetry and solid state track methods are recommended for α-counting.

Discussion sur l'étiologie du cancer pulmonaire des mineurs d'uranium

M. Delpla, S. Vignes, G. Wolber[*]

Abstract - Résumé - Resumen - Резюме

Discussion on the etiology of lung cancer in uranium miners - Lundin, Wagoner and Archer divided 3 366 American miners into six groups according to the lung dose expressed in working-level-months (WLM). They compared the expected number of cancer cases with the number actually observed. Study of the data discloses a remarkably constant increase of about five times in the hazard level, in the lung-dose range 120-1 800 WLM. The number of cases involved is too small to invalidate the dose-effect relationship. However, the gradual change in the curves showing the dose-effect variation for groups who worked for varying periods in non-uranium-bearing galleries and detailed analysis of the least exposed subjects (dose ⩽ 120 WLM) point to the fact that carcinogenic agents other than radon bear greatest responsibility for doses from 120-1 800 WLM. The incidence of cancers, which reaches a peak after 15 to 20 years of work in uranium-bearing galleries (whatever the duration of work in non-uranium-bearing galleries) shows that the carcinogenic agents in these mines are extremely powerful, but also that the miner population is heterogeneous as regards resistance to lung cancer. In conclusion, the etiology of lung cancer in uranium mine galleries has not been clearly established. The difficulty in distinguishing between the actions of the various parameters is due to the smallness of the sample. Further research in the mean-dose range (120-1 800 WLM) would be necessary to determine the role played by radon and other physico-chemical agents in the considerable lung-cancer hazard to which uranium miners are exposed.

Discussion sur l'étiologie du cancer pulmonaire des mineurs d'uranium - Lundin, Wagoner et Archer ont réparti 3 366 mineurs américains en six classes déterminées suivant la valeur de la dose pulmonaire exprimée en working-level-months (WLM). Ils ont comparé le nombre de cancers observés au nombre des cancers attendus. L'examen des résultats montre que le risque est multiplié d'un facteur remarquablement constant, de l'ordre de 5, dans un domaine de doses pulmonaires de 120 à 1 800 WLM. Les effectifs sont trop

---

[*] Electricité de France, Comité de radioprotection, 3, rue de Messine, 75008 Paris, France.

faibles pour permettre d'infirmer la relation de proportionnalité
dose-effet. Toutefois, la déformation progressive des courbes de
variations dose-effet pour des classes d'individus ayant travaillé
pendant des durées variables dans des galeries non uranifères, et
l'analyse détaillée des moins exposés (dose $\leqslant$ 120 WLM) semblent
révéler que l'action d'agents cancérogènes autres que le radon prédo-
minerait pour les doses de 120 à 1 800 WLM. La fréquence des
cancers, maximale après 15 à 20 ans de travail en galeries uranifères
(quelle que soit la durée de travail en galeries non uranifères)
montre que les agents cancérogènes dans ces mines sont très effica-
ces, mais aussi que la population des mineurs est hétérogène sous
l'aspect de la résistance à la cancérisation pulmonaire. En conclusion, l'étiologie du cancer pulmonaire dans les galeries des mines
d'uranium n'est pas univoque. Un échantillonnage insuffisant explique
la difficulté de séparer l'action des divers paramètres agissants.
Seule une recherche plus poussée dans le domaine des doses moyennes
(120 - 1 800 WLM) permettra d'attribuer la part du radon et celle des
autres agents physico-chimiques dans le risque de cancer du poumon
des mineurs d'uranium, risque considérable.

<u>Discusión sobre la etiología del cáncer pulmonar de los mineros
del uranio</u> - Lundin, Wagoner y Archer han clasificado a 3 366 mineros
americanos en seis categorías determinadas en función del valor de la
dosis pulmonar expresada en niveles de trabajo-mes (WLM). Han
comparado el número de casos de cáncer observados con el número de caso
de cáncer esperados. El examen de los resultados muestra que el riesgo
se multiplica por un factor notablemente constante, de un valor de 5,
en un campo de dosis pulmonares de 120 à 1 800 WLM. Los efectivos son
demasiado escasos para poder negar la relación de proporcionalidad
dosis-efecto. No obstante, la deformación progresiva de la curva de
variación dosis-efecto respecto a clases de individuos que han
trabajado durante períodos variables en galerías no uraníferas, y
el análisis detallado de los menos expuestos (dosis $\leqslant$ 120 WLM)
parecen demostrar que la acción de agentes cancerígenos distintos
del radón parece predominar con relación a las dosis de 120 à
1 800 WLM. La frequencia de los casos de cáncer, máximo después de
15 a 20 años de trabajo en galerías uraníferas (cualquiera que sea
la duración del trabajo en las galerías no uraníferas) muestra que
los agentes cancerígenos en estas minas son muy eficaces, y también
que la población minera es heterogénea en lo referente a la resisten-
cia a la cancerización pulmonar. En conclusión, la etiología del
cáncer pulmonar en las galerías de las minas de uranio no es
unívoca. Un insuficiente sondeo por muestras explica la dificultad
que supone separar la acción de los diversos parámetros que actúan.
Sólo merced a una investigación más intensa en el campo de las dosis
medias (120- 1 800 WLM) se podrá atribuir la parte del radón y la
de los demás agentes físico-químicos en el riesgo de cáncer pulmonar
de los mineros del uranio, riesgo que es considerable.

<u>Дискуссия по этиологии рака легких у шахтеров, работающих на
урановых шахтах</u> - Люндэн, Вагонэ и Аршэ распределили 3366 амери-
канских шахтеров на шесть определенных групп в зависимости от вели-
чины легочной дозы, выражаемой в "рабочий уровень месяц" (working
level month (WLM)). Они сравнили количество зарегистрированных
раковых заболеваний с ожидаемыми раковыми заболеваниями. Изучение
результатов показывает, что опасность заболевания увеличивается на
постоянную величину, порядка 5, при величине легочной дозы от 120

DISCUSSION SUR L'ETIOLOGIE DU CANCER PULMONAIRE DES MINEURS D'URANIUM

до 1800 WLM. Имеющиеся данные слишком незначительны, чтобы вести спор о пропорциональности дозы облучения организма. Тем не менее, возрастающее отклонение кривых доз облучения организма у различных групп индивидуумов, проработавших различное время в неурановых шахтах, и детальный анализ лиц, подвергшихся меньшему облучению (доза меньше или равна 120WLM), кажется показывает, что действие канцерогенных веществ, за исключением радона, преобладает в дозах от 120 до 1800 WLM. Частота заболевания раком, максимально после 15-20 лет работы на урановых шахтах (при любой продолжительности работы на неурановых шахтах), показывает, что канцерогенные вещества в этих шахтах очень действенны, а также что шахтеры имеют разные характеристики в отношении сопротивляемости раковым заболеваниям легких. В заключение следует отметить, что этиология раковых заболеваний легких на урановых шахтах не является однозначной. Отбор проб недостаточен, чтобы объяснить трудность разграничения влияния на организм различных действующих параметров. Только обстоятельные исследования в области средних доз (120-1800 WLM) дадут возможность признать за радоном и другими физико-химическими веществами существенную роль в оказании влияния на заболеваемость раком легких шахтеров на урановых шахтах.

Introduction

Lors de l'évaluation des risques inhérents à l'exploitation de centrales nucléaires, toutes les étapes doivent être considérées, depuis la mine d'uranium jusqu'à l'usine de traitement du "combustible" irradié. C'est la première de ces étapes, réputée selon de nombreux spécialistes pour accroître de façon considérable le risque de cancérisation pulmonaire, qui va retenir toute notre attention.

Nous n'avons rien à apprendre aux auteurs de ces études; nous nous bornerons à faire part de quelques réflexions, susceptibles peut-être de susciter une nouvelle orientation des recherches en ce domaine.

Après avoir rappelé les données, nous en donnerons une interprétation qui nous paraît plausible.

Les données

Elles proviennent d'une publication sur l'observation détaillée d'une population de mineurs américains, par Lundin, Wagoner et Archer en 1971 [1].

L'échantillon

Dans la population des mineurs les auteurs ont retenu 3 366 hommes, de race blanche, qui, entre le 1er juillet 1950 et le

30 septembre 1968, et au moins un mois avant le 1er janvier 1964, ont extrait du minerai d'uranium dans des galeries.

Les auteurs n'ont pas retenu les hommes de couleur, des Indiens pour la plupart, de beaucoup les moins nombreux, parce que leur pathologie diffère de celle des Blancs; ils n'ont comptabilisé que le temps de travail dans des galeries, et non dans les mines à ciel ouvert, où l'air se renouvelle spontanément. Malgré tout, cet échantillon de mineurs est très hétérogène :

- certains ont travaillé, en outre, dans des galeries non uranifères, parfois plus de 10 ans;

- la durée du travail dans les galeries uranifères, de quelques mois seulement pour certains, a duré beaucoup plus de 20 ans pour d'autres;

- ils fument, pour la plupart, mais plus ou moins; certains ont cessé, d'autres n'ont jamais commencé;

- l'air des galeries, uranifères ou non, contient toujours divers agents cancérogènes dont la concentration, certainement variable d'une galerie à une autre, n'a pas été estimée, le radon excepté;

- l'air des galeries uranifères est contaminé par le radon et ses produits de filiation, de façon très variable, à la fois d'une galerie à une autre et, dans une même galerie, d'un lieu à un autre et d'un moment à un autre.

<u>La dosimétrie</u>

La dosimétrie pulmonaire de l'irradiation due au radon et à ses descendants est très difficile, incertaine. Pour pallier les difficultés, aux Etats-Unis, on caractérise l'irradiation pulmonaire en working-level-months (WLM), c'est-à-dire en mois de travail dans une atmosphère contaminée, à un niveau déterminé[1].

<u>Les résultats et leur interprétation</u>

Une étude et une interprétation globale des résultats vont nous conduire à proposer une hypothèse de travail. Nous essaierons de tester cette hypothèse par une étude plus détaillée.

---

[1] Le WL (working level) correspond à une énergie cédée de $1,3 \times 10^5$ MeV par litre d'air de rayons α émis par le radon-222 et ses produits de filiation, qu'il y ait ou non équilibre radioactif.

Le WLM correspond à 170 h de travail dans une ambiance de 1 WL.

DISCUSSION SUR L'ETIOLOGIE DU CANCER PULMONAIRE DES MINEURS D'URANIUM

<u>Etude et interprétation globale des résultats</u>

Les auteurs répartissent l'échantillon en classes et, pour chacune, calculent le risque relatif, c'est-à-dire le quotient du risque observé (O) au risque attendu (A). Le premier est le quotient du nombre moyen annuel de cancers à l'effectif de la classe; le second est calculé, en faisant les corrections convenables, d'après la population du comté où se trouve chaque mine.

Voyons d'abord comment varie le risque relatif avec la durée de l'irradiation, puis avec la dose pulmonaire.

- <u>Risque relatif et durée d'exposition</u>

Tableau 1

Risque relatif et durée du travail en galeries uranifères

Travail (années)	10	15	20	
O/A (1)	2,9 (1,6-4,9)	7,0 (4,7-9,9)	13,5 (8,9-20)	6,3 (3,1-11)

(1) Entre parenthèses : intervalle de confiance à 95 % des estimations.

Le tableau 1 montre que le risque relatif, que l'on pouvait s'attendre à voir croître avec la durée de l'exposition, passe par un maximum pour une durée de travail en galeries uranifères de 15 à 20 ans.

La figure 1 donne la courbe de variation de O/A en fonction du temps de travail pour l'ensemble des mineurs (données correspondant à celles du tableau 1). Comme sur toutes les autres figures, chaque point est assorti de son intervalle de confiance à 95 % des estimations. Ces intervalles sont très grands en raison des faibles effectifs des classes.

Que le risque décroisse après 20 ans de travail dénonce l'hétérogénéité de l'échantillon et incite à la prudence dans l'interprétation.

- Risque relatif et dosimétrie

Tableau 2

Risque relatif O/A et dose pulmonaire (WLM)

Dose	120	360	840	1800	3720
O/A	0,55	4,7	4,7	4,8	15	24
(1)	(0,014-3,1)	(2,4-8,1)	(2,6-7,9)	(2,5-8,3)	(9,2-20)	(11-44)

(1) Entre parenthèses : intervalle de confiance à 95 % des estimations.

On voit dans le tableau 2 que le risque relatif demeure sensiblement constant entre 120 et 1 800 WLM. Il est élevé (voisin de 5). Cela nous conduit à proposer une hypothèse de travail.

- Hypothèse de travail

L'effet cancérogène du radon ne devient prédominant qu'au delà de 1 800 WLM. En dessous de cette valeur, d'autres agents cancérogènes interviennent.

Cette hypothèse est plausible : en effet, l'air des galeries, perforées dans des roches dures, qu'elles soient uranifères ou non, renferme, outre de la silice, de l'arsenic, du nickel, du chrome, du cuivre, du fer, etc., autant d'agents réputés cancérogènes [2].

En vue de tester cette hypothèse et aussi d'approfondir l'effet éventuel de certains paramètres responsables de l'hétérogénéité de l'échantillon, une étude plus détaillée s'impose.

Etude détaillée

Des mineurs ont travaillé non seulement dans des galeries uranifères mais encore dans des galeries non uranifères, creusées également dans des roches dures; ces dernières contiennent très peu de radionucléides émetteurs de radon, mais des agents cancérogènes. Les données recueillies par les auteurs américains permettent de tenir compte du paramètre : durée de travail en galeries non uranifères.

DISCUSSION SUR L'ETIOLOGIE DU CANCER PULMONAIRE DES MINEURS D'URANIUM

- Risque et durée de travail en galeries, uranifères ou non

Le tableau 3, à double entrée, donne la valeur du risque relatif pour chaque classe; suivant les lignes, c'est la durée du travail en galeries uranifères qui varie; suivant les colonnes, c'est la durée du travail en galeries non uranifères (dans ces dernières, on ne trouve que peu de radon).

Tableau 3

Risque relatif dans chaque classe (O/A)
suivant la durée du travail en :

Galeries non uranifères	Galeries uranifères (ans)			
	10	15	20	
1 an	1,6 (0,3-4,6)	7,4 (3,8-14)	15 (7,3-26)	5,1 (2,1-11)
10 ans	4,9 (1,6-11)	6,3 (2,1-15)	14 (4,6-33)	11 (3,7-27)
	3,2 (1,2-7)	6,7 (2,9-13)	9,7 (2,0-28)	4,5 (0,1-25)

Entre parenthèses : intervalle de confiance à 95 % des estimations.

La figure 2 donne la représentation graphique de toutes ces données.

- Interprétation

Quelle qu'ait été la durée du travail en galeries non uranifères, on retrouve sur chacune des trois lignes du tableau 3 une classe où le risque est maximal, entre 15 et 20 ans, comme pour l'ensemble de l'échantillon (tableau 1).

De même, il semblerait qu'on assiste, ici encore, à une diminution du risque pour les classes qui ont travaillé en mines non uranifères plus de dix ans.

L'étude détaillée confirme l'hétérogénéité de l'échantillon.

- <u>Risque, dose et durée du travail en galeries non uranifères</u>

Nous avons décomposé l'échantillon en classes en considérant, cette fois-ci, la dose pulmonaire au lieu du temps de travail en galeries uranifères, et aussi la durée du travail en galeries non uranifères. Le tableau 4, à double entrée, donne la valeur du risque relatif pour chaque classe; suivant les lignes, c'est la dose qui varie; suivant les colonnes, c'est la durée du travail en galeries non uranifères (dans lesquelles on ne trouve que très peu de radon).

Tableau 4

Risque relatif (O/A) dans chaque classe

Années de travail en galeries non uranifères	\multicolumn{6}{c}{Dose pulmonaire cumulée (WLM)}
	120	360	840	1800	3720	
1	0 (0-3,9)	3,7 (1,0-9,6)	3,4 (0,9-8,8)	4,4 (1,4-10)	13 (6,4-23)	31 (13-61)
10	1,7 (0,04-9,4)	5,9 (1,2-17)	4,8 (1,0-14)	7,7 (2,1-20)	28 (12-54)	8,3 (0,2-46)
	3,6* (0,73-10)	6,2 (2,0-14)	3,9 (1,1-9,9)	4,3 (0,8-13)	10 (1,2-36)	33 (0,8-180)

Entre parenthèses : intervalle de confiance à 95 % des estimations.
*Différence significative à P = 0,06.

Les figures 3 à 5 traduisent graphiquement chacune des trois lignes du tableau; à titre de comparaison la figure 6 représente la variation du risque en fonction de la dose dans l'ensemble de l'échantillon (d'après le tableau 2).

- <u>Interprétation</u>

Les trois premières figures ne mettent pas de façon nette en évidence l'existence d'un plateau : c'est leur superposition qui donne celui de la figure 6 et qui nous a suggéré notre hypothèse de travail. Faut-il pour autant rejeter cette hypothèse ?

DISCUSSION SUR L'ETIOLOGIE DU CANCER PULMONAIRE DES MINEURS D'URANIUM

L'examen attentif des deux premières colonnes du tableau 4 ainsi que les points correspondants des figures 3, 4 et 5 montre que le risque croît avec le paramètre : durée de travail en galeries non uranifères. L'augmentation de ce risque arrive à la limite de la significativité statistique (P = 0,06), dans la classe des mineurs très peu irradiés (< 120 WLM), sans doute parce qu'ils ont travaillé plus de dix ans en galeries non uranifères. A ces niveaux de dose, l'effet du radon serait inexistant; alors, la cancérogenèse serait due à d'autres agents, en accord avec notre hypothèse de travail. Pour des doses plus élevées, toujours en descendant les colonnes du tableau 4, on observe une valeur maximale du risque pour le groupe ayant travaillé de 1 à 10 ans en mines non uranifères. Ainsi retrouve-t-on, comme lors de l'étude du tableau 3, une durée d'exposition au-delà de laquelle le risque diminue.

Conclusion

L'étiologie des cancers pulmonaires est très complexe; de très nombreux facteurs interviennent, notamment l'usage du tabac, que nous n'avons pas pris en compte.

Notre hypothèse de travail, selon laquelle d'autres agents cancérogènes que le radon interviendraient et prédomineraient entre 120 et 1 800 WLM, n'est pas infirmée par cette étude; elle est plutôt confirmée par les observations lorsqu'on considère l'influence de la variation du temps de travail en galeries non uranifères. Toutefois, l'hypothèse d'une relation de proportionnalité (linéaire et sans seuil) entre le risque relatif (O/A) et la dose pulmonaire cumulée (mesurée en WLM) n'est même pas non plus infirmée.

Pour l'instant, les données ne permettent pas de trancher entre différentes hypothèses : les effectifs des classes sont trop faibles, l'échantillon très hétérogène.

Si Lundin, Wagoner et Archer poursuivent leurs observations, les effectifs des classes augmenteront, particulièrement de celles qui ont été peu exposées au radon en raison de l'amélioration générale de la ventilation des galeries.

Les causes d'hétérogénéité de l'échantillon et leur influence relative pourront ainsi sans doute, avec le temps, être dégagées. Cela permettrait d'améliorer la prévention en connaissance de cause.

La voie ouverte par les auteurs américains, prometteuse, mérite d'être poursuivie.

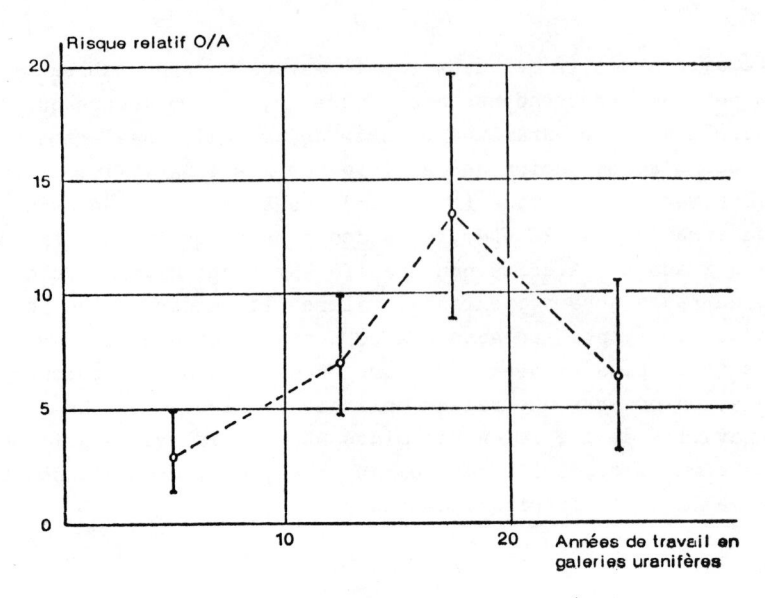

Figure 1
Variation du risque relatif O/A en fonction du temps de travail en galeries uranifères. Comme sur les autres figures, chaque point est assorti de son intervalle de confiance à 95 % des estimations

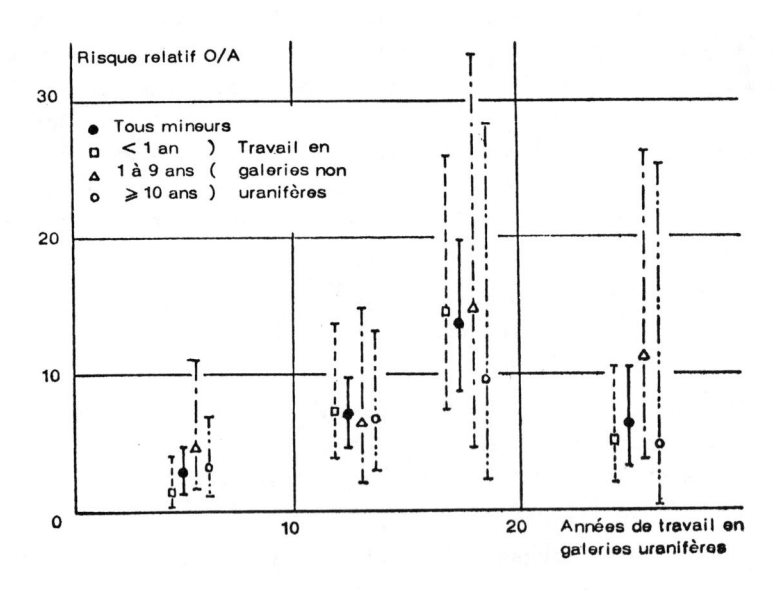

Figure 2
Comparaison du risque relatif O/A en fonction du temps de travail en galeries uranifères et non uranifères

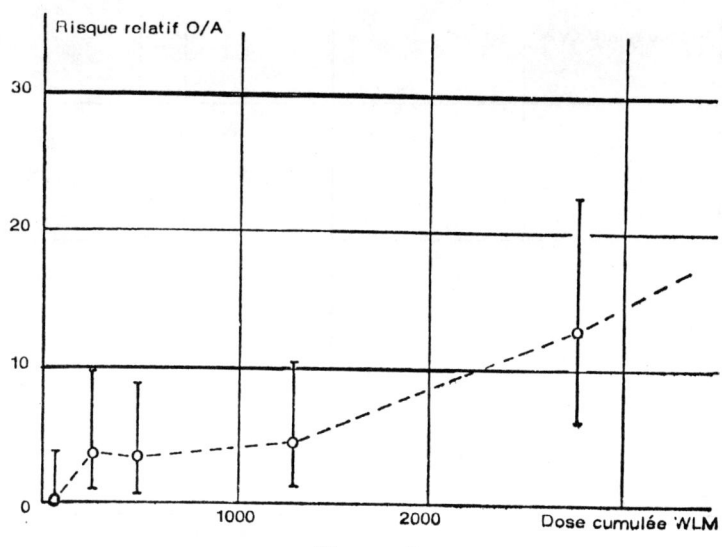

DISCUSSION SUR L'ETIOLOGIE DU CANCER PULMONAIRE DES MINEURS D'URANIUM

Figure 3
Variation du risque relatif O/A en fonction de la dose pulmonaire cumulée pour les mineurs ayant travaillé moins de 1 an en galeries non uranifères

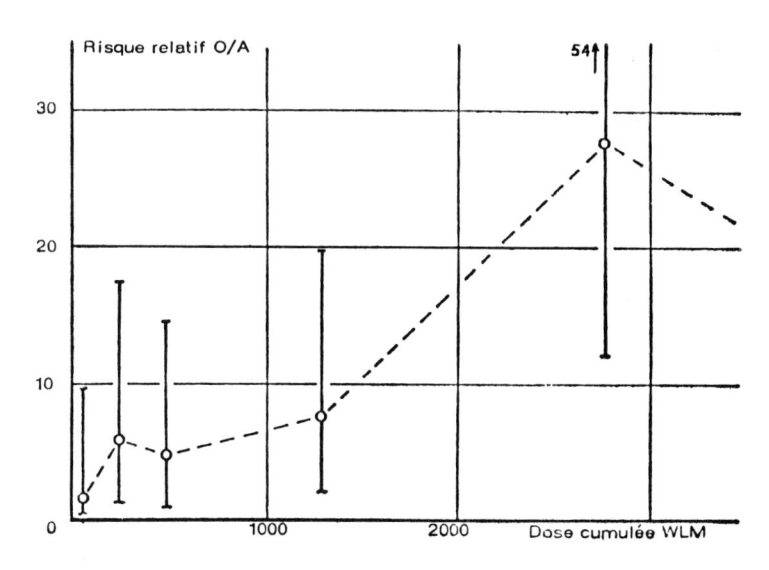

Figure 4
Variation du risque relatif O/A en fonction de la dose pulmonaire cumulée pour les mineurs ayant travaillé de 1 à 9 ans en galeries non uranifères

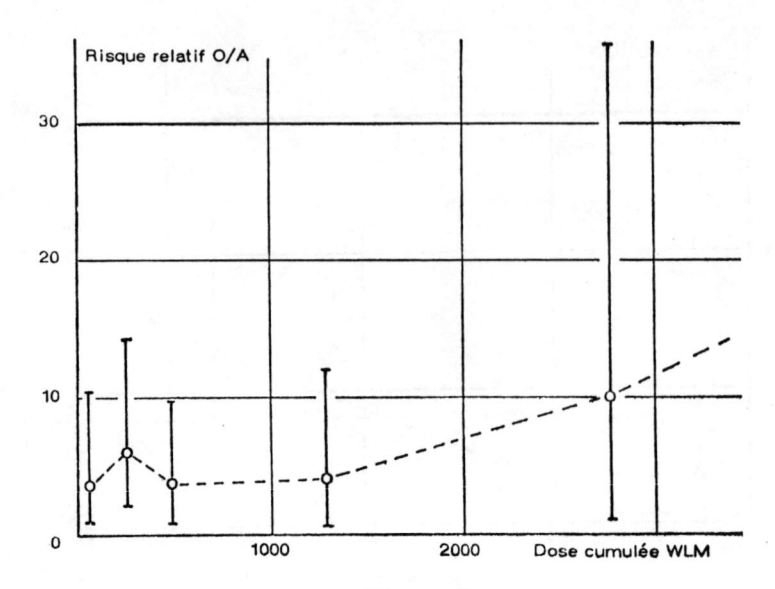

Figure 5
Variation du risque relatif O/A en fonction
de la dose pulmonaire cumulée pour les mineurs ayant
travaillé plus de 10 ans en galeries non uranifères

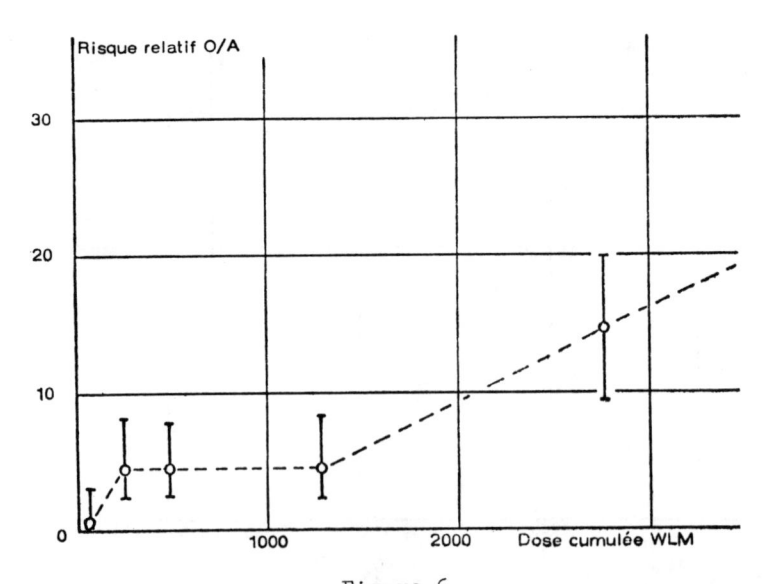

Figure 6
Variation du risque relatif O/A en fonction
de la dose pulmonaire cumulée pour tous les mineurs étudiés

DISCUSSION SUR L'ETIOLOGIE DU CANCER PULMONAIRE
DES MINEURS D'URANIUM

REFERENCES

[1] Lundin, F.E.; Wagoner, J.K.; Archer, V.E. (1971). Radon daughter exposure and respiratory cancer quantitative and temporal aspects. U.S. Department of Health, Education and Welfare, Public Health Service, PB 204-871. 177 pp.

[2] Wagoner, J.K.; Miller, R.W.; Lundin, F.E.; Fraumeni, J.F.; Haij, M.E. (1963). The New England Journal of Medicine, 269, 284-289.

Maximum permissible levels

Niveaux admissibles relatifs aux nuisances radiologiques dans l'extraction et le traitement des minerais d'uranium et de thorium

M. Dousset[*]

RAPPORT

Abstract - Résumé - Resumén - Резюме

Permissible levels pertaining to radiation hazards in the mining and milling of uranium and thorium ores - A review of the main radiation hazards associated with the mining and milling of radioactive ores is followed by an explanation of the principles on which the International Commission on Radiological Protection (ICRP) based its determination of the derived limits. Although the application of these principles is satisfactory for most radionuclides, difficulties arise in the case of radon and its daughter products, which constitute the main radiological hazard in underground uranium mines. A summary of the studies which led the ICRP to adopt the maximum permissible concentration (MPC) values, recommended for radon in 1955 and subsequently in 1959 is followed by a general description of the two major paths followed by researchers during the past 15 years:

- the preparation of models permitting a better evaluation of the doses received by the various parts of the respiratory systems;

- expansion of the epidemiological studies on lung cancer in uranium miners using the first data published in 1967 and then in 1971 from the survey started in the United States in 1950.

Although these studies have permitted considerable extension of our knowledge of the radiotoxicity of radon in man during the past few years, they do not seem to have been adequate to permit the definition of limits which have the unanimous support of the experts. The ICRP, which has been following this problem with great interest, established a special task group in 1966 to follow up studies and research on the question and it is to be hoped that new information which is to be published during the next few years will enable the Commission to define its attitude regarding the desirability of modifying the 1959 Recommendations.

---

[*]Service de protection sanitaire, Département de protection, Commissariat à l'énergie atomique, Fontenay-aux-Roses, France.

Niveaux admissibles relatifs aux nuisances radiologiques dans l'extraction et le traitement des minerais d'uranium et de thorium - Après un rappel des principales nuisances radiologiques liées aux travaux d'extraction et de traitement des minerais radioactifs, les principes sur lesquels la Commission internationale de protection radiologique (CIPR) fonde la détermination des limites dérivées sont exposés. Si l'application de ces principes donne satisfaction pour la plupart des radionucléides, elle présente des difficultés pour le radon et ses produits de filiation qui constituent la principale nuisance radiologique dans les mines souterraines d'uranium. Après une brève revue des études qui ont conduit la CIPR aux valeurs des concentrations maximales admissibles (CMA) recommandées pour le radon en 1955, puis en 1959, les deux grandes voies empruntées par les chercheurs au cours des quinze dernières années sont décrites dans leurs grandes lignes :

- élaboration de modèles permettant d'obtenir une meilleure évaluation des doses reçues aux différents niveaux de l'appareil respiratoire;

- élargissement des études épidémiologiques sur le cancer du poumon chez les mineurs des mines d'uranium avec les premiers résultats publiés, d'abord en 1967 puis en 1971, de l'enquête lancée depuis 1950 aux Etats-Unis.

Bien qu'à partir de ces études les connaissances sur la radiotoxicité du radon chez l'homme aient considérablement progressé depuis quelques années, il ne semble pas qu'elles aient été suffisantes pour que des limites faisant l'unanimité des experts aient pu être définies à ce jour. La CIPR qui suit avec un intérêt tout particulier ce problème, a créé en 1966 un groupe de travail spécialement chargé de suivre les études et recherches sur la question et il faut espérer que les informations nouvelles qui seront publiées dans les années qui viennent permettront à la commission de définir sa position sur l'opportunité de modifier les recommandations de 1959.

Niveles admisibles relativos a la nocividad radiológica que entraña la extracción y el tratamiento del uranio y del torio - Después de recordar las principales molestias radiológicas que entrañan los trabajos de extracción y tratamiento de minerales radiactivos, el documento expone los principios en que la Comisión Internacional de Protección Radiológica (CIPR) basa la determinación de los límites derivados. Si bien la aplicación de estos principios es satisfactoria con respecto a la mayoría de los radionucleidos, presenta dificultades para el radón y sus productos descendientes, que constituyen el principal daño radiológico en las minas subterráneas de uranio. Tras examinar brevemente los estudios que han conducido a la CIPR a los valores de concentraciones máximas admisibles (CMA), recomendadas para el radón, en 1955 y luego en 1959, se describen a grandes rasgos las dos principales pautas que han seguido los investigadores durante los últimos quince años:

- elaboración de modelos que permiten obtener una mejor evaluación de las dosis recibidas en los distintos niveles del aparato respiratorio;

- ampliación de los estudios epidemiológicos sobre el cáncer de pulmón de los mineros de las minas de uranio con los primeros resultados publicados, primero en 1967 y luego en 1971, de la

NIVEAUX ADMISSIBLES RELATIFS AUX NUISANCES RADIOLOGIQUES DANS L'EXTRACTION ET LE TRAITEMENT DES MINERAIS D'URANIUM ET DE THORIUM

encuesta iniciada en 1950, en los Estados Unidos. Aunque, a partir de estos estudios, los conocimientos sobre la radiotoxicidad del radón en el hombre han progresado considerablemente desde hace años, al parecer no han sido suficientes para poder definir en estos momentos unos límites que los expertos admitan unánimemente. La CIPR, que sigue con especial interés este problema, creó en 1966 un grupo de trabajo encargado, sobre todo, de seguir los estudios y las investigaciones sobre el particular, y es de esperar que las nuevas informaciones que se publiquen los próximos años permitan a la Comisión definir su posición acerca de la conveniencia de modificar las recomendaciones de 1959.

Допустимые уровни радиации при добыче и обработке урана и тория — После изложения основных положений относительно вредного воздействия радиации, связанного с добычей и обработкой радиоактивных руд, приводятся принципы, на которых основывается Международная комиссия по защите от радиоактивного излучения (CIPR) при определении уровня допускаемой радиации. Если применение этих принципов приемлемо для большинства радионуклеидов, то их применение в отношении радона и его дочерних продуктов, представляющих главную опасность радиоактивного заражения в урановых шахтах, затруднительно. После краткого обзора исследований, которые позволили CIPR сначала в 1955, затем в 1959 году определить максимально допустимые концентрации (СМА) для радона, в течение последних 15 лет учеными проводились исследования по двум главным направлениям, которые отмечаются следующими значительными этапами:

- разработка моделей, позволяющих добиться наилучших результатов при определении доз-радиации, проникшей в различные участки органов дыхания;

- расширение эпидемиологических исследований раковых заболеваний легких у шахтеров, работающих на урановых шахтах. Первые результаты исследований, проведенных в США начиная с 1950 года, были опубликованы сначала в 1967 году, затем в 1971 году.

Хотя с начала этих исследований знания относительно радиотоксичности радона для человека за последние несколько лет значительно расширились, вероятно, они еще не достигли того уровня, при котором специалисты сегодня могли бы единогласно определять допустимые границы радиоактивного заражения. CIPR, с интересом следящая за решением этой проблемы, создала в 1966 году рабочую группу, которой было специально поручено следить за изучением и исследованиями в этой области, и нужно надеяться, что новые данные, которые будут опубликованы в последующие годы, позволят Комиссии определить свою позицию относительно своевременности изменения рекомендаций 1959 года.

Les principales nuisances radiologiques liées aux travaux d'extraction des minerais d'uranium et de thorium sont de deux sortes :

1) une irradiation externe par les rayonnements β et rayonnements γ émis par les éléments des familles radioactives naturelles de l'uranium et du thorium. Tous ces rayonnements entraînent une

irradiation de la peau, et ceux d'entre eux qui sont pénétrants (γ) une irradiation de l'organisme dans sa totalité;

2) une contamination interne par voie respiratoire due à la présence dans l'atmosphère des lieux de travail de poussières radioactives de minerai et surtout de produits de filiation des gaz radioactifs : radon et thoron qui émanent des roches et des minerais abattus. L'irradiation essentielle est alors celle des tissus de l'appareil respiratoire par les rayonnements α émis par certains des radioéléments présents dans les chaînes de filiation.

Dans les usines de traitement du minerai, le radon devient un risque négligeable alors que subsistent les risques d'irradiation externe, de contamination respiratoire par les poussières radioactives à vie longue dans les zones des usines où sont concassés et broyés les minerais et, en fin de procédé, de contamination respiratoire par les composés de l'uranium et du thorium (uranate d'ammonium par exemple).

Il est important de noter que l'enrichissement des minerais en thorium augmente les risques d'irradiation externe et que ceux-ci sont particulièrement importants au cours de certaines étapes du traitement par voie chimique du thorium par suite d'une mise en équilibre rapide de descendants à vie courte.

* * *

Selon les principes fondamentaux de la CIPR [1, 2, 3] l'irradiation au niveau de chacun des tissus ou organes irradiés doit être limitée et la grandeur à limiter est l'équivalent de dose délivré en un temps donné. Ces limites constituent les normes fondamentales ou limites primaires.

Rappelons que l'équivalent de dose H est le produit de la dose absorbée D (ou énergie communiquée aux tissus par unité de masse) par le facteur de qualité Q du rayonnement et par un facteur modificatif n qui n'est différent de 1 que dans certains cas d'irradiation interne du tissu osseux

$$H = D.Q.n$$

L'équivalent de dose s'exprime en rems lorsque la dose absorbée D est exprimée en rads.

Les limites pour les travailleurs, ou "équivalents de dose maximaux admissibles" recommandés par la CIPR (Publication 9) [3], sont les suivantes pour les nuisances qui nous intéressent :

NIVEAUX ADMISSIBLES RELATIFS AUX NUISANCES RADIOLOGIQUES DANS L'EXTRACTION ET LE TRAITEMENT DES MINERAIS D'URANIUM ET DE THORIUM

- au niveau de l'organisme dans sa totalité
    - limite trimestrielle   3 rem;
    - limite annuelle   5 rem;
    - (si nécessaire une répétition de la dose trimestrielle peut être autorisée à condition que la dose totale accumulée à l'âge N, après dix-huit ans, ne dépasse pas 5 (N - 18) rem);
- au niveau de la peau
    - limite trimestrielle 15 rem;
    - limite annuelle   30 rem;
- au niveau des tissus pulmonaires
    - limite trimestrielle   8 rem;
    - limite annuelle   15 rem.

Dans le cas de l'irradiation externe, on peut moyennant certaines simplifications prudentes, appliquer directement les limites fixées, et la surveillance peut être assurée par des moyens dosimétriques très classiques. Par contre, toute irradiation d'un tissu liée à une contamination interne de l'organisme ne peut être maîtrisée que par l'intermédiaire de limites secondaires ou "limites dérivées" portant soit sur la radioactivité qui entre dans l'organisme soit sur celle du vecteur inhalé ou ingéré par l'homme.

Dans le cas de la contamination respiratoire, ces limites dérivées s'expriment, pour un radionucléide donné, sous la forme d'activité maximale inhalable en un trimestre ou en un an; ce sont des apports à l'organisme qui entraînent une dose totale (dose engagée) à l'organe critique égale à la dose maximale admissible trimestrielle ou annuelle. En se plaçant dans l'hypothèse d'une contamination continue et constante de l'atmosphère des lieux de travail on peut aussi définir une concentration maximale admissible dans l'air (CMA): c'est la concentration du radioélément dans l'air qui, pour un séjour d'un an durant les heures de travail, entraîne pour l'organe critique une dose engagée égale à la dose maximale admissible annuelle. Notons au passage que, lorsque certains tissus ou organes sont atteints à la fois par irradiation externe et par contamination interne, ce qui est le cas des tissus pulmonaires au cours des travaux d'extraction des minerais d'uranium et de thorium, il convient de tenir compte à la fois de ces deux modes d'irradiation de façon que la somme des doses ainsi délivrées, au niveau du tissu, respecte les limites fondamentales. Une formule simple et bien connue permet de satisfaire à cette obligation [4].

Pour établir les valeurs des "activités maximales inhalables" ou des CMA relatives aux différents radioéléments et à leurs diverses formes physico-chimiques, la CIPR [4] a dû rassembler une quantité considérable de données scientifiques. Elle a établi tout d'abord des modèles permettant d'évaluer les séjours des radioéléments dans les différentes parties des voies d'entrée et les passages dans le sang, puis des modèles métaboliques rendant compte de la distribution spatiale et temporelle des radioéléments dans l'organisme. Pour chaque élément, elle a choisi les meilleures valeurs expérimentales des paramètres qui permettent d'appliquer ces modèles. Compte tenu des caractéristiques radioactives de chaque radionucléide, elle a pu alors calculer l'équivalent de dose que reçoit chaque organe ou tissu lorsqu'une activité donnée de ce radionucléide est inhalée ou ingérée.

D'une façon générale, ces modèles, bien que nécessairement quelque peu schématiques, permettent des évaluations correctes et, compte tenu des marges de sécurité qui sont systématiquement prises dans le cas de doute ou d'incertitude sur la valeur d'un paramètre, on peut affirmer que les doses maximales admissibles sont respectées lorsque les "activités maximales inhalables" ou les CMA ne sont pas dépassées.

Il en est ainsi pour les différents radioéléments des chaînes naturelles de l'uranium et du thorium qui se retrouvent dans les poussières radioactives à vie longue provenant du minerai.

La détermination de la CMA de ces poussières ne pose pas de réels problèmes lorsqu'on considère le poumon comme organe critique et que l'on admet que les divers descendants sont sous forme insoluble. On peut, semble-t-il, admettre que ces poussières contiennent les différents radionucléides des chaînes naturelles à l'équilibre séculaire, à l'exception des radon ou thoron et de leurs produits de filiation à vie courte. Certes des mesures ont parfois montré que les descendants à vie longue du radon (^{210}Pb, ^{210}Bi, ^{210}Po) pouvaient se trouver en proportions plus élevées que celles correspondant à l'équilibre séculaire [5]. Cependant comme le risque dû aux poussières de minerai est un risque relativement peu important en comparaison de celui qui est dû au radon, il ne paraît pas nécessaire de procéder à des analyses précises de leur composition en éléments radioactifs pour ajuster la CMA. D'ailleurs, dans beaucoup de pays, cette nuisance des poussières radioactives à vie longue est considérée comme négligeable et l'on n'en tient pas compte dans l'évaluation des risques radiologiques courus par les mineurs.

NIVEAUX ADMISSIBLES RELATIFS AUX NUISANCES RADIOLOGIQUES DANS L'EXTRACTION ET LE TRAITEMENT DES MINERAIS D'URANIUM ET DE THORIUM

*
* *

Les modèles adoptés par la CIPR [4] ont permis d'établir pour la plupart des radionucléides des limites dérivées que les spécialistes reconnaissent comme correctes; mais le radon et ses produits de filiation ont posé et continuent à poser de réels problèmes, et les valeurs proposées sont constamment remises en question par les chercheurs les plus sérieux et, par suite, par la CIPR elle-même.

Les difficultés rencontrées sont dues à de nombreuses raisons; les principales sont : la nature même des produits de filiation à vie courte du radon qui s'engendrent rapidement les uns les autres, les mécanismes complexes de leur dépôt aux différents niveaux de l'appareil respiratoire, la dynamique compliquée de l'épuration pulmonaire, la présence du mucus dont les épaisseurs sont mal connues et aussi le fait que nous n'avons pas de certitude sur l'importance respective des différents tissus ou différents types de cellules qui peuvent être jugés comme critiques.

Le problème revêt pourtant un caractère particulièrement important car, depuis de longue date, on a observé une augmentation significative des carcinomes pulmonaires chez les mineurs des mines d'uranium, principalement dans les mines de pechblende du Schneeberg [6, 7, 8] et de Joachimsthal [9] et, à une bien moindre échelle, dans les mines du Colorado aux Etats-Unis [10, 11, 12, 13, 14, 15, 16].

Depuis 1940, date où Evans et Goodman [16] proposèrent pour la première fois, semble-t-il, une CMA pour le radon dans l'air, de très nombreuses études ont été consacrées à ce problème.

G. Stewart et D. Simpson [18] ont présenté en 1964 une excellente rétrospective historique des études qui ont conduit à proposer différentes valeurs de la CMA pour le radon et ses produits de filiation et sur l'évolution de la norme de la CIPR jusqu'à la publication du rapport du Comité II en 1959 [4] qui fixe les valeurs actuellement recommandées. Il n'est pas question de reprendre ici le détail de cette histoire. Notons simplement que les premières décisions des Commissions nationales de protection des Etats-Unis en 1941 et de Grande-Bretagne en 1948 reprirent les valeurs proposées soit par Evans [17] soit par Mitchell [19] dans leurs études sur les mineurs du Schneeberg et de Joachimsthal avec toutes les incertitudes qui affectent les évaluations des teneurs en radon et produits de filiation de l'atmosphère dans ces mines. Notons aussi que l'importance des produits de filiation formés dans l'air par rapport au radon lui-même dans l'irradiation des tissus pulmonaires a été mise clairement en évidence par les chercheurs de l'Université de Rochester (Bale, Shapiro, etc.) [20, 21, 22] entre 1951 et 1955.

La première recommandation de la CIPR concernant le radon est incluse dans l'ensemble des recommandations publiées en 1955 [1] et la Commission s'appuie pour adopter la valeur de 10^{-7} Ci.m^{-3} (pour le radon en équilibre dans l'air avec ses produits de filiation et pour une exposition continue) sur les travaux d'une conférence tenue à Harriman (N.Y.) en mars-avril 1953 et qui rassemblait des délégations des Etats-Unis, de la Grande-Bretagne et du Canada. C.G. Steewart [17] pense que cette valeur de 10^{-7} Ci.m^{-3} appliquée à une exposition continue ne représente pas fidèlement l'intention qui se dégageait des discussions qui précédèrent son adoption. A son avis, elle devait s'appliquer à une exposition professionnelle de 40 h de travail par semaine. Quoi qu'il en soit le texte publié était clair et la valeur de 3.10^{-7} Ci.m^{-3} pour l'exposition professionnelle fut reprise plus tard par de nombreux organismes internationaux [23, 24, 25] et par la plupart des réglementations nationales.

En 1955, Bale et Shapiro estimaient, après avoir expérimenté sur l'animal, que chez l'homme la partie la plus exposée de l'appareil respiratoire devait être l'épithélium bronchique, et la même année, Chamberlain et Dyson [26] rendaient compte d'une expérience effectuée avec un montage physique représentant la trachée et les grosses bronches et qui mettait en évidence le rôle joué par les atomes libres, c'est-à-dire les atomes des produits de filiation du radon non fixés sur des noyaux de condensation ou sur des poussières. Les auteurs pensaient que les atomes libres comprenaient principalement des atomes de radium A (polonium-218) et ils estimaient que leur dépôt dans la trachée et les bronches principales devait entraîner l'essentiel de la dose délivrée aux voies respiratoires supérieures. Bien que ce modèle fût très simple et très incomplet, les conclusions de Chamberlain et Dyson firent grande impression sur le Comité II de la CIPR qui, dans ses Recommandations de 1959 [4], adopta une formule reliant la valeur de la $(CMA)_{air}$ de ^{222}Rn pour une exposition professionnelle de 40 h de travail par semaine, à la fraction f d'ions de radium A non fixés à des noyaux de condensation dans l'air inhalé :

$$(CMA)_{air} = \frac{3.10^{-6}}{1 + 1\,000\,f}$$

NIVEAUX ADMISSIBLES RELATIFS AUX NUISANCES RADIOLOGIQUES DANS L'EXTRACTION ET LE TRAITEMENT DES MINERAIS D'URANIUM ET DE THORIUM

Une formule analogue était recommandée pour le radon-220 ou thoron :

$$(CMA)_{air} = \frac{6.10^{-6}}{1 + 4\,000\,f}$$

f étant alors la fraction d'ions de thorium B (plomb-212) non fixés à des noyaux de condensation dans l'air inhalé.

Ce sont là les dernières recommandations de la CIPR relatives aux CMA; l'application de ces limites est censée entraîner un équivalent de dose inférieur à 0,3 rem par semaine au niveau des grosses bronches.

On voit que, pour le radon-222, la valeur numérique de la CMA peut varier de :

$$3.10^{-6} \text{ à } 3.10^{-9} \text{ Ci.m}^{-3}$$

selon que f varie de 0 à 1.

Chamberlain et la CIPR, se fondant sur des considérations théoriques, ont avancé pour f la valeur de 0,1 pour caractériser une atmosphère "moyenne", ce qui conduit à la valeur de la CMA que l'on trouve dans les tables :

$$3.10^{-8} \text{ Ci.m}^{-3}$$

En fait, la fraction d'atomes réellement libres est difficile à isoler et le dépôt mesuré par Chamberlain et Dyson est en fait un dépôt de particules ultrafines. Les techniques de mesure ne permettent pas de distinguer entre atome libre et atome fixé sur les particules très fines; elles mettent en évidence un spectre de tailles de particules et la fraction d'atomes libres mesurée dépend alors de la coupure choisie pour le coefficient de diffusion ou pour la mobilité des particules chargées. Cela peut expliquer en partie les différences parfois très marquées des valeurs expérimentales obtenues pour f.

Indépendamment de cela, on sait que le phénomène de fixation sur les particules des atomes radioactifs qui naissent comme atomes libres dans l'air, dépend de multiples facteurs dont les principaux sont le taux de formation de ces atomes, et la concentration en noyaux de condensation et en poussière. Il en résulte que les caractéristiques de chaque chantier ou de chaque galerie (taux d'émanation du radon, empoussiérage, ventilation, humidité, proximité des parois, etc.) influent sur ce phénomène et déterminent les proportions à l'équilibre; il ne faut donc pas s'étonner de la grande dispersion des valeurs mesurées [27, 28, 29, 30, 31, 32]. Il semble, cependant, que dans bien des cas les mesures et les considérations théoriques conduisent, en admettant que les particules de diamètre inférieur à 10^{-3} µm constituent ce que Chamberlain et la CIPR appellent les "ions non attachés aux noyaux de condensation", à des valeurs de f relativement faibles [5, 33, 34]. Dans ces conditions, la CMA recommandée par la CIPR en 1959 varierait entre 3.10^{-8} et 3.10^{-7}.

Cependant, le fait mentionné par McLaughlin [35] puis confirmé par Raghavayya [31], de l'existence d'atomes libres de radium B et de radium C en proportion parfois non négligeable pourrait peut-être remettre en question certaines considérations théoriques.

* * *

Au cours des quinze dernières années, les recherches se sont poursuivies dans les deux grandes voies déjà tracées : d'une part l'élaboration de modèles plus complets, plus proches de la réalité afin d'obtenir une meilleure évaluation des doses reçues par l'appareil respiratoire, d'autre part un élargissement considérable des études épidémiologiques sur lesquelles débouche, à partir de 1967, l'enquête lancée depuis 1950 sur les cas de cancer du poumon chez les mineurs des mines d'uranium des Etats-Unis par le US Public Health Service.

Avant de voir comment ont évolué les connaissances dans ces deux directions, il est nécessaire de préciser la signification de deux grandeurs couramment utilisées dans la plupart de ces études et qui furent officiellement employées aux USA à partir de 1957 lorsque le US Public Health Service [36] préconisa une méthode de mesure des produits de filiation du radon dans l'air dérivée d'une technique originale de Harley [37].

Le radon lui-même ainsi que les rayonnements β et γ de ses produits de filiation n'apportant qu'une contribution minime à l'énergie totale, l'"énergie potentielle α", c'est-à-dire la somme des énergies des particules α du RaA et du RaC' qui sont émises lorsque tous les produits de filiation à vie courte contenus à un instant donné dans un certain volume d'air se sont désintégrés, fut considérée comme la grandeur fondamentale qui rend compte de la nuisance que constitue la présence des produits de filiation du radon dans l'air.

NIVEAUX ADMISSIBLES RELATIFS AUX NUISANCES RADIOLOGIQUES DANS L'EXTRACTION ET LE TRAITEMENT DES MINERAIS D'URANIUM ET DE THORIUM

L'unité adoptée, que nous traduirons par "niveau opérationnel" (working-level) correspond à $1,3.10^5$ MeV d'"énergie potentielle α ", quelle que soit la proportion des différents produits de filiation à vie courte présents à l'instant considéré dans un litre d'air.

A l'équilibre de tous les produits de filiation à vie courte avec le radon, le "niveau opérationnel" correspond à une activité volumique de radon dans l'air de 10^{-7} Ci.m^{-3}.

Le produit de l'énergie potentielle α dans l'air par le temps pendant lequel un travailleur a inhalé l'air contaminé peut être considéré comme une mesure de "l'exposition du travailleur à la nuisance". Ce produit s'exprime en "niveau opérationnel-mois" (working-level-months), le mois comprenant 170 h de travail.

Il a été souvent signalé que ces grandeurs ne rendaient pas parfaitement compte de la nuisance [38, 39, 32]. L'"énergie potentielle α " dans l'air ne peut être, en effet, reliée d'une façon simple et univoque à l'énergie déposée dans les différentes parties de l'arbre respiratoire car cette dernière n'est indépendante ni des niveaux d'équilibre qui existent entre RaA, RaB et RaC, ni de la proportion de chacun de ces radioéléments existant sous forme de particules ultrafines. Cependant, le jugement porté sur la validité de l'"énergie potentielle α " comme concept dosimétrique varie considérablement selon les modèles plus ou moins sophistiqués mais toujours schématiques, que l'on adopte pour évaluer les doses délivrées au poumon. Or les modèles proposés sont nombreux.

En 1962, J. Thomas [40] rappelait que déjà cinq méthodes de calcul des doses à l'appareil respiratoire [41, 22, 47, 21, 26] avaient été proposées et il reprenait une analyse détaillée de ce que devrait être un modèle, sans aller lui-même jusqu'à l'application numérique et à l'évaluation des doses.

Parmi ceux qui furent ensuite les plus remarqués, il faut citer tout d'abord le modèle de B. Altshuler et coll. [43] qui fut présenté au Symposium de Hanford, en mai 1964. Ce fut le premier modèle qui, partant d'une option bien définie sur la nature des cellules dont l'irradiation peut entraîner l'induction de carcinomes pulmonaires (les cellules basales de l'épithélium bronchique), s'efforça de tenir compte de données physiologiques et anatomiques précises pour calculer les débits de dose reçue par ces cellules aux différents niveaux de l'arbre bronchique.

Si l'on tient compte du rapport grossier qui existe entre l'"atmosphère de référence" choisie par l'auteur pour mener à bien son calcul et le "niveau opérationnel" (working-level), la dose maximale au niveau des cellules basales de l'épithélium des bronches segmentaires serait de l'ordre de 30 rad par an (si le sujet respire par la bouche) pour une concentration de 1 WL (working-level).

Au même symposium de Hanford, W. Jacobi [44] présentait un modèle de conception tout à fait analogue. Des différences dans le choix des caractéristiques de l'air inhalé, dans la localisation des radium B, C et C' sur et dans le mucus, dans les valeurs adoptées pour l'épaisseur de la couche de mucus et la profondeur des cellules basales de même que pour le parcours des particules α du RaA conduisaient à des résultats dont certains étaient très différents de ceux obtenus par Altshuler (environ 6 rad par an et par niveau opérationnel au lieu de 25 au niveau de la trachée, des bronches principales); d'autres, au contraire, très proches (35 rad par an et par niveau opérationnel au niveau des bronches lobaires segmentaires et subsegmentaires). Il faut noter que cette comparaison n'est possible qu'à la condition de faire certaines hypothèses pour normaliser les modèles anatomiques d'arbre bronchique qui diffèrent quelque peu chez l'un et l'autre auteur.

En 1967, A.K.M.M. Haque et A.J.L. Collinson [45] présentèrent une nouvelle évaluation des doses fondée sur le modèle pulmonaire de E.B. Weibel [46]. La surface des parois des bronches segmentaires est, dans ce modèle, nettement inférieure à celle que Altshuler ou Jacobi avaient adoptée en se fondant sur le modèle de H.D. Landahl [47]; en outre, Haque et Collinson admettent la présence dans l'air d'une fraction élevée (f = 0,35) d'ions libres. Ces différences expliquent, en partie, que les doses calculées par ces auteurs soient environ trois fois plus élevées que celles qui sont avancées par Altshuler ou par Jacobi au niveau des bronches lobaires et segmentaires qui demeurent ainsi la partie critique de l'arbre respiratoire.

Cependant, en 1966, le Groupe de travail sur la dynamique pulmonaire [48] créé au sein de la CIPR proposait un nouveau modèle pulmonaire qui fut adopté par le Comité II comme base des futures recommandations concernant les "activités maximales inhalables" pour les divers radionucléides. Ce modèle volontairement simplifié n'entre pas dans le détail d'une description de l'arbre bronchique,

NIVEAUX ADMISSIBLES RELATIFS AUX NUISANCES RADIOLOGIQUES DANS L'EXTRACTION ET LE TRAITEMENT DES MINERAIS D'URANIUM ET DE THORIUM

il divise l'appareil respiratoire en trois parties : le naso-pharynx, la trachée et les bronches et le parenchyme pulmonaire.

L'utilisation de ce modèle conduit à l'évaluation de la dose moyenne à l'ensemble des cellules atteintes par les particules α, au niveau de la trachée et des bronches (100 g de tissu environ) et au niveau du parenchyme pulmonaire (1 000 g).

On doit à W. Jacobi [39] en 1972 la principale étude essayant d'appliquer ce nouveau modèle de la CIPR au problème du radon et du thoron dans les mines. Il évalue le rapport entre l'énergie déposée dans chaque compartiment du modèle et l'"énergie potentielle α" dans l'air inhalé. Utilisant les résultats de ses travaux antérieurs [49] il tient compte de la concentration en aérosols de l'air, du débit de renouvellement de l'air, du dépôt sur les parois et avance pour les doses annuelles correspondant au niveau opérationnel du radon des chiffres qui varient avec l'empoussiérage et la ventilation. Ce sont les doses reçues au niveau de la trachée et des bronches qui seraient les plus sensibles à la variation de ces paramètres.

Dans l'atmosphère d'un chantier de mine, cette dose se situerait entre 0,9 et 2 rad par an et par niveau opérationnel aussi bien à la trachée et aux bronches qu'au parenchyme pulmonaire. Il est curieux qu'une étude expérimentale récente [50, 51] sur le rat, comparant l'effet sur la durée de vie de cet animal de l'inhalation de plusieurs émetteurs α (^{239}Pu, ^{241}Am, ^{244}Cm et produits de filiation du radon) conduise à une équivalence dosimétrique analogue pour le niveau opérationnel des produits de filiation du radon (1,44 rad équivalent curium par an).

Il faut ajouter que, dans son travail, W. Jacobi mène une étude parallèle pour les produits de filiation du thoron. Une même "énergie potentielle α" conduit alors à des doses qui, au niveau de la trachée et des bronches, seraient quinze à quarante fois moindres, et au niveau du parenchyme pulmonaire, une fois et demie à deux fois moindres que pour le radon.

La confrontation d'un certain nombre de ces modèles a parfois été tentée [52, 53] afin d'en dégager une conclusion générale. En fait, il semble que cette confrontation conduise surtout à mettre en évidence les différences entre les multiples hypothèses sur lesquelles ils sont fondés. Indépendamment du choix, qui peut toujours se discuter, des cellules ou des tissus que l'on doit considérer comme critiques, de nombreuses incertitudes demeurent sur les valeurs de la plupart des paramètres qui conditionnent l'évaluation des doses.

Devant les difficultés rencontrées, beaucoup se sont tournés vers les études épidémiologiques pour y trouver les critères d'une détermination de limites maximales admissibles. C'est d'ailleurs en s'appuyant principalement sur les conclusions de ces études que la décision fut prise par les pouvoirs publics américains de fixer, en 1969, [54] à 12 niveaux opérationnels-mois, puis dernièrement à 4 niveaux opérationnels-mois [55] l'exposition annuelle aux produits de filiation du radon dans les mines des Etats-Unis.

Indépendamment des travaux portant sur les temps déjà assez lointains de l'histoire des mines de Bohème, de nombreuses études ont été consacrées au cancer du poumon chez les mineurs exposés au radon. Il résulte, par exemple, des travaux de Horacek [56] et Kusak [57] publiés en 1969, que l'incidence des cancers continuait à être anormalement élevée chez des mineurs de Joachimsthal dont l'activité professionnelle s'était déroulée après la seconde guerre mondiale.

Notons aussi le cas des mineurs des mines de spath-fluor au Canada [58, 59, 60] dans lesquelles on a estimé que la concentration en descendants du radon se situait entre 2,5 et 10 niveaux opérationnels-mois.

Cependant, la principale étude épidémiologique sur les cancers pulmonaires des mineurs des mines d'uranium est celle qui, depuis 1950, est en cours aux Etats-Unis. Les résultats de cette enquête sont publiés au fur et à mesure qu'ils sont disponibles. Le document officiel le plus récent qui rend compte des observations faites jusqu'en septembre 1969 est celui qu'ont publié conjointement, en 1971, le National Institute for Occupational Safety and Health et le National Institute of Environmental Health Science [61]. L'enquête avait porté à cette époque sur 3 366 mineurs de race blanche et 780 mineurs de race différente. Le paramètre choisi pour exprimer l'exposition à la nuisance est l'exposition cumulée exprimée en niveaux opérationnels-mois (WLM) et la population étudiée, exprimée en "personne-an", est répartie en six classes d'exposition dont les deux premières comprennent, l'une, les expositions inférieures à 120 WLM, l'autre, les expositions comprises entre 120 et 360.

La confrontation du nombre de cas de cancers pulmonaires attendus et du nombre de cas observés conduit à la conclusion qu'un excès statistiquement significatif de cancers du poumon apparaît parmi les mineurs des mines d'uranium dans les cinq classes d'exposition qui

NIVEAUX ADMISSIBLES RELATIFS AUX NUISANCES RADIOLOGIQUES DANS L'EXTRACTION ET LE TRAITEMENT DES MINERAIS D'URANIUM ET DE THORIUM

se situent au-desus de 120 niveaux opérationnels-mois. Dans les trois classes qui se situent entre 120 et 1 799 niveaux opérationnels-mois cet excès reste pratiquement constant, alors qu'au-dessus de 1 800 niveaux opérationnels-mois, il augmente considérablement.

Un travail de Archer, Wagoner et Lundin publié en 1973 [62] énumère un certain nombre de cas qui sont venus s'ajouter à ceux qui ont été pris en compte dans l'étude officielle de 1971. Malheureusement, les données sont incomplètes et il est impossible de procéder à une interprétation statistique correcte. Les auteurs se contentent de signaler la tendance qualitative qui se dégage de ces nouvelles informations. Ils y voient une nette confirmation des conclusions publiées dans le document officiel de 1971. Ils sont également amenés à reprendre dans cette étude les arguments qui étayent leurs conclusions. Beaucoup de ces arguments semblent répondre à des objections dont il est cependant difficile de trouver trace dans la littérature.

Les principales sources d'incertitude ainsi discutées sont :
- le problème que pose le cas des mineurs ayant travaillé dans les mines métalliques rocheuses avant de venir travailler dans les mines d'uranium;
- le rôle joué par le tabac chez les mineurs dont la grande majorité est constituée de fumeurs (voir également à ce propos la référence [63] et l'existence d'un effet de synergie);
- la valeur qu'il faut accorder aux méthodes qui ont permis de déterminer l'exposition cumulée de chaque sujet, en particulier à l'enquête sur la reconstitution de leur histoire professionnelle, et à la valeur des moyennes obtenues à partir des mesures effectuées dans les mines;
- les difficultés qui résultent du fait que le temps de latence du cancer du poumon est mal connu et que l'exposition des sujets s'étend généralement sur de nombreuses années. Notons à ce sujet que, d'après les auteurs, certaines données de l'enquête suggèrent que le temps de latence pourrait être indépendant de l'exposition cumulée. Cependant de récents travaux sur le rat [63] ont mis en évidence une très nette dépendance de ces deux paramètres, le temps de latence étant d'autant plus long que l'exposition est plus faible;
- le rôle que pourrait peut-être jouer le niveau de la concentration en descendants du radon (le débit de dose) indépendamment de l'exposition cumulée;

- l'existence d'un plateau dans la relation exposition-effet entre 120 et 1 800 niveaux opérationnels-mois.

Autant d'objections ou de difficultés auxquelles les auteurs apportent réponses et à propos desquelles ils argumentent pour montrer que les biais qui auraient pu s'insérer dans l'étude, de même que les incertitudes connues comme telles, ne peuvent conduire qu'à sous-estimer le risque dans les classes d'exposition les plus faibles.

Les conclusions exprimées par les auteurs constituent donc une reprise des conclusions du document officiel publié en 1971 mais ils notent en outre que le nombre des cas de cancer des voies respiratoires qui continuent à apparaître dans le groupe de mineurs étudié indique qu'à l'heure actuelle le phénomène n'a pas tendance à s'atténuer.

*
* *

Au terme de cette revue, très incomplète, des problèmes que posent les niveaux admissibles relatifs aux nuisances radiologiques dans l'extraction et le traitement des minerais d'uranium et de thorium, il apparaît nettement que le principal problème pour lequel des incertitudes demeurent est celui que posent les descendants du radon dans les mines souterraines.

La CIPR en est pleinement consciente et elle a créé en 1966 un groupe de travail spécialement chargé de suivre toutes les études et recherches entreprises en ce domaine afin de juger de l'opportunité de modifier les recommandations de 1959.

Deux voies s'offrent pour aborder le problème : la voie des modèles dosimétriques et la voie des études épidémiologiques. Comme cela se dégage des lignes qui précèdent, la voie des modèles ne donne guère satisfaction et l'on peut s'attendre à ce que les fondements d'une nouvelle limitation des niveaux pour le radon soient les conclusions de l'exploitation et de l'interprétation des données recueillies par les enquêtes épidémiologiques. C'est, en effet, la première fois, depuis les études sur la radiotoxicité du radium, que l'on observe chez l'homme un effet pathologique lié à une contamination radioactive professionnelle chronique et l'on peut avoir l'espoir de fixer, à partir de ces observations, des règles limitatives réalistes.

Cependant, le problème n'est pas simple et les données épidémiologiques dont on dispose actuellement ne semblent pas être suffisantes

NIVEAUX ADMISSIBLES RELATIFS AUX NUISANCES RADIOLOGIQUES DANS L'EXTRACTION ET LE TRAITEMENT DES MINERAIS D'URANIUM ET DE THORIUM

pour que leur exploitation et leur interprétation soient indiscutables. Certes les informations obtenues par l'expérimentation sur l'animal devraient orienter cette interprétation, mais surtout il faut espérer que, dans les années qui viennent, les progrès de l'enquête menée sur les mineurs des mines d'uranium des Etats-Unis apporteront des informations nouvelles principalement dans les classes d'exposition qui revêtent une importance critique. Il sera peut-être alors possible d'établir des limites et un mode d'expression de ces limites qui feront l'unanimité des experts avant d'être adoptés par tous les organismes internationaux, puis par les pouvoirs publics des différents pays.

On peut aussi formuler le voeu qu'une meilleure connaissance des mécanismes qui interviennent dans les transformations malignes au niveau du poumon ainsi que de meilleures données anatomiques et physiologiques permettent d'élaborer en même temps un modèle dosimétrique indiscutable; on pourrait peut-être alors, comme cela a été fait dans le cas beaucoup plus simple du radium dans l'os, fixer, à partir des conclusions des études épidémiologiques, des limites fondamentales s'exprimant en dose ou en débit de dose α aux différents niveaux de l'appareil respiratoire. Les connaissances acquises par une observation sur l'homme dans un cas de contamination pulmonaire chronique pourraient ainsi être appliquées à la détermination des limites dérivées pour les autres émetteurs α.

REFERENCES

[1] ICRP (1955). Recommendations of the International Commission on Radiological Protection. Supplement 6, British Journal of Radiology, London. Edition française : Journal de Radiologie 36 n° 10 bis, Masson, Paris.

[2] ICRP (1964). Publication 6. Recommendations of the International Commission on Radiological Protection (as amended 1959 and revised 1962). Pergamon Press, Oxford. Edition française : Gauthier-Villars, Paris (1966).

[3] ICRP (1966). Publication 9. Recommendations of the International Commission on Radiological Protection (adopted September 17, 1965). Pergamon Press, Oxford. Edition française : Service Central de Documentation, Centre d'Etudes Nucléaires de Saclay.

[4] ICRP (1959). Report of Committee II on Permissible Dose for Internal Radiation. Pergamon Press, Oxford. Edition française : Gauthier-Villars, Paris (1966).

[5] Pradel, J. (1967). Les contrôles atmosphériques dans les mines d'uranium. Symposium sur la mesure des doses d'irradiation (Stockholm, 1967). Edité par ENEA, Paris.

[6] Pirchan, A.; Sikl, H. (1932). Cancer of the lung in miners of Jachymov (Joachimsthal) : report of cases observed in 1929-1930. American Journal of Cancer, 16, 681-722.

[7] Lorenz, E. (1944). Radioactivity and lung cancer : A critical review of lung cancer in the miners of Schneeberg and Joachimsthal. Journal of National Cancer Institute, 5, 1-15.

[8] Rostoski, O.; Saupe, E.; Schmorl, G. (1926). Die Bergkrankheit der Erzbergleute in Schneeberg in Sachsen ("Schneeberger Lungenkrebs"). Zeitschrift für Krebsforschung, 23, 360-384.

[9] Sikl, H. (1950). The present status of knowledge about Jachymov disease (Cancer of the lungs in the miners of the radium mines). Unio Internationalis Contra Cancrum, Acta 6, 1366-1375.

[10] Archer, V.E.; Magnuson, H.J.; Holaday, D.A. et al. (1962). Hazards to health in uranium mining and milling. Presented at 46th Annual Meeting of the Industrial Medical Association (Los Angeles, April 13, 1961). Journal of Occupational Medicine, 4, 55-60.

[11] Governor's Conference (1961). Health hazards in uranium mines. PHS Publication No. 843. Washington, D.C.

[12] Wagoner, J.K.; Archer, V.E.; Carroll, D.E. et al. (1964). Cancer mortality patterns among US uranium miners and millers, 1950 through 1962. Journal of National Cancer Institute, 32, 787-801.

[13] Wagoner, J.K.; Archer, V.E.; Lundin, F.E. et al. (1965). Radiation as the cause of lung cancer among uranium miners. New England Journal of Medicine, 273, 181-188.

[14] Saccomanno, G.; Archer, V.E.; Saunders, R.P. et al. (1964). Lung cancer of uranium miners on the Colorado Plateau. Health Physics, 10, 1195-1201.

[15] Lundin, F.E.; Archer, V.E.; Smith, E.M. et al. Lung cancer among US uranium miners : current assessment of risk. Read before the Epidemiology Exchange of American Public Health Association (Miami, Florida, October 24, 1967).

[16] Lundin, F.E.; Lloyd, J.W.; Smith, E.M. et al. (1969). Mortality of uranium miners in relation to radiation exposure, hard rock mining and cigarette smoking - 1950 through September 1967. Health Physics, 16, 571-578.

[17] Evans, R.D.; Goodman, C. (1940). Determination of the thoron content of air and its bearing on lung cancer hazards in industry. Journal of Industrial Hygiene and Toxicology, 22, 89-99.

[18] Stewart, C.G.; Simpson, S.D. (1964). The hazards of inhaling radon-222 and its short-lived daughters. A consideration of proposed maximum concentrations in air. Radiological Health and Safety in Mining and Milling of Nuclear Materials. Proceedings Series - STI/PUB/78. International Atomic Energy Agency, Vienna, I,

[19] Mitchell, J.S. (1945). Memorandum on some aspects of the biological action of radiations with special reference to tolerance problems. Montreal Laboratory Report HI-17/20 Nov.

NIVEAUX ADMISSIBLES RELATIFS AUX NUISANCES RADIOLOGIQUES DANS L'EXTRACTION ET LE TRAITEMENT DES MINERAIS D'URANIUM ET DE THORIUM

[20] Shapiro, J.; Bale, W.F. (1953). A partial evaluation of the hazard from radon and its degradation products. University Rochester Atomic Energy Project Report, UR-242, 6.

[21] Shapiro, J. (1954). An evaluation pulmonary radiation dosage from radon and its daughter products. University Rochester Atomic Energy Project Report, UR-298.

[22] Bale, W.F.; Shapiro, J.V. (1955). Radiation dosage to lungs from radon and its daughter products. Proceedings of United Nations International Conference on Peaceful Uses of Atomic Energy, vol. 13, 233.

[23] EURATOM (1959). Directives fixant les normes de base. Journal officiel des Communautés européennes (20 février 1959).

[24] IAEA (1967 edition). Basic safety standards for radiation protection. Safety Series No. 9.

[25] BIT-AIEA (1968). Radioprotection dans l'extraction et le traitement des minerais radioactifs. Manuel de protection contre les radiations dans l'industrie, partie VI Bureau international du Travail, Genève.

[26] Chamberlain, A.C.; Dyson, E.D. (1956). AERE report HP/R1737 (1955). The dose to the trachea and bronchi from the decay products of radon and thoron. British Journal of Radiology, 29, 317-325.

[27] Craft, R.F.; Oser, J.L.; Morris, W. (1966). American Industrial Hygiene Association Journal, 27, 154.

[28] Fusamura, W.; Kurosawa, R. (1967). AIEA, SM 95/26, Vienna.

[29] Serdjukova, A.S.; Savenko, E.I. (1968). Izvestija Vysših Učebnyh Zavedenij Razvedka Mestoroždenij, Moscou, 100.

[30] Breslin, A.J.; George, A.; Weinstein, M. Investigation of the radiological characteristics of uranium mine atmospheres. US Atomic Energy Commission, Health and Safety Laboratories (HASL) Report 220.

[31] Raghavayya, M.; Jones, J.H. (1974). A wire-screen filter paper combination for the measurement of fractions of unattached daughter atoms in uranium mines. Health Physics, 26, 417-429.

[32] Holaday, D.A.; Jones, J.H. (1973). Evaluation of uranium mine atmospheres by measurements of the owrking level and radon. In - Radiation Data and Reports. US Environmental Protection Agency, vol. 14, No. 11.

[33] Billard, F.; Miribel, J.; Madelaine, G.; Pradel, J. (1964). In - Radiological health and safety in mining and milling of nuclear materials, Vol. 1, 411-424. Proceedings Series - STI/PUB/78. International Atomic Energy Agency, Vienna.

[34] Chapuis, A.; Lopez, A.; Fontan, J.; Madelaine, G. (1973). Détermination de la fraction d'activité existant sous forme de Ra A non attaché dans l'atmosphère d'une mine d'uranium. Health Physics, 25, 59-65.

[35] McLaughlin, J.P. (1972). The attachment of radon daughter products to condensation nuclei. Proceedings of the Royal Irish Academy, Sec. A, No. 4, 51.

[36] USPHS (1957). Control of radon and daughters in uranium mines and calculations on biologic effects. Publication No. 494.

[37] Harley, J.H. (1953). Sampling and measurement of airborne daughter products of radon. Nucleonics, 11 (7), 12-15.

[38] Morken, D.A. (1969). The relation of lung dose rate to working level. Health Physics, 16, 796-798.

[39] Jacobi, W. (1972). Relations between the inhaled potential α-energy of ^{222}Rn and ^{220}Rn daughters and the absorbed α-energy in the bronchial and pulmonary region. Health Physics, 23, 3-11.

[40] Thomas, J. (19   A method for calculation of the absorbed dose to the epithelium of the respiratory tract after inhalation of daughter products of radon. Annals of Occupational Hygiene, 7, 271-284.

[41] Behounek, F. (1927). Über die Verhältnisse der Radioaktivität im Uranpecherzbergbaurevier von St. Joachimsthal in Böhmen. Physikalische Zeitschrift, 28, 333-342.

[42] Morgan, K.Z. (1951). Maximum permissible concentration of radon in the air. Unpublished memorandum; cité dans les réf. 18 et 40.

[43] Altshuler, B.; Nelson, N.; Kuschner, M. (1964). Estimation of lung tissue dose from the inhalation of radon and daughters. Health Physics, 10, 1137-1161.

[44] Jacobi, W. (1964). The dose to the human respiratory tract by inhalation of short lived ^{222}Rn and ^{220}Rn decay products. Health Physics, 10, 1163-1177.

[45] Haque, A.K.M.N.; Collinson, A.J.L. (1967). Radiation dose to the respiratory system due to radon and its daughter products. Health Physics, 13, 431-443.

[46] Weibel, E.R. (1963). Morphometry of the human lung. Springer-Verlag, Berlin.

[47] Landahl, H.D. (1950). Bulletin Math. Biophysics, 12, 43.

[48] ICRP (1966). Task group on lung dynamics. Health Physics, 12, 173.

[49] Jacobi, W. (1972). Activity and potential α-energy of ^{222}Rn and ^{220}Rn daughters in different air atmospheres. Health Physics, 22, 441.

[50] Lafuma, J.; Nénot, J.C. Respiratory carcinogenesis in rats and monkeys after inhalation of radioactive aerosols of actinides and lanthanides in various physicochemical forms. Symposium on Experimental Respiratory Carcinogenesis and Bioassays (June 1974, Seattle).

[51] Lafuma, J. (1974). Les radioéléments inhalés. Radioprotection, vol. 9, n°1. Dunod, Paris.

[52] Parker, H.M. (1969). The dilemma of lung dosimetry. Health Physics, 16, 553-561.

[53] Walsh, P.J. (1970). Radiation dose to the respiratory tract of uranium miners. A review of the literature. Environmental Research, 3, 14.

[54] Federal Radiation Council (1969). Federal Register, 34, 576.

[55] Ruckelshaus, W.D. (1971). Federal Register, 36, 12921 and (1974) Federal Register, 39, 125.

[56] Horacek, J. (1969). Der Joachimsthaler Lungenkrebs nach dem zweiten Weltkrieg (Bericht über 55 Fälle). Krebsforschung, 72, 52-56.

[57] Kusak, V. (1969). Ethiopathogenesis of bronchogenic pulmonar carcinoma in miners from uranium mines. Strahlentherapie, 138, 549-555.

[58] De Villiers, A.J.; Windish, J.P. (1964). Lung cancer in a fluorspar mining community : radiation, dust and mortality experience. British Journal of Industrial Medicine, 21, 94-109.

[59] De Villiers, A.J. (1964). Cancer of the lung in a group of fluorspar miners. Presented at Honey Harbour Conference, Canada.

[60] Royal Commission (1969). Report respecting radiation, compensation and safety at the fluorspar mines. St. Laurence, Newfoundland, Canada, 104.

[61] Lundin, F.E.; Wagoner, J.K.; Archer, V.E. Radon daughter exposure and respiratory cancer : quantitative and temporal aspects. NIOSH and NIEHS Joint Monograph No. 1. June 1971. National Technical Information Service. US Department of Commerce, Springfield, Virginia.

[62] Archer, V.E.; Wagoner, J.K.; Lundin, F.E. (1973). Lung cancers among uranium miners in the United States. Health Physics, 25, 351-371.

[63] Archer, W.E.; Wagoner, J.K.; Hyg, S.D.; Lundin, F.E. (1973). Uranium mining and cigarette smoking effect on man. Journal of Occupational Health, 15, 3.

[64] Chameaud, J.; Perraud, R.; Lafuma, J.; Masse, R.; Pradel, J. Lesions and lung cancers induced in rats by inhaled radon-222 at various equilibriums with radon daughters. Symposium on Experimental Respiratory Carcinogenesis and Bioassays (June 1974, Seattle).

DISCUSSION

H. JAMMET : Vous signalez deux voies d'avenir : les études dosimétriques et les études épidémiologiques. Ne pensez-vous pas qu'étant donné les difficultés et les incertitudes de ces études, la voie des études expérimentales n'est pas plus prometteuse ? Qu'en pense le groupe de travail de la CIPR ?

M. DOUSSET : Les études expérimentales sur l'animal revêtent une grande importance depuis qu'on est parvenu à obtenir des cancers pulmonaires expérimentaux chez le rat après inhalation de produits de filiation du radon. Elles doivent aider à l'interprétation des informations obtenues par les études épidémiologiques sur l'homme et éclairer des points que l'insuffisance des données laisse dans l'ombre. Je pense que le groupe de travail du Comité II de la CIPR, qui est tenu au courant des résultats obtenus sur l'animal, tiendra le plus grand compte de ces travaux.

Thoron daughter working level

A.H. Khan, R. Dhandayutham, M. Raghavayya
P.P.V.J. Nambiar[*]

Abstract - Résumé - Resumen - Резюме

Thoron daughter working level - This paper extends the concept of radon daughter working level to thoron daughters. A thoron working level has been defined as equivalent to the potential α-energy released due to the complete decay of 100 pCi of each of the thoron daughters per litre of air. Procedure for the calculation of the thoron daughter working level, by first determining the concentration of the individual thoron daughters in air, has been worked out. For simplicity of measurement under field conditions, a field method for estimating thoron daughter working levels in work places is described. The rigorous and the field method are compared and are found to be in good agreement under different conditions of equilibrium. The concepts of radon daughter working level and thoron daughter working level are compared.

Niveau de travail des descendants du thoron - Dans cette communication, on étend aux descendants du thoron la notion de niveau de travail appliquée aux descendants du radon. On entend par niveau de travail des descendants du thoron l'équivalent de l'énergie α potentielle libérée par la désintégration totale de 100 pCi de chacun des descendants du thoron par litre d'air. On a mis au point un système de calcul du niveau de travail des descendants du thoron qui consiste à déterminer tout d'abord la concentration dans l'air de ces différents produits de filiation. Pour simplifier les mesures dans les conditions d'exploitation, on donne une méthode qui permet d'évaluer les niveaux de travail des descendants du thoron sur les lieux de travail. En comparant la méthode de laboratoire, rigoureuse, à celle qui est utilisée sur les lieux d'exploitation, on constate que toutes deux donnent des résultats concordants dans différentes conditions d'équilibre. On compare la notion de niveau de travail appliquée aux descendants du radon à celle qui est utilisée pour les descendants du thoron.

---

[*]Health Physics Division, Bhabha Atomic Research Centre, Bombay-400085, India.

Nivel de trabajo de los descendientes del torón - En este trabajo se extiende el concepto del nivel de trabajo de los descendientes del radón a los descendientes del torón. Un nivel de trabajo de los descendientes del torón se ha definido como el equivalente de la energía potencial α liberada por la desintegración completa de 100 pCi de cada uno de los descendientes del torón por litro de aire. Se ha preparado un procedimiento para calcular el nivel de trabajo de los descendientes del torón determinando primero la concentración de cada uno de estos descendientes en el aire. Para simplificar la medición en condiciones reales, se describe un método de estimación de los niveles de trabajo de los descendientes del torón en los lugares de trabajo. Se compara el método de laboratorio con el método aplicable en condiciones reales y de esta comparación se deduce que se corresponden bastante en condiciones diferentes de equilibrio. Se comparan los conceptos de nivel de trabajo de los descendientes del radón y de nivel de trabajo de los descendientes del torón.

Рабочий уровень дочерних продуктов торона - В этом документе концепция рабочего уровня дочерних продуктов радона распространяется и на дочерние продукты торона. Рабочий уровень дочерних продуктов торона определяется как эквивалент потенциальной альфа-энергии, освобожденной в результате полного распада 100 пикокюри каждого из дочерних продуктов торона на литр воздуха. Разработана процедура подсчета рабочего уровня дочерних продуктов торона путем определения в первую очередь концентрации отдельных дочерних продуктов торона в воздухе. Для упрощения измерений в полевых условиях описывается полевой метод оценки рабочих уровней дочерних продуктов торона на рабочих местах. Сравниваются лабораторный и полевой методы и делается вывод, что они хорошо согласуются в различных условиях равновесия. Приведено сравнение концепции рабочего уровня дочерних продуктов радона и рабочего уровня дочерних продуктов торона.

1. Introduction

Workers in a thorium industry are exposed to inhalation hazards from thoron (^{220}Rn) and its short-lived daughter products preformed in the working environment. The ICRP recommends an (MPC)$_a$ of 3×10^{-7} µCi/ml for thoron with "daughter products present to the extent they occur in unfiltered air" [1]. But, as it is generally accepted that the major portion of the respiratory radiation burden is from the short-lived daughter products of thoron [2,3,4], it appears reasonable to evaluate the inhalation hazards in terms of daughter product concentrations.

This paper extends the concept of radon daughter working-level [5,6] to the daughter products of thoron. Accordingly, thoron daughter working-level (TWL) may be defined as the α-energy released from the ultimate decay of 100 pCi/l of each of the short-lived decay products of thoron.

2. α-energy potential of thoron daughters

The decay scheme of thoron and daughters is given in Table 1.

Table 1

Decay scheme of thoron and daughters [7]

Nuclide	Half-life	Radiation	α-Energy (MeV)
Tn (^{220}Rn)	55.6 s	α	6.29
Th A (^{216}Po)	0.15 s	α	6.78
Th B (^{212}Pb)	10.64 h	β	–
Th C (^{212}Bi)	60.60 min	β (64%) α (36%)	– 6.06
Th C' (^{212}Po)	3 x 10^{-7} s	α	8.78
Th C" (^{208}Tl)	3.1 min	β	–
Th D (^{208}Pb)	Stable	–	–

Th A and Th C' are the two main α emitters in this series. Th B is a β-emitter but, on ultimate decay through Th C and Th C', it indirectly contributes to α-energy potential. Of the total Th C atoms about 36% decay by α-emission and the remaining 64% decay by β emission. Th C' produced from the β-decay of Th C decays by α emission almost as soon as it is formed. In other words, both Th B and Th C may be treated as potential α-emitters - 36% of the α having an energy of 6.06 MeV per particle and 64% of them having an energy of 8.78 MeV per particle.

The thoron daughter working-level has been tentatively defined in this paper as being equivalent to the sum of the α-energy potential of 100 pCi/l of each of the thoron daughters. The α-energy potentials of the individual thoron daughters are shown in Table 2.

Table 2

α-Energy potential of thoron daughters

Thoron daughter	Number of atoms per 100 pCi	α-energy potential per atom (MeV)	α-energy potential per 100 pCi (MeV)
Th A	0.8	14.58	11.6
Th B	204420	7.80*	1.595×10^6
Th C	19405	7.80*	0.151×10^6
Th C'	1.6×10^{-6}	8.78	Negligible
Grand Total			1.746×10^6

*Weighted mean of the α-energies.

The grand total of α-energy potentials of 100 pCi/l of each of the thoron daughters may be rounded off to 1.75×10^6 MeV/l. The TWL may now be redefined as "any combination of thoron daughters per litre of air which, on ultimate decay, liberates 1.75×10^6 MeV of α-energy". It may be seen that the contribution to the total energy potential from Th A and Th C' is negligible. Under equilibrium conditions Th B contributes about 91.3% of the total α-energy potential in the definition of the TWL, the remaining 8.7% is contributed by Th C.

3. Methods of estimation of thoron daughter working level

    3.1 Rigorous method

In order to estimate the TWL in a given atmosphere the concentrations of Th B and Th C must be known. For this purpose the atmosphere of interest is sampled through a high efficiency filter at a known flowrate for a known period of time, say 1 hour. The α-activity on the filter is measured at least twice, say, at

150 min and 240 min after termination of the sampling These counting delays are chosen to minimise the contribution to α counts from radon daughters as also to allow build up of sufficient number of Th C atoms from the decay of Th B on the filter paper. From the α-counts the concentrations of Th B and Th C are calculated:

$$\text{Th B (pCi/l)} = (-31.26\, C_{150} + 87.58\, C_{240}) \times \frac{1}{(n\%) \times L \times t} \quad \ldots (1)$$

$$\text{Th C (pCi/l)} = (379.02\, C_{150} - 359.82\, C_{240}) \times \frac{1}{(n\%) \times L \times t} \quad \ldots (2)$$

Where C_{150} and C_{240} are the α-count-rates at 150 minute and 240 minute delay respectively, cpm,

(n%) = counting efficiency in percent,
L = sampling rate, litre per minute,
t = sampling duration, minutes.

In these calculations of Th B and Th C concentrations, the decay of radionuclides on filter paper during sampling is not taken into account because it causes only a small error (about 2%) even for a sampling period of as long as 1 hour.

The TWL is then calculated from the concentrations of Th B and Th C as,

$$\text{TWL} = \left[\frac{2.22 \times \text{pCi/l of Th B}}{\lambda b} + \frac{2.22 \times \text{pCi/l of Th C}}{\lambda c}\right] \times \frac{7.80}{1.75 \times 10^6}$$

Where 7.80 is the weighted average α energy per atom (MeV), and 1.75×10^6 MeV/l corresponds to 1 TWL, or,

$$\text{TWL} = 10^{-3} \,(9.132 \times \text{pCi/l of Th B} + 0.867 \times \text{pCi/l of Th C}) \quad \ldots (3)$$

3.2 Field method

To avoid the complications involved in measuring Th B and Th C concentrations, a set of convenient factors has been worked out which enable estimation of TWL with a single counting of the sample at an appropriate delay time after termination of sampling.

The α-activity on a filter paper at any instant is due to Th C which has two components: (i) Th C atoms remaining from the number originally deposited and (ii) Th C atoms formed on the filter paper due to decay of Th B. Thus the total α-activity (A_a^t) on the filter at any instant 't' after the end of sampling can be written as,

$$A_a^t = \lambda_c \left[N_c^o \, e^{-\lambda_c t} + \lambda_b N_b^o \times \frac{(e^{-\lambda_b t} - e^{-\lambda_c t})}{(\lambda_c - \lambda_b)} \right] \quad (4)$$

Where N_b^o and N_c^o are the number of atoms of Th B and Th C, on the filter paper at the end of the sampling and λ_b and λ_c are the respective decay constants, (m^{-1}).

Assuming an initial concentration of one TWL or 100 pCi/l each of Th B and Th C in air and a sampling rate of 1 l/min, a one minute sample will deposit 204 420 atoms of Th B and 19 405 atoms of Th C on the filter paper. This sample when counted at 180 min delay gives 196.22 dpm, and at 300 min 175.18 dpm and so on. Using equation (4) the α-activities observable on a filter paper sample collected at a rate of 1 l/min for 1 min in a hypothetical atmosphere containing a mixture of 100 pCi/l of Th B and different equilibrium levels of Th C have been calculated for a number of counting instants and presented in Table 3.

Table 3

Total α-activities on filter paper from mixtures of Th B and Th C

Th B : Th C ratios →	1:1	1:0.5	1:0.25	1:00	Adjusted factor (F)	Maximum error in TWL value (%)
Counting delay (min) ↓		α-activity (dpm)				
180	196.22	182.63	175.84	170.47	195	+ 0.60 / − 4.20
200	192.44	181.77	176.43	172.42	190	+ 1.29 / − 0.60
210	190.91	181.21	176.36	173.00	190	+ 0.48 / − 0.30
240	185.29	178.50	175.10	173.30	185	+ 2.50 / − 0.00
270	179.98	175.13	172.70	171.80	180	+ 4.40 / − 0.00
300	175.18	171.30	169.36	168.80	175	+ 5.50 / − 0.00
360	164.16	162.42	161.54	161.02	165	+ 6.70 / − 0.50
420	154.11	153.20	152.75	152.47	155	+ 8.70 / − 0.60
600	126.73	126.63	126.58	126.55	125	+ 10.80 / − 0.00

The figures in column 2 of Table 3 all refer to the dpm observed at different delay periods on the hypothetical sample, when the air concentration is 1 TWL. The corresponding figures in columns 3, 4 and 5 for samples collected from atmospheres of different equilibrium ratios are not very much different. Therefore, the α-dpm values from the equilibrium amounts of Th B and Th C have been rounded off to the nearest multiple of 5 and are given in column 6 as Adjusted Factor (F). The values of F are plotted against delay time in Figure 1. Here, the factors have been given only for counting delays beyond 180 minutes to avoid interference from radon daughters and to allow build up of sufficient Th C activity on the filter. The last column indicates the maximum error involved in calculating TWL values using the adjusted factors. It is seen here that the error is within 11% for counting delays up to 10 hours. If the counting is confined to delays between 180 to 300 minutes, the maximum error does not exceed 6%.

To obtain the thoron daughter concentrations directly in terms of TWL using the field method,

(i) collect the air sample on a filter paper at a known rate for a known duration,

(ii) measure the α-activity (dpm) on the filter at any instant between 180 and 600 minutes post sampling,

(iii) calculate the α-dpm per litre of the air and divide it by the appropriate adjusted factor (F) given in Table 3 or from Figure 1,

(iv) the resulting figure is the multiple or fraction of the TWL (1.75×10^6 MeV/l) present in the air.

4. <u>Experimental verification</u>

In order to verify the accuracy and efficacy of the field method suggested in this paper under actual operational conditions, a large number of air samples were collected from different sections in a thorium processing plant. The α activities on each sample were measured at various delay times from 150 to 300 minutes after sampling. The rate and duration of sampling were noted. The background and the efficiency of the α-counting set up were precisely known. From the sampling and counting data thus obtained, the values of TWL were estimated first by the rigorous method and then by the field method. A worked out example is given below:

Sample No. 1

Rate of sampling:	50 l/min	Counting delay (min)	Net countrate C (cpm-bkg)
Duration of sampling:	60 min	150	45 333
		180	45 152
Total volume of air sampled:	300 l	200	44 919
		210	44 658
Counting efficiency (n%):	29%	240	43 992
		270	43 173
Counter background (bkg):	1.5 cpm	300	42 357

Rigorous method:

Substituting the net countrates, C (cpm - bkg), obtained at 150 and 240 minutes in equations (1) and (2), we get

$$Th\ B = \left[- 31.26 \times 45333 + 87.58 \times 43992 \right] \times \frac{1}{29 \times 50 \times 60} = 27.99\ pCi$$

$$Th\ C = \left[+ 379.02 \times 45333 - 359.82 \times 43992 \right] \times \frac{1}{29 \times 50 \times 60} = 15.55\ pCi$$

Substituting the concentrations of Th B and Th C in equation (3) we have, TWL = 10^{-3} (9.132 × 27.99 + 0.867 × 15.55) = 0.2690.

Field method:

(i) Total volume of air sampled = 50 × 60 = 3000 l
(ii) Net countrate at 180 minute delay = 45152 cpm

$$or,\ \frac{45152 \times 100}{29} = 155696\ dpm$$

(iii) Converting this to α-dpm per litre, we have

$$\frac{155696}{3000} = 51.89\ dpm/l$$

(iv) Dividing the value of dpm/l by the adjusted factor corresponding to 180 minute delay, we get,

$$TWL = \frac{51.89}{195} = 0.2660$$

The error involved is -1.11% compared to the rigorous method.

Results of thoron daughter concentrations in terms of TWL obtained by both the methods for a few samples are given in Table 4. The respective errors observed have been included in the last column of this Table. The results reported below cover the entire range of errors observed.

Table 4

Comparison of thoron daughter working level
calculated by rigorous method and field method

Sl. No.	Rigorous method			Field method		Percentage error observed
	Th B pCi/l	Th C pCi/l	TWL	Counting delay (min)	TWL	
1	27.99	15.55	0.2690	180	0.2660	− 1.11
				200	0.2717	+ 1.00
				210	0.2701	+ 0.40
				240	0.2732	+ 1.56
				270	0.2756	+ 2.45
				300	0.2782	+ 3.42
2	3.68	Nil	0.0336	180	0.0321	− 4.46
				200	0.0331	− 1.48
				210	0.0330	− 1.78
				240	0.0336	0.00
				270	0.0341	+ 1.48
				300	0.0340	+ 1.19
3	13.06	0.76	0.1199	180	0.1161	− 3.16
				200	0.1214	+ 1.25
				210	0.1196	− 0.25
				240	0.1225	+ 2.16
				270	0.1212	+ 1.08
				300	0.1234	+ 2.91
4	6.25	0.04	0.0571	180	0.0573	+ 0.35
				200	0.0585	+ 2.45
				210	0.0583	+ 2.10
				240	0.0588	+ 2.97
				270	0.0592	+ 3.67
				300	0.0592	+ 3.67
5	25.50	0.11	0.2330	180	0.2377	+ 2.01
				200	0.2418	+ 3.77
				210	0.2409	+ 3.39
				240	0.2469	+ 5.96
				270	0.2475	+ 6.22
				300	0.2416	+ 3.69
6	4.56	1.80	0.0432	180	0.0427	− 1.15
				200	0.0440	+ 1.85
				210	0.0434	+ 0.46
				240	0.0440	+ 1.85
				270	0.0452	+ 4.62
				300	0.0451	+ 4.39

It is seen from Table 4 that the TWL values obtained by the two methods are in good agreement and the errors are within the predicted limits. This leads to the conclusion that the field method of TWL estimation is reliable and accurate.

5. Discussion

When the concept of the "Working Level" was first introduced nearly two decades ago, it was synonymous to the radon daughter $(MPC)_a$. This is no longer true. The "Working Level" is now merely a unit of air concentration of the radon daughters as a whole expressed in terms of the potential α energy. According to the current definition, it is "any combination of radon daughters which on ultimate decay will liberate 1.3×10^5 MeV of potential α-energy per litre of air". While originally it was the "potential α-energy liberated by the complete decay of 100 pCi of each of the short-lived daughter products of radon per litre of air". Thus the focus has now shifted to energy liberated per unit volume. We defined the TWL on the lines of the original definition of radon daughter working level. But from potential α-energy considerations, the TWL is 13.5 times greater than the radon daughter WL. This does not however mean that the dose to the respiratory organs on exposure to one TWL is also 13.5 times greater than that due to an exposure to 1 WL of radon daughters. Because of the short half-life of radon daughters, it is reasonable to expect that all the radon daugther elements deposited in the lungs undergo radioactive decay at the site of deposition. This is not so in the case of thoron daughters which have comparatively longer half-lives. Th B is eliminated from the lungs by means of biological processes with a half-life of 8 hours [2]. The effective half-life of the radionuclides as far as lungs are concerned is therefore 4.5 hours. From these considerations it can be shown that only 43% of the thoron daughter atoms decay within the lungs and so contribute to the radiation dose. Contribution of Th C to the working level being small, it is neglected here for calculation of lung dose. This shows that although the TWL is 13.5 times greater than the radon daughter WL in magnitude, the lung dose can be only 5.8 times that delivered by an equivalent concentration of radon daughters, assuming that other conditions are identical.

Figure 1
Factors for estimating TWL

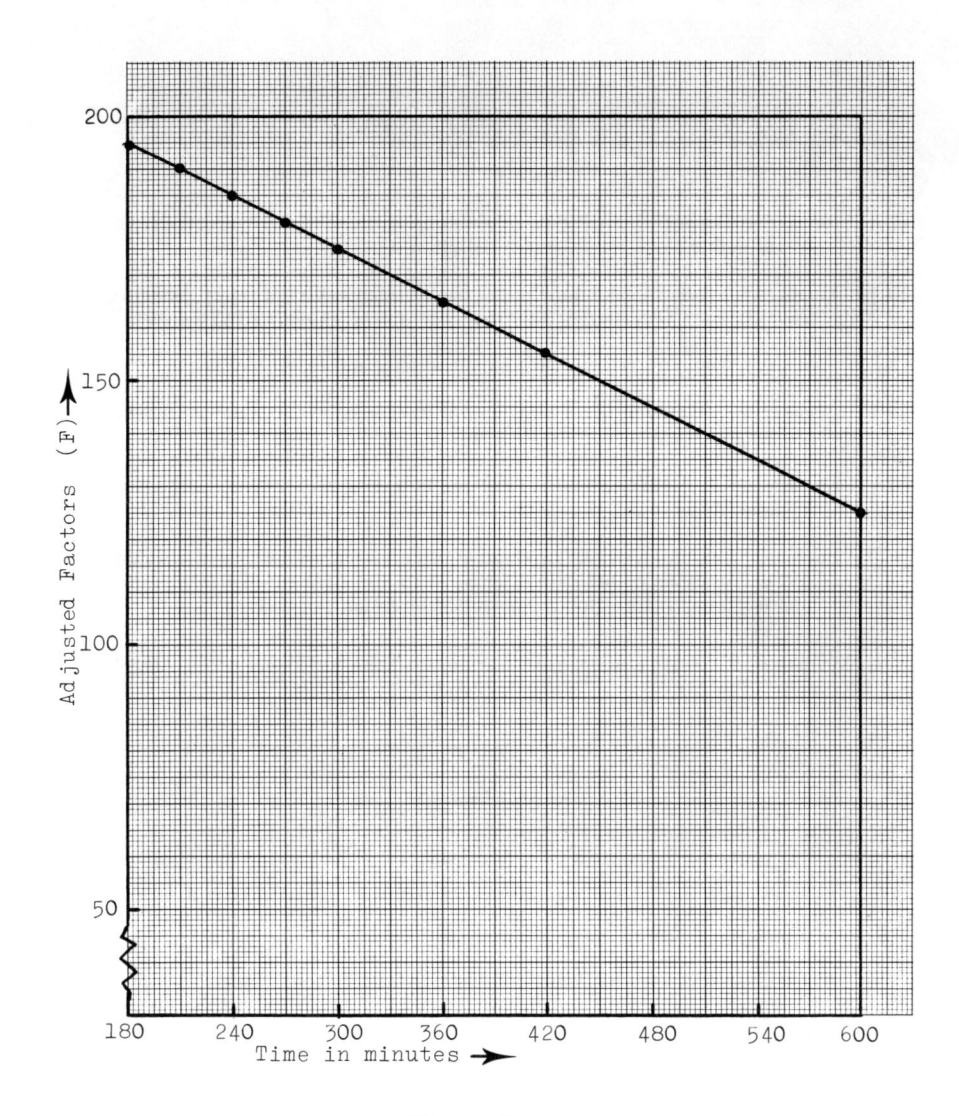

6. Acknowledgment

Thanks are due to Mr. S.D. Soman, Head, Health Physics Division, and Mr. T. Subbaratnam, Head, Radiation Hazards Control Section, for their interest in this work.

REFERENCES

[1] Recommendations of the ICRP, Publication 2, Report of Committee II on Permissible Dose for Internal Radiation (1959).

[2] Jacobi, W. (1964). The dose to the human respiratory tract by inhalation of short lived ^{222}Rn and ^{220}Rn - Decay products. Health Physics, 10, 1163.

[3] Pohl, E.; Pohl, J. (1968). Ruling. Strahlentherapie, 136, 738.

[4] Duggan, M.J. (1973). Some aspects of the hazard from airborne thoron and its daughter products. Health Physics, 24, 301-310.

[5] Kusnetz, H.L. (1956). Radon daughter in mine atmospheres. American Industrial Hygiene Association Quarterly, 17.

[6] Holaday, D.A. et al. (1957). Control of radon and daughters in uranium mines and calculations on biologic effects. U.S. Department of Health, Education and Welfare, Public Health Service Publication No. 494.

[7] Radiological health handbook (1970). U.S. Department of Health, Education and Welfare. Public Health Service Publication No. 2016, 69-85.

DISCUSSION

H. SORANTIN (Austria): I would like to ask the speaker what kind of filters he has used and what size of particles he has been able to collect.

M. RAGHAVAYYA: We used glass fibre filter paper as well as millipore membrane paper of 0.8 µm pore size. Both the filter papers can collect very fine particles including unattached ions.

Rapid determination of radon daughter concentrations and working level with the instant working level meter [1]

P.G. Groer, D.J. Keefe, W.P. McDowell,
R.G. Selman*

Abstract - Résumé - Resumen - Резюме

Rapid determination of radon daughter concentrations and working level with the instant working level meter - Rn-daughter concentrations and the working-level (WL) were measured with instant working-level meters (IWLM) in an experimental uranium mine in the United States. This instrument is fully automated and portable (dimensions: 40 x 35 x 25 cm; weight: 17 kg) and determines RaA, RaB and RaC concentrations and the WL within 5 min. It displays these quantities digitally in the appropriate units (pCi/l and WL) and has a range from 0.01 to 100 WL. A short description of its theory is presented. Each air sample taken and analysed by the IWLM was also evaluated by an α-spectroscopic method. The RaA, RaB, RaC concentrations and the WL's obtained with these two methods are compared with Fisher's Sign Test. These tests show that the IWLM evaluates the Rn-daughter concentrations and the WL without bias. The instrument is therefore as accurate as the spectroscopic method used. Another test (Ansari-Bradley test) shows in addition that the IWLM-measurements exhibit the same variance as the measurements performed with the spectroscopic method. This implies, therefore, that the two methods have the same precision. The IWLM-method of Rn-daughter analysis should be used, wherever a rapid determination of Rn-daughter concentrations is needed (e.g. efficiency analysis of ventilation systems in uranium mines).

Détermination rapide de la concentration des descendants du radon et du niveau de travail à l'aide d'un compteur instantané - Pour mesurer la concentration des descendants du radon et le niveau de travail (WL) dans une mine d'uranium expérimentale aux Etats-Unis, on a utilisé un compteur instantané (Instant working-level meter - IWLM). Il s'agit d'un appareil entièrement automatisé et portatif (mesurant 40 x 35 x 25 cm et pesant 17 kg) qui détermine la concentration du RaA, RaB et RaC et le niveau de travail en moins de 5 min.

---

1) This research was sponsored by the US Bureau of Mines under Contract No. H0122106.

*Argonne National Laboratory, Argonne, Illinois, United States.

Les résultats sont affichés numériquement dans l'unité appropriée (pCi/l et WL), la gamme de sensibilité de l'appareil allant de 0,01 à 100 WL). La théorie de l'appareil est sommairement décrite. Chaque échantillon d'air prélevé et analysé à l'aide de l'IWLM a également fait l'objet d'une détermination par spectrométrie-α. Les teneurs en RaA, RaB et RaC et le niveau de travail obtenus par les deux méthodes ont été comparés au moyen du test de Fisher. Les résultats montrent que l'évaluation de la concentration des descendants du radon et du niveau de travail au moyen de l'IWLM ne présente aucune erreur systématique. Par conséquent, l'instrument est aussi précis que la méthode spectrométrique utilisée. Un autre test (Ansari-Bradley) montre en outre que les mesures avec l'IWLM ont la même variance que les mesures par spectrométrie. Il en résulte que les deux méthodes ont la même précision. L'analyse à l'aide de l'IWLM est à préconiser chaque fois que l'on a besoin de déterminer rapidement la concentration des descendants du radon (par exemple pour contrôler l'efficacité du système d'aérage dans les mines d'uranium).

Determinación rápida de la concentración de descendientes del radón y del nivel de trabajo mediante un contador instantáneo - Para medir la concentración de descendientes del radón y el nivel de trabajo (WL) en una mina experimental de uranio de los Estados Unidos, se ha utilizado un contador instantáneo (Instant working-level meter - IWLM). Se trata de un aparato totalmente automatizado y portátil (con dimensiones: 40 x 35 x 25 cm, y un peso de 17 kg) que determina la concentración de RaA, RaB y RaC y el nivel de trabajo en menos de 5 min. Los resultados se presentan en forma numérica en la unidad apropiada (pCi/l et WL), mientras que la gama de sensibilidad del aparato oscila entre 0,01 y 100 WL). Se describe sucintamente la teoría del aparato. Cada muestra de aire tomada y analizada mediante el IWLM ha sido objeto también de determinación por espectrometría α. Se han comparado las concentraciones en RaA, RaB y RaC y el nivel de trabajo obtenidos por ambos métodos con el test de Fisher. Los resultados muestran que la evaluación de la concentración de los descendientes del radón y del nivel de trabajo mediante el IWLM no da lugar a error sistemático alguno. Así pues, el instrumento es de tanta precisión como el método espectrométrico utilizado. Otro test efectuado (Ansari-Bradley) muestra, por otra parte, que las mediciones con el IWLM poseen la misma variante que las mediciones por espectrometría. De ello se infiere que ambos métodos tienen la misma precisión. Se recomienda el análisis con el IWLM cada vez que se necesite determinar rápidamente una concentración de los descendientes del radón (por ejemplo, para controlar la eficacia del sistema de aeración en las minas de uranio).

Быстрое определение концентраций продуктов распада радона и рабочего уровня с помощью быстродействующего измерителя рабочего уровня - Концентрации продуктов распада радона и рабочий уровень (WL) измерялись с помощью быстродействующих измерителей рабочего уровня (IWLM - Instant Working Level Meter) на экспериментальном урановом руднике в Соединенных Штатах Америки. Этот прибор, полностью автоматический и портативный (размеры: 40 x 35 x 25 см., вес: 17 кг.), определяет концентрации RaA, RaB, RaC, и рабочий уровень в течение пяти минут. Он указывает эти данные в цифрах и соответствующих единицах (pCi/WL) и имеет диапазон от 0,01 до 100 WL.

RAPID DETERMINATION OF RADON DAUGHTER CONCENTRATIONS
AND WORKING LEVEL WITH THE INSTANT WORKING LEVEL METER

Приводится его краткое теоретическое описание. Каждая проба воздуха, взятая и проанализированная этим прибором, была также проконтролирована с помощью альфаспектроскопического метода. Концентрации RaA, RaB и RaC и рабочие уровни, полученные этими двумя методами, сравниваются с помощью теста по Фишеру. Результаты показывают, что быстродействующий измеритель рабочего уровня дает объективную оценку концентрации продуктов распада радона и рабочего уровня. Поэтому данный прибор является таким же точным, как и используемый спектроскопический метод. Другой тест (Ансари-Брэдли тест) показывает, кроме того, что замеры с помощью этого прибора дают такие же вариации, как и замеры, осуществляемые с помощью спектроскопического метода. Отсюда можно сделать вывод, что оба метода имеют одинаковую точность. Анализ с помощью прибора следует использовать в тех случаях, когда необходимо быстро определить концентрации продуктов распада радона (например, при анализе эффективности систем вентиляции в урановых рудниках).

Introduction

The crucial parameter which has to be controlled to provide adequate ventilation in an uranium mine is the "age of the air". It can be defined as the period of growth of the Rn-daughters RaA (^{218}Po), RaB (^{214}Pb) and RaC (^{214}Bi) into a ^{222}Rn-atmosphere initially free of these nuclides. Since these Rn-daughters represent the major airborne radiation hazard it is desirable to keep the air as "young" as possible. How can the "age" be diagnosed? Ideally one should measure the concentration of ^{222}Rn and its daughter products. But already knowledge of the ^{222}Rn-daughter concentrations alone enables a ventilation engineer to study the aging of mine air. Methods to determine the Rn-daugther concentrations are known [1,2,3] but almost all of them take too long to be of practical use. All methods use the α-counts from RaA and RaC' to assess the Rn-daughter concentrations. Some methods [4,5] use α-counts, obtained at times less than one RaB half-life after the end of sampling. These methods are blind to RaB and general assumptions about Rn-daughter equilibrium are introduced to make up for this insufficiency. If one considers the fact that RaB is usually the major contributor to the working-level (WL) it is clear that the guess was made at the wrong place. A ventilation engineer asked to improve a ventilation system or a mine inspector trying to evaluate the performance of one, cannot base their conclusions on such assumptions. They need a rapid, complete and precise assessment of the mine atmosphere, independent of what the Rn-daughter concentrations might be at a particular location

in a mine at a certain moment in time. These practical problems of
ventilation and inspection personnel demanded a solution and led,
in the United States, to the development of Instant Working Level
Meters (IWLM). The early models of these instruments [6,7] proved
the underlying principles but suffered from two major flaws. Their
flowrate was too low and their sensitivity to ambient γ-radiation
too high. This initiated the development of a second generation of
IWLM's whose performance will be evaluated in this paper. A short
description of these instruments will also be given to show the
design principles involved.

Description

A measurement begins with a one minute background count.
Immediately after the end of the background count, the IWLM's
pump (GAST, carbon vane pump) is turned on automatically. This
pump draws air through a circular portion of the filter paper strip
(fig. 1) at a flowrate of 11-12 l/min. A float-type flowmeter
(Dwyer Instruments) monitors the flowrate. The filter is a membrane
filter with a pore size of 1.2 µm (GELMAN-Acropor). After two
minutes the sample is automatically advanced to its counting position between the two detectors of the IWLM. The α-detector, a Si-
surface-barrier detector (ORTEC) looks at the inlet side, the β-
detector a plastic scintillator (Nuclear Enterprises) looks at the
outlet side of the filter. The scintillator is 3/1000 of an inch
(0.076 mm) thick. This thin scintillator and the shielding material
around it together with the increased flowrate reduced the pseudo-WL
in a 1 mR/h γ-radiation field by about a factor of 80 (7.22 vs. 0.09).
The scintillator is optically coupled to a ten-stage photomultiplier
(EMI). The α-detector performs the separation of RaA and RaC'. The
β-detector counts total β-activity from RaB and RaC. The accumulation of counts in the three channels of the instrument (upper, lower
α-channel and β-channel) starts three seconds after the end of the
sampling period and lasts for two minutes.

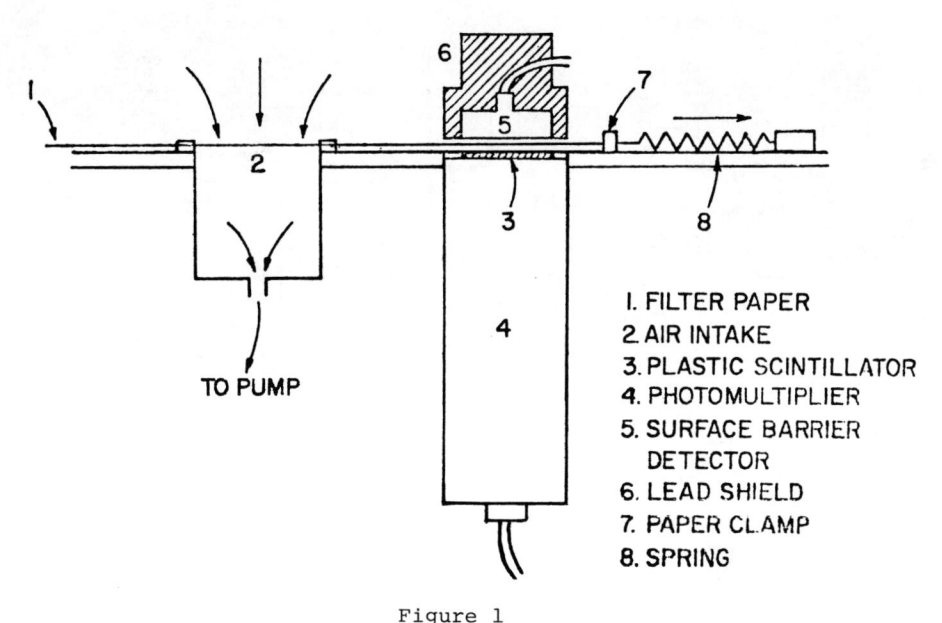

RAPID DETERMINATION OF RADON DAUGHTER CONCENTRATIONS AND WORKING LEVEL WITH THE INSTANT WORKING LEVEL METER

Figure 1

Detection, air sampling and paper transport mechanisms of the IWLM

1. FILTER PAPER
2. AIR INTAKE
3. PLASTIC SCINTILLATOR
4. PHOTOMULTIPLIER
5. SURFACE BARRIER DETECTOR
6. LEAD SHIELD
7. PAPER CLAMP
8. SPRING

After this counting interval the calculation of the WL starts on a command from the logic of the instrument. The WL is displayed digitally after a few seconds and the operator can ask for the next quantity RaA by pressing the "continue" button. This procedure continues until RaC' is reached. All Rn-daughter concentrations are displayed as pCi/l. The operator has the option to recalculate all quantitites if he so desires.

The electronic circuitry of the IWLM is quite complex and cannot be described in detail. Only a short sketch illustrated by figure 2 will be given. The circuitry consists of three major subsystems: the detection subsystem, the control-computer subsystem and the power subsystem.

The detection subsystem contains one amplifier, the detectors, pre-amplifiers and discriminators.

The power subsystem consists of 13 rechargeable batteries which provide power for at least ten runs per charge.

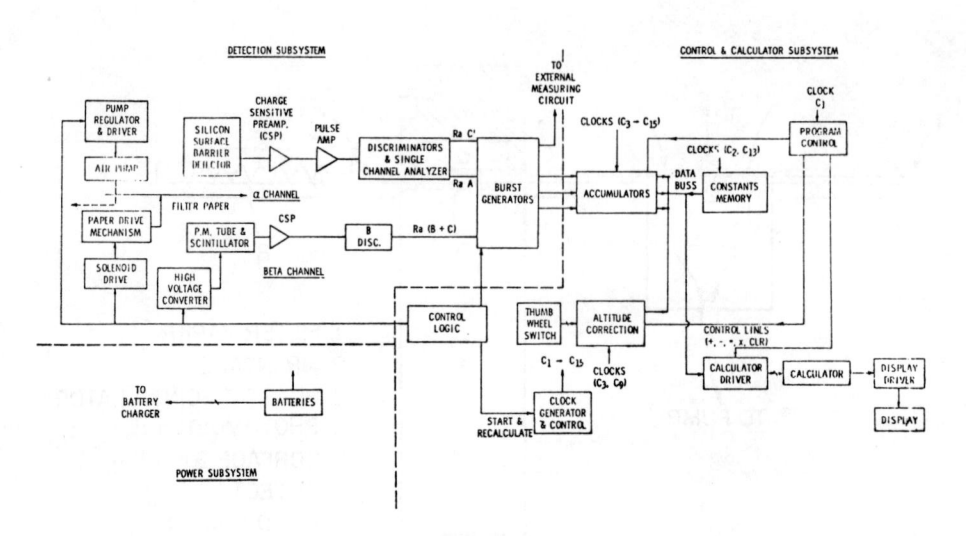

Figure 2

Functional block diagram of the IWLM

The control section of the computer subsystem consists of a CMOS driven sequential control circuit which provides the timing pulses for the operation and of three burst generators. These burst generators double the background for the automatic background subtraction. The calculator subsystem is a preprogrammed digital processor which calculates WL, RaA, RaB and RaC from the stored counts according to the instructions in the programme memory.

The entire circuit with exception of the memories is assembled from CMOS integrated circuits which offer a very low power consumption.

Theory and calibration

Stated algebraically, the problem of determining the Rn-daughter concentrations is a problem with three unknowns. Therefore, three equations are necessary which relate the information - the counts observed in the three channels - to the unknown Rn-daughter concentrations N_A, N_B and N_C (atoms/l). These equations are:

$$A = 0.580386\ E_A V N_A$$

$$B + C = (0.036204\ E_B + 0.001584\ E_C)\ V N_A + (0.098134\ E_B + 0.006941\ E_C)\ V N_B + 0.131000\ E_C\ V N_C \tag{1}$$

$$C' = (0.001584\ N_A + 0.006941\ N_B + 0.131000\ N_C)\ E_A V$$

RAPID DETERMINATION OF RADON DAUGHTER CONCENTRATIONS AND WORKING LEVEL WITH THE INSTANT WORKING LEVEL METER

A = RaA - counts
$B+C$ = ($\beta+\gamma$) - counts from RaB and RaC
C' = RaC' - counts
V = flowrate (1/min)
E_A = detection efficiency for RaA and RaC'
E_B = detection efficiency for RaB
E_C = detection efficiency for RaC

The numerical coefficients in (1) follow from the Bateman equations. Equations (1) are inverted, the numerical coefficients are multiplied by the E_i's and V. The resulting system of equations is stored in the programme memory in binary form. To calibrate the IWLM, V, E_A, E_B and E_C have to be determined. The measurement of V is performed with a calibrated flowmeter and E_A is found by comparison of the IWLM α-counts with a calibrated semi-spherical proportional counter. The determination of E_B and E_C is more involved. An air sample is first evaluated with an α-spectroscopic method (see next section). Then with N_A, N_B and N_C known the β-disintegrations for the β-channel are calculated. By comparison with the counts observed in this channel, the β-efficiencies E_B and E_C can be determined. This calibration procedure together with equations (1) demonstrate that the IWLM does not make any assumptions about the Rn-daughter equilibrium. Only constancy of the concentrations during the time of sampling is assumed.

Tests and results

We tested one prototype and three final IWLMs in experimental mines in the United States. The test procedure involved an evaluation of the same air sample with two methods, the IWLM-procedure described above and the α-spectroscopic method mentioned in the previous section. The detectors of the IWLM and its detection circuitry were used for both tests. To obtain the necessary counts for the α-method the signal was routed into an external scaler.

From the results observed in this scaler the WL and the Rn-daughter concentrations were calculated by computer with the following equations:

$$N_A = 0.926838\, E_V VA\ (5)$$

$$N_B = \left(-0.879403 A(5) - 11.12606 C'(5) + 2.752840 C'(30)\right) E_A V$$

$$N_C = \left(0.049957 A(5) + 4.232080 C'(5) - 0.251541 C'(30)\right) E_A V$$

A(5) = RaA counts observed during five minutes
C'(5) = RaC' counts observed during five minutes
C'(30) = RaC' counts observed during thirty minutes

All the counting intervals start three seconds after the end of the two-minute sampling period.

The measurements of WL and Rn-daughter concentrations performed with all IWLM's are shown in Tables 1-4. The agreement of the WL, N_A, N_B and N_C values obtained with the two different methods (IWLM and α-spectroscopic method) is very good and was evaluated for some groups of measurements with distribution-free statistical tests [8].

Table 1

Measurements of the WL and N_A, N_B and N_C with the IWLM prototype. The IWLM values are compared with the values obtained with the α-spectroscopic method

IWL	α-WL	RaA (atoms/liter) IWLM	α-spectroscopic	RaB (atoms/liter) IWLM	α-spectroscopic	RaC (atoms/liter) IWLM	α-spectroscopic
0.88	0.83	1686	1674	7297	6908	4316	4199
1.44	1.51	2261	2284	11049	12865	8809	8623
1.11	1.12	2138	2120	8933	9386	5795	5714
1.47	1.44	2852	2892	12762	12494	6646	6774
0.71	0.76	1075	1388	5914	6281	3999	4060
0.32	0.31	721	747	2806	2576	1306	1275
0.52	0.40	872	882	5357	3278	1738	1843

Table 2

Measurements of the WL and N_A, N_B and N_C with IWLM-1. The IWLM values are compared with the values obtained with the a-spectroscopic method

IWL	a-WL	RaA (atoms/liter) IWLM	RaA a-spectro-scopic	RaB (atoms/liter) IWLM	RaB a-spectro-scopic	RaC (atoms/liter) IWLM	RaC a-spectro-scopic
0.52	0.52	483	521	3816	3865	4187	3997
0.65	0.60	673	708	5609	4826	4178	4113
0.78	0.68	823	816	6888	5018	4979	5107
0.90	0.85	1062	1063	7506	6906	5826	5649
0.67	0.72	643	607	4144	5522	5988	5603
0.55	0.55	623	614	4141	4051	4111	4089
0.62	0.58	658	638	4916	4453	4357	4292
0.64	0.62	662	663	5219	5075	4446	4290
0.79	0.80	884	878	6569	6972	5231	4989
0.76	0.79	953	939	6035	6763	5079	5009
0.56	0.61	624	639	4093	4997	4335	4161
0.55	0.58	623	619	4338	4949	3887	3709

These tests have been used because of their less stringent assumptions about the underlying population. Bias was investigated with Fisher's Sign Test [8]. The null hypothesis (H_0) for these tests assumes zero "treatment" effected, i.e. both populations have the same median. Only two groups of measurements with a slight shift in location were discovered. These measurements and their statistical evaluation are shown in Tables 5 and 6. The absence of bias in all the other groups can be seen easily just by inspection using the basic principle underlying the sign test (i.e., differences larger or smaller than zero in the paired measurements should occur with the same frequency). This shows that the IWLM is as accurate as the α-spectroscopic method. To compare the precision of the two methods the group of measurements performed with the first final IWLM was selected. These measurements were performed under relatively constant "atmospheric" conditions and show, therefore, the precision of the methods used. The statistical test used was the Ansari-Bradley Test [8]. This test can be used if there is no shift in location (d = 0). The null hypothesis (H_0) for this test states that both populations have the same variance. The results of these tests for WL, RaA, RaB and RaC are shown in Tables 7, 8, 9 and 10. Since bias had been established for the RaC measurements the Ansari-Bradley procedure had to be modified. Subtracting the estimator of d (see Table 5) from all the IWLM measurements unbiased values result. The Ansari-Bradley procedure can then be applied. The results given in Tables 7, 8, 9 and 10 demonstrate clearly that the IWLM measurements are not more spread out than the measurements obtained with the α-spectroscopic method. On the contrary the α-spectroscopic measurements of WL and RaA show a slightly greater spread than the corresponding IWLM values. (Inspect the W^* values given in the Tables.) W^* larger than zero indicates that the α-spectroscopic measurements have a wider spread than the IWLM results. This is evident from the design of the W^* statistic (see reference 8). In summary, these tests show that the IWLM can achieve the same accuracy and precision as the α-spectroscopic method used in IWLMKAL. It should also be pointed out that this α-method is more precise than any other comparable method.

Because of the highly complex interdependence of the different parameters which characterise the IWLM measurements, the method of comparison described above seems to be the only way to establish the accuracy and precision of this instrument. In principle classical statistics (t-test- F-test) could be used, but nonparametric methods have to be preferred because of their mild assumptions regarding the populations from which the data are obtained.

Table 3

Measurements of the WL and N_A, N_B and N_C with IWLM-2. The IWLM values are compared with the values obtained with the α-spectroscopic method

IWL	α-WL	RaA (atoms/liter) IWLM	α-spectroscopic	RaB (atoms/liter) IWLM	α-spectroscopic	RaC (atoms/liter) IWLM	α-spectroscopic
2.25	2.18	2953	2989	21430	20394	11330	11157
2.42	2.38	3273	3293	23338	22568	11788	11923
2.44	2.44	3424	3448	22411	22609	12778	12549
3.26	3.42	4797	4874	29377	31618	17279	17573

Table 4

Measurements of the WL and N_A, N_B and N_C with IWLM-3. The IWLM values are compared with the values obtained with the α-spectroscopic method

IWL	α-WL	RaA (atoms/liter) IWLM	α-spectroscopic	RaB (atoms/liter) IWLM	α-spectroscopic	RaC (atoms/liter) IWLM	α-spectroscopic
3.51	3.37	4639	4751	32107	29800	19038	18783
2.48	2.48	3370	3415	21933	22121	13821	14055
3.03	2.98	4158	4227	28066	26662	15758	16246
3.84	3.95	4725	4701	34689	36910	21967	21662
3.95	4.12	4619	4615	32808	36441	25778	25081
3.18	2.88	4020	4209	34744	28763	11911	12434

Table 5

RaC (atoms/liter) measurements with IWLM-1 and
α-spectroscopic method compared with sign test

Measured:	RaC	
Method:	IWLM	α-spectroscopic
	4187	3997
	4178	4113
	4979	5107
	5826	5649
	5988	5603
	4111	4089
	4357	4292
	4446	4290
	5231	4989
	5079	5009
	4335	4161
	3887	3709

Lowest significance level of rejection of H_O: d < 0; 0.32%

Result: Bias present

Estimator for d: d_{est} = -165

(i.e., The IWLM will show RaC concentrations whose median is 165 atoms/liter larger)

RAPID DETERMINATION OF RADON DAUGHTER CONCENTRATIONS
AND WORKING LEVEL WITH THE INSTANT WORKING LEVEL METER

Table 6

RaA (atoms/liter) measurements with IWLM-2
and α-spectroscopic method compared with
sign test

Measured:	RaA	
Method:	IWLM	α-spectroscopic
	2953	2989
	3273	3293
	3424	3448
	4797	4874

Lowest significance level of rejection of H_o: d > 0; 6.25%

Result: Bias present

Estimator for d: d_{est} = 30

(i.e., the IWLM will measure RaA concentrations (atoms/liter) whose median is 30 (atoms/liter) lower than the median of the corresponding population measured by the α-spectroscopic method)

Table 7

WL measurements with IWLM-1 and α-spectroscopic method. Variances compared with Ansari-Bradley test

Data:	see Table 5.2
Statistic W^*	= 0.058
Result:	Variance is the same

Lowest significance level of rejection of H_o: 47%

Table 8

RaA (atoms/liter) measurements with IWLM-1
and a-spectroscopic method. Variances compared with
Ansari-Bradley test

Measured:	RaA
Method:	IWLM and a-spectroscopic
Data:	See Table 5.2
Statistic W^*	= 0.69
Result:	Variance is the same

Lowest significance level of rejection of H_o: 24.5%

Table 9

RaB (atoms/liter) measurements with IWLM-1
and a-spectroscopic method. Variances compared with
Ansari-Bradley test

Measured:	RaB
Method:	IWLM and a-spectroscopic
Data:	See Table 5.2
Statistic W^*	= -1.04
Result:	Variance is the same

Lowest significance level of rejection of H_o : 14.9%

Table 10

RaC (atoms/liter) measurements with IWLM-1
and α-spectroscopic method. Variances compared with
Ansari-Bradley test

Measured:	RaC
Method:	IWLM and α-spectroscopic
Data:	The original data are given in Table 5.2; the modified observations (d subtracted from IWLM values) are given below. d is taken from Table 5.5 ($|d|$ = 165)

IWLM	α-spectroscopic
4022	3997
4013	4113
4814	5107
5661	5649
5823	5603
3946	4089
4192	4292
4281	4290
5066	4989
4914	5009
4170	4161
3722	3709

Statistic W^* = -0.23

Result: Variance is the same

Lowest significance level of rejection of H_0: 40.9%

REFERENCES

[1] Tsivoglou, E.C.; Ayer, H.E.; Holaday, D.A. (1953). Nucleonics, 11, 40.

[2] Thomas, J. (1970). Health Physics, 19, 691.

[3] Martz, D.E. et al. (1969). Health Physics, 17, 131.

[4] James, A.C.; Strong, J.C. (1973). Proceedings of the 3rd International Congress of the IRPA, Washington, D.C., 932.

[5] Hill, A. This method takes two α-counts, the first 1 minute, the second 4 minutes after a 2-minute sample and assumes natural growth of the Rn-daughters. (Private communication).

[6] Groer, P.G.; Evans, R.D.; Gordon, D.A. (1973). Health Physics, 24, 387.

[7] Schroeder, G.L. (1971). U.S. Patent 3, 555, 278.

[8] Hollander, M.; Wolfe, D.A. (1973). Nonparametric statistical methods, 39-83 J. Wiley and Sons, New York.

DISCUSSION

H. SORANTIN (Austria): I was impressed by your automatic device, yet the quality of the results will depend mainly on the kind of filter. Only if you are sure to get all radon-bearing particles and also the aerosols can you then determine a representative working-level.

P.G. GROER: We have investigated the filter efficiency. Using Shapiro's method and α-spectroscopy the filter efficiency is greater than 99%. This ensures a representative measurement.

A.C. JAMES (United Kingdom): I would like to congratulate Dr. Groer on his splendid engineering feat, but would also like to suggest that he has indulged in technological overskill. Whilst RaB does make a major contribution to WL it is not necessary to measure the RaB activity itself. RaB activity is related within close limits to that of RaA and RaC by the nature of daughter growth. Thus, gross α-activity measured in two short time intervals without spectrometry can define perfectly adequately the RaA concentration, daughter equilibrium, i.e. the ratio RaC/RaA and WL. These parameters are sufficient to describe both ventilation conditions and radiological

RAPID DETERMINATION OF RADON DAUGHTER CONCENTRATIONS
AND WORKING LEVEL WITH THE INSTANT WORKING LEVEL METER

hazard in a mine. They can be measured in a total sampling and counting time of five minutes with high sensitivity, small systematic error and minimal calculation. A simple monitor working on these principles has been developed by NRPB (U.K.) and was reported at the 3rd IRPA Congress, Washington, 1973.

P.G. GROER: I have read your IRPA paper Dr. James and think that our disagreement is a result of different philosophies. I believe that we should measure the WL and the Rn-daughter concentrations without making any assumptions about the existing radioactive equilibrium. The equilibrium situations can furthermore not be predicted by any theoretical model for all possible situations. This implies that a correct analysis of a uranium mine atmosphere can only be performed by an instrument free of any assumptions concerning the radioactive daughter equilibrium. The IWLM just described is such an instrument. The same does not apply to your monitor because you assume a priori a functional relationship between RaA and RaB concentration. Measurements of total α-activity alone, at short times after the end sampling, are "blind" to the β-emitter RaB which is the major contribution to the WL in the majority of cases.

P. ZETTWOOG (France): Quelle est l'étendue du domaine de mesure de votre instrument? Comment les mesures à bas niveau sont-elles influencées par les radiations?

P.G. GROER: (1) The range is 0.01 - 100 WL or about 1 - 10000 pCi/l. of Rn-daughters in equilibrium.

(2) A γ-radiation field of 1 mR/h (^{226}Ra source) will cause a pseudo-WL of 0.09 for a two-minute counting period.

M. FOSTER: Are there any plans to produce the instant working-level meter commercially and what is the anticipated cost?

P.G. GROER: The IWLM was prepared under a United States Bureau of Mines contract. Interested manufacturers will have to apply for a license to manufacture this instrument commercially. I am quite certain that we will receive requests for licences. I could not guess what the cost would be if the IWLM would be produced commercially.

Technical and administrative radiation protection measures

Mesures techniques et administratives de radioprotection dans les exploitations d'uranium de Mounana

M. Quadjovie[*]

RAPPORT

Abstract - Résumé - Resumen - Резюме

Technical and administrative radiation protection measures in the Mounana uranium mines - Having briefly described the general conditions under which the Mounana uranium mines (south-eastern Gabon) operate, the author describes the radiation protection measures applied there. External exposure is checked with a badge-type dosimeter whose filter is replaced every month. The exposure data are recorded on cards which permit a check on annual levels, with four quarterly totals. If these show abnormal levels, the employer is immediately notified and an investigation is carried out on-the-spot. Internal exposure is checked by taking radon and dust samples at the underground work sites. On the basis of the data from each measurement and the duration of each work period, it is possible to calculate the dose absorbed during the period of work and to deduce from it a characteristic hourly dose for the work site. The various models of card used for recording the data are reproduced.

Mesures techniques et administratives de radioprotection dans les exploitations d'uranium de Mounana - Après avoir brossé brièvement le cadre général des exploitations d'uranium de Mounana (sud-est du Gabon), l'auteur décrit les mesures de radioprotection qui y sont appliquées. La surveillance des irradiations externes est pratiquée grâce au port d'un dosimètre de poitrine dont le filtre est renouvelé tous les mois. Les résultats sont relevés sur des fiches permettant un contrôle sur l'année en cours avec quatre cumuls trimestriels. En cas de résultats anormaux, l'employeur est immédiatement averti, et une enquête est menée sur place. En ce qui concerne les irradiations internes, le contrôle du radon et des poussières donne lieu à des prélèvements dans les chantiers souterrains. En fonction des résultats de chaque mesure et de la durée de chaque phase, on peut calculer la dose absorbée durant tout le poste et en déduire une dose horaire caractéristique du chantier. Les divers modèles de fiches utilisées pour la récapitulation des résultats sont présentés.

---

[*]Direction des mines, Libreville, Gabon.

Medidas técnicas y administrativas de protección contra las radiaciones en las explotaciones de uranio de Mounana - Después de esbozar someramente el carácter general de las explotaciones de uranio de Mounana (sudeste del Gabón), el autor describe las medidas de protección contra las radiaciones aplicadas en esas explotaciones. El control de las irradiaciones externas se realiza merced a un pequeño dosímetro que se lleva fijado en el pecho; el filtro de este dosímetro se renueva cada mes. Los resultados se inscriben en fichas que permiten un control durante todo el año con cuatro adiciones trimestrales. En caso de observarse resultados anormales, se avisa inmediatamente al empleador y se lleva a cabo una encuesta sobre el terreno. En lo que atañe a las irradiaciones internas, el control del radón y del polvo da lugar a tomas de muestras en las obras subterráneas. Con base en los resultados de cada medición y en la duración de cada fase, se puede calcular la dosis absorbida durante todo el turno de trabajo e inferir de ella una dosis característica horaria relativa a la obra en cuestión. Se presentan los diversos modelos de fichas utilizadas para la recapitulación de los resultados.

Технические и организационные меры по радиационной защите при добыче урана в Мунане - Нарисовав кратко общую картину добычи урана в Мунане (Юго-Восток Габона), автор описывает применяемые здесь меры по радиоактивной защите. Наблюдение за уровнем радиации на поверхности проводится с помощью нагрудного дозиметра, фильтр которого меняется каждый месяц. Результаты, регистрируемые на карточках, позволяют проводить контроль поквартально в течение года. В случае получения неблагоприятных результатов, немедленно уведомляется предприниматель, а на месте проводится обследование. Что касается радиации под землей, то проводятся контрольные измерения радона и пыли в забоях. В зависимости от результатов каждого измерения и длительности рабочей фазы, можно подсчитать дозу радиации, полученную за смену, и вывести часовую дозу облучения, характерную для забоя. Имеются различные образцы карточек, которые используются для регистрации полученных результатов.

Les exploitations de Mounana
===

Découvert en 1956 par des équipes de prospection du Commissariat à l'énergie atomique, le gisement de Mounana a donné lieu en 1958 à la fondation de la Compagnie des mines d'uranium de Franceville (COMUF).

Le gisement de Mounana
===

Situé le long d'une boutonnière de socle, le gisement de Mounana est constitué par des oxydes noirs en imprégnation dans des grès silicifiés du précambrien, compris entre deux failles importantes les séparant du socle à l'ouest et des argiles de couverture appelées pélites à l'est. C'est un amas puissant subvertical

MESURES TECHNIQUES ET ADMINISTRATIVES DE RADIOPROTECTION
DANS LES EXPLOITATIONS D'URANIUM DE MOUNANA

d'environ 150 m de longueur, 20 m de puissance et 120 m de profondeur. Ce gisement représente environ 6 000 t d'uranium métal dans un minerai à teneur moyenne voisine de 4,5 à 5 ‰..

Son exploitation a été menée en plusieurs phases. La partie supérieure qui affleurait jusqu'à une profondeur de 80 m a été prise en carrière jusqu'en juin 1968. Les conditions étant devenues prohibitives à cause de la profondeur atteinte, les travaux se sont poursuivis par puits et galeries à deux niveaux principaux : à la cote 340 et 240, la cote du jour étant 420.

La méthode employée est celle des chambres et piliers. Elle consiste à exploiter le gisement par tranches de 6 m de large perpendiculairement à l'allongement. Les chambres sont prises en montant, le minerai étant abattu par passées de 2 m de hauteur et en laissant de chaque côté un pilier de 6 m de large. Après enlèvement d'une passée, le chantier est remblayé hydrauliquement de la même hauteur avec des sables provenant de la laverie.

Les piliers sont exploités en rabattant par tranches descendantes de 2 m d'épaisseur après remblayage de la tranche supérieure déjà prise et dans laquelle on a préalablement placé un plancher en bois.

L'abattage s'effectue à la dynamite BAM tirée avec des amorces à retard. Les trous sont forés avec des marteaux perforateurs légers montés sur des supports pneumatiques, avec injection d'eau commandée par l'admission d'air. Le minerai abattu abondamment mouillé est évacué dans une cheminée à l'aide d'un scraper.

Les équipes d'abattage se composent de 5 ouvriers dans les chambres et 4 ouvriers pour les piliers. Elles effectuent les différentes opérations : perforation, préparation du tir, dégagement du minerai abattu et mise en place du boisage.

Le personnel employé au fond pour les différents postes était au total environ 270 personnes : 2 manoeuvres pour 1 spécialiste. Le rendement moyen est de 3,5 t par ouvrier au chantier et de 1,60 t pour l'ensemble du fond.

L'exploitation souterraine qui a débuté en 1966 s'est poursuivie jusqu'à la fin de l'année 1971 et fut depuis lors abandonnée. Actuellement un agrandissement de la carrière va permettre de l'approfondir d'une quarantaine de mètres pour récupérer ce qui reste du gisement. Cette phase de travail, entreprise mi-1972, doit s'achever fin 1974 début 1975.

La première carrière a fourni environ 590 000 t de minerai à une teneur de l'ordre de 5 ‰. La mine a permis l'extraction d'environ 980 000 t de minerai à une teneur de 4 ‰ et les travaux de reprise en carrière ont jusqu'alors permis d'extraire 140 000 t de minerai à une teneur supérieure à 5 ‰.

Le gisement d'Oklo

En mai 1968, un important indice est découvert immédiatement au sud de Mounana. Il conduit à la découverte du gisement d'Oklo mis en exploitation en carrière à partir de juin 1970.

Situé dans les mêmes grès précambriens que Mounana, le gisement d'Oklo est un gisement stratiforme. La couche de grès minéralisée située au mur des pélites a une puissance variable, entre 5 et 8 m. C'est un panneau monoclinal penté vers l'est et montrant dans sa partie nord un repli tectonique dû à une compression. L'extension de la zone minéralisée est d'environ 800 m ; sa largeur est très variable et atteint par endroit un maximum de 400 m. Ce gisement représente un tonnage d'uranium deux fois supérieur à celui de Mounana et contenu dans un minerai dont la teneur approche 4 ‰.

C'est dans la partie nord de ce gisement qu'a été découvert le réacteur fossile actuellement à l'étude. L'exploitation en carrière qui va se poursuivre jusqu'à une centaine de mètres de profondeur a jusqu'alors fourni environ 200 000 t de minerai à une teneur moyenne de 4,8 ‰. Elle sera prise en relais par une exploitation souterraine dont les travaux préparatoires vont commencer dans quelques mois.

Minéralisations et traitement chimique du minerai

Dans le gisement de Mounana, la minéralisation de la zone d'oxydation est constituée par des produits uranifères et vanadifères dont les deux principaux sont la francevillite et la vanuralite. Leur sont associés des uranophosphates hydratés et des vanadates. En profondeur, le minerai noir montre également une association uranium-vanadium avec pechblende, coffinite, montroséite et roscoolite.

Dans le gisement d'Oklo, deux types de minéralisations ont été mis en évidence. Il s'agit soit d'une dispersion de pechblende en éléments de l'ordre de 1/100 de millimètre dans les hydrocarbures polymérisés contenus dans le ciment des grès, soit d'uranite en

MESURES TECHNIQUES ET ADMINISTRATIVES DE RADIOPROTECTION DANS LES EXPLOITATIONS D'URANIUM DE MOUNANA

cristaux microscopiques dans une gangue chloriteuse. Dans la zone superficielle, où le lessivage est beaucoup plus important, le vanadium est en beaucoup plus faible quantité qu'à Mounana. Il existe cependant un cortège de minéraux jaunes comprenant la francevillite plombifère, la fourmariélite, la wolsendorfite et la rutherfordite.

Depuis mars 1961 l'usine de traitement du minerai est entrée en production.

Après une préparation par concassage et broyage, le minerai finement broyé est attaqué à l'acide sulfurique. L'uranium, le vanadium, le fer et le zirconium contenus dans le minerai sont solubilisés sous forme de sulfates. Le radium qui est l'élément radioactif du minerai est insoluble et reste dans le sable qui est rejeté ou sert à remblayer la mine.

Les sulfates solubles sont précipités sélectivement par modification du pH des solutions par magnésie. Les produits obtenus après filtrage et séchage sont l'uranate de magnésie contenant de 35 à 45 % d'uranium métal et le vanadate de magnésie.

La Compagnie des mines d'uranium de Franceville exploite ainsi 120 à 150 000 t de minerai par an, correspondant à une production de 400 à 600 t d'uranium métal par an.

Mesures techniques et administratives de radioprotection appliquées dans les exploitations d'uranium de Mounana

Jusqu'en janvier 1971 était appliquée dans les exploitations de Mounana la réglementation française de 1958, conforme aux recommandations de la Commission internationale de protection contre les radiations, et définie par l'instruction IG/HSM n° 143 du 20 juin 1958 qui a été approuvée par la Direction des mines du Gabon le 11 janvier 1966.

Depuis janvier 1971 est appliquée l'instruction ministérielle française de mars 1965 portant le n° DMH 119. En effet, la Compagnie des mines d'uranium de Franceville avait envoyé en 1970 un de ses agents faire le point de cette question au Commissariat à l'énergie atomique français. Il s'était alors avéré que sur toutes les exploitations du CEA l'instruction DMH 119 prévalait, et Mounana s'est alors aligné sur cette dernière.

Toutefois, il est à remarquer que les travaux miniers de Mounana ont pris fin durant cette même année et que les dispositions de 1958 et celles de 1965 ne diffèrent qu'en ce qui concerne le contrôle des irradiations internes et le calcul du cumul des doses. Elles étaient identiques en ce qui concerne les irradiations externes qui sont l'objet principal du contrôle à assurer en carrière. Actuellement encore, toutes les exploitations de Mounana sont à ciel ouvert.

Contrôle des irradiations dans les exploitations de Mounana

1. Irradiations externes

Tout le personnel appelé à être en contact avec le minerai ou toute autre source radioactive (dans l'usine ou à l'hôpital) est soumis obligatoirement au port d'un dosimètre de poitrine type PS1. Il s'agit d'un film scellé dans une enveloppe de polyvinyle étanche. Chaque dosimètre est numéroté. Il est personnel et est affecté au porteur pour un mois. Le mois échu, les films sont ramassés et expédiés pour développement en France au laboratoire de photométrie du CEA. Des films neufs sont commandés mensuellement en même temps que l'expédition des films usagés. Les résultats du développement de ces films sont expédiés régulièrement à la COMUF.

La fiche de résultat (fig. 1) comporte :

- le type d'étui
- le n° du dosimètre
- le nom du porteur
- l'adresse de l'employeur
- la dose d'irradiation en millirems

Des annotations attirant l'attention de l'employeur sont ajoutées par le laboratoire en cas de résultats anormaux. Une enquête est immédiatement menée sur place pour déterminer les causes de l'anomalie et prendre les mesures nécessaires. Ces démarches se doublent d'un contrôle médical à l'hôpital de Mounana.

Chaque employé porteur de film fait l'objet d'une fiche annuelle qui permet de suivre l'irradiation à laquelle il a été soumis. Les anciennes fiches (fig. 2) permettaient un cumul des résultats mensuels sur une période de 12 mois. Les nouvelles fiches (fig. 3) permettent un contrôle sur l'année en cours avec 4 cumuls trimestriels. Les cumuls trimestriels doivent être inférieurs à 3 000 mrem et le cumul annuel doit être inférieur à 5 000 mrem.

MESURES TECHNIQUES ET ADMINISTRATIVES DE RADIOPROTECTION DANS LES EXPLOITATIONS D"URANIUM DE MOUNANA

Pour prévenir tout dépassement de ces normes, les ouvriers qui les approchent sont déplacés sur d'autres chantiers moins irradiés ou coupés de tout contact avec les sources radioactives.

En dehors des heures de travail les films sont stockés dans des locaux, à l'abri de toute irradiation, où sont également disposés des films témoins.

Il est évident que ce type de contrôle implique que l'on puisse faire confiance au personnel, chaque employé étant responsable de son film. On constate encore quelques cas d'oubli ou de port fantaisiste du film. Parfois aussi ce dernier peut être égaré ou avoir été placé dans des conditions qui ne sont pas représentatives du milieu de travail. On est ainsi obligé de tenir compte de toutes ces anomalies au moment de la compilation des résultats et de faire des contrôles épisodiques sur le tas.

2. <u>Irradiations internes</u>

a) <u>le radon</u>

Il s'agit essentiellement d'un problème propre aux exploitations souterraines. Le contrôle du radon n'est donc plus systématique à Mounana mais il l'était jusqu'à la fermeture de la mine et le mode opératoire est le suivant :

<u>But et fréquence des prélèvements</u> - Chaque chantier est soumis à des contrôles systématiques à raison d'une série de prélèvements par semaine ou lors de modification d'aérage. Chacun des prélèvements d'une série correspond aux différentes phases de travail qu'accomplit un ouvrier durant son poste (foration-marinage-boisage-trajet d'accès). A chacune de ces phases correspond un certain temps calculé en heures, pendant lequel l'ouvrier inhale de l'air contenant le nombre de doses mesuré. Sur un poste de 8 h, il est possible de calculer la dose horaire inhalée, qui devient caractéristique du chantier pour la semaine. En parallèle sont tenues à jour les fiches de pointage de chaque employé avec les horaires relatifs à la fréquentation des différents chantiers. A l'aide de ces deux documents, on reporte après calcul sur une 3e fiche (fig. 5) la dose hebdomadaire. Ce résultat mensuel est ensuite reporté sur la fiche principale (fig.3) de chaque employé qui permet le cumul mensuel, trimestriel ou annuel des différents types d'irradiations.

Il est à noter que le radon inhalé puis exhalé n'est pas dangereux par lui-même mais surtout par ses descendants radium A, B, C, D qui peuvent se déposer dans les poumons. C'est pour cette raison que l'on affecte un coefficient de 0,5 aux doses mesurées dans les chantiers pour obtenir les doses inhalées. Cependant, jusqu'en 1971 à Mounana, il a toujours été considéré que le radon était en équilibre avec ses descendants et ce coefficient n'a jamais été appliqué. Cela permet de se maintenir avec certitude au-dessous des doses maximales admissibles.

<u>Principe de la mesure et calcul des doses</u> - Les prélèvements sont effectués à l'aide de flacons cylindroconiques de 125 cm^3 enduits intérieurement d'une couche scintillante de sulfure de zinc activé à l'argent. Un vide préalable est réalisé à travers le bouchon de caoutchouc à l'aide d'une aiguille hypodermique reliée à une pompe à vide. Dans le chantier choisi et durant la phase de travail choisie le prélèvement est effectué par aspiration de l'air par une autre aiguille hypodermique solidaire d'un filtre pour éviter l'entrée des poussières. Le flacon est numéroté en fonction des caractéristiques du prélèvement. La mesure est effectuée 3 h après le prélèvement. Elle consiste à poser le flacon sur la photocathode d'un photomultiplicateur placé dans une boîte étanche à la lumière et solidaire d'un ensemble de comptage qui permet de compter les particules provenant du radon et de ses descendants en équilibre, et ce pendant une minute. Les résultats de la mesure sont consignés dans des cahiers où figurent également les observations de l'opérateur sur la qualité de l'aérage. Ce mode opératoire permet un rendement de 60 % lors du comptage.

Les formules suivantes donnent les équivalents (en α/min) des CMA (concentrations maximales admissibles) définies par les réglementations successivement appliquées :

En 1958, la concentration maximale admissible était $2 \cdot 10^{-10}$ Ci/l.

Un curie étant égal à 3 fois $3,7 \cdot 10^{-10}$ désintégrations par seconde, et en tenant compte du rendement de l'opération de comptage qui est de 60 %, la formule de la concentration maximale admissible devient :

$$2 \cdot 10^{-10} \times 3 \times 3,7 \cdot 10^{10} \text{ α/s} \times \frac{60}{100} \text{ soit } 13,3 \text{ α/s/l.}$$

La mesure étant faite pendant 1 min et dans un flacon de 125 cm^3 la correspondance devient $\frac{13,3}{8} \times 60$ soit environ 100 α/min.

MESURES TECHNIQUES ET ADMINISTRATIVE DE RADIOPROTECTION
DANS LES EXPLOITATIONS D'URANIUM DE MOUNANA

Il suffira donc de diviser par 100 le résultat de comptage pour obtenir l'équivalent en dose.

En 1965, la concentration maximale admissible est devenue :

$$3 \cdot 10^{-10} \text{ Ci/l} \quad \text{soit} \quad 3 \cdot 10^{-10} \times 3 \times 3,7 \cdot 10^{10} \text{ a/s} \times \frac{60}{100}$$

ce qui donne 19,98 a/s/l et une correspondance pour les mesures de $\frac{19,98}{8} \times 60 = 150$ a/min.

De la même façon que précédemment, on obtient l'équivalent en dose en divisant le résultat du comptage par 150.

b) les poussières

De même que pour le radon les prélèvements de poussières sont uniquement effectués dans les chantiers souterrains. Il ne sont plus exécutés à Mounana mais l'ont été jusqu'à la fermeture de la mine.

Le contrôle de l'empoussiérage par chantier est mensuel. Comme pour le radon des mesures sont faites durant un poste et pour chaque phase de travail.

En fonction des résultats de chaque mesure et de la durée de chaque phase on peut ainsi calculer la dose inhalée durant tout le poste et se ramener ensuite à une dose horaire caractéristique du chantier (fig. 4).

Mensuellement chaque chantier se trouve donc affecté d'une dose horaire. Connaissant par les fiches de pointage le temps passé par chaque employé sur chaque chantier il est ainsi possible de calculer la dose qu'il a inhalée. Ce résultat est reporté sur la fiche annuelle (deuxième colonne à droite) sur laquelle sont déjà portées les doses hebdomadaires puis mensuelles du radon.

Jusqu'en 1971, le chiffre ainsi obtenu était reporté sur la fiche qui permettait le cumul sur les 12 derniers mois (fig. 2). Depuis 1971, les nouvelles fiches permettent chaque année un cumul trimestriel puis annuel des DPC (dose poste cumulable) (fig. 3).

Principe de la mesure et calcul des doses - Les prélèvements consistent à faire passer une certaine quantité d'air (5 m^3 environ) à travers un filtre à très grand rendement sur lequel se fixent les poussières. Ce filtre est constitué de papier Schneider rose.

La radioactivité de ces poussières est mesurée par scintillation. Après prélèvement le filtre est en effet déposé sur une plaque transparente (plexiglas ou rhodoïd) recouverte de sulfure de zinc activé à l'argent. L'ensemble est placé pour la mesure dans le même appareillage que celui qui est utilisé pour le radon et composé d'un photomultiplicateur relié à un ensemble de comptage. La géométrie du dispositif fait que le rendement de la mesure n'est que de 50 %.

A Mounana l'appareillage utilisé pour le prélèvement est une trompe à air sur laquelle est placé le filtre. La durée de la prise est de 20 min et le volume d'air aspiré est de 5 m^3. Le comptage se fait 3 jours après le prélèvement.

Les formules suivantes donnent les équivalents en α/min des CMA définies par les réglementations successivement appliquées :

En 1958, la concentration maximale admissible était prise égale à :

$$16 \cdot 10^{-15} \text{ Ci/l} \quad \text{soit} \quad 16 \cdot 10^{-15} \times 3,7 \cdot 10^{10} \text{ α/s/l}$$

ou encore :

$$16 \cdot 10^{-15} \times 3,7 \cdot 10^{10} \times 6 \cdot 10^{4} \text{ α/min/}m^3$$

en tenant compte du rendement de l'appareillage de mesure et du fait que le comptage est effectué sur un prélèvement de 5 m^3, notre formule devient :

$$16 \cdot 10^{-15} \times 3,7 \cdot 10^{10} \times 6 \cdot 10^{4} \times \frac{50}{100} \times 5$$

ce qui donne 90 α/min.

On obtient donc l'équivalent en dose en divisant le résultat du comptage par 90.

En 1965, la concentration maximale admissible est donnée par la formule suivante :

$$35 \cdot 10^{-15} \text{ Ci/l}$$

ou encore

$$35 \cdot 10^{-15} \times 3,7 \cdot 10^{10} \times 6 \cdot 10^{4} \text{ α/min/}m^3$$

ce qui donne pour un prélèvement de 5 m^3 et un rendement de comptage de 50 % une correspondance de

$$35 \cdot 10^{-15} \times 3,7 \cdot 10^{10} \times 6 \cdot 10^{4} \times \frac{5}{100} \times 5 = 195 \text{ α/min.}$$

MESURES TECHNIQUES ET ADMINISTRATIVES DE RADIOPROTECTION
DANS LES EXPLOITATIONS D'URANIUM DE MOUNANA

Il suffit donc de diviser par 195 le résultat du comptage pour obtenir l'équivalent en dose.

La fiche principale

Comme il a été dit dans l'exposé des divers contrôles chaque employé est titulaire d'une fiche récapitulative des différents risques courus par lui pendant l'année. Les modèles diffèrent pour les périodes antérieures et postérieures au 1er janvier 1971.

<u>Avant janvier 1971</u> (fig. 2) - Chaque catégorie de risque radon-poussière-film comporte 3 colonnes dans lesquelles figurent les résultats mensuels. La première colonne concerne l'année précédente, la deuxième l'année en cours et la troisième le cumul des douze derniers mois. Une dose annuelle est ensuite calculée pour chaque type de risque.

<u>Après janvier 1971</u> (fig. 3) - Elle ne tient plus compte des douze derniers mois mais comporte, pour les irradiations externes, deux colonnes; celle de gauche donne le résultat mensuel en millirems et celle de droite l'équivalent en DPC (dose poste cumulable) en multipliant par 0,02 le chiffre de la première colonne. Ce coefficient est déduit de la valeur de la DPC qui est de 51 mrem compte tenu de la quantité maximale admissible pour un trimestre de 78 postes.

Les deux colonnes suivantes concernent les DPC radon et poussière.

La transformation des irradiations externes en DPC permet l'addition des trois risques et de suivre mensuellement d'abord, puis trimestriellement ensuite le cumul des DPC. Ce dernier chiffre ne doit pas dépasser 78 (nombre de postes du trimestre). Par voie de conséquence il n'est pas souhaitable que le cumul mensuel dépasse 26. Le cumul trimestriel des irradiations externes en millirems ne doit pas dépasser 3 000 mrem.

En fin d'année, trois cumuls sont effectués par addition des valeurs trimestrielles. Ils portent sur :

- les irradiations externes qui ne doivent pas dépasser
  5 000 mrem
- les DPC de radon et de poussière.

Enfin, en bas de la fiche, on peut calculer le total des doses moyennes annuelles qui doit rester inférieur à 1.

Exploitation des résultats - Mesures de protection

Ce système de contrôle permet de suivre d'une part les risques présents sur chaque chantier et d'autre part les risques courus par les employés travaillant successivement sur différents chantiers. Certaines mesures peuvent donc être prises tant en ce qui concerne l'employé que son chantier de travail.

a) Mesures concernant les employés

S'il arrive qu'un employé présente un cumul de dose tel que l'on peut craindre qu'il atteigne le maximum admissible, il est immédiatement changé de chantier et placé dans des conditions de travail nouvelles telles que l'on soit certain qu'il reste en dessous du maximum. A ce genre de mesure est associé un contrôle médical systématique exécuté par le médecin du travail. Chaque semestre, le personnel est soumis à un examen médical. Cet examen semestriel comprend :

- un examen chimique complet;
- une radiographie pulmonaire;
- un examen hématologique (formule et numération);
- un examen de selles.

Malgré la difficulté d'interprétation des examens hématologiques (parasitoses fréquentes en zone tropicale), tout individu présentant une formule sanguine inférieure à 4.10^6 globules rouges et 4 500 globules blancs est mis en observation. Les résultats sont fichés.

Cette organisation est en place depuis l'ouverture des travaux miniers en 1960 et il n'y a eu aucun cas de maladie due aux rayonnements ionisants.

Sont soumis à ce contrôle médical systématique les employés exposés aux différentes formes d'irradiation. Ce sont :

- les mineurs;
- les employés à l'enfûtage et à la manipulation de la magnésie;
- les ouvriers du concasseur.

b) Mesures concernant les chantiers

Les deux risques sur lesquels on peut agir directement sont le radon et les poussières.

MESURES TECHNIQUES ET ADMINISTRATIVES DE RADIOPROTECTION DANS LES EXPLOITATIONS D'URANIUM DE MOUNANA

<u>En ce qui concerne le radon</u>, la concentration maximale admissible est de $3 \cdot 10^{-10}$ Ci par litre d'air. Le chantier est immédiatement fermé si la concentration en radon y est supérieure à $100 \cdot 10^{-10}$ Ci/l.

Pour lutter contre le radon on peut en limiter les sources de dégagement en se plaçant autant que faire se peut en dehors des zones minéralisées pour tout chantier qui n'est pas directement productif. C'est ainsi que les travaux miniers projetés sur Oklo prévoient une descenderie d'accès à tous les chantiers entièrement tracée au stérile.

On peut également isoler par des barrages étanches tous les chantiers pollués dont l'utilisation n'est pas permanente. Cela est particulièrement valable pour les vieux travaux dans lesquels la concentration en radon peut être importante.

Les eaux issues des terrains minéralisés libèrent facilement le radon dissous qu'elles contiennent. Il convient donc de les canaliser de manière à assurer leur évacuation rapide vers la station d'exhaure.

Enfin, de manière à diluer le plus possible le radon qui subsiste malgré les mesures ci-dessus, il faut un aérage constant et suffisant, susceptible d'être accru en cas de besoin pour maintenir les concentrations en dessous de la limite maximale admissible. Pour ce faire, on peut à la fois jouer sur la puissance de l'appareillage de ventilation et sur la section des ouvrages d'aérage. Le futur circuit d'aérage d'Oklo a été calculé en tenant compte de ces différents facteurs.

<u>Pour lutter contre les poussières</u>, on utilise les moyens classiques de foration à l'eau, d'arrosage du minerai abattu et de ventilation. Ce problème ne s'est jamais posé avec acuité dans la mine de Mounana où les poussières, absentes pendant la foration à l'eau, n'existent que temporairement après le tir. Par contre, l'enfûtage de l'uranium est un poste où l'employé est exposé aux poussières. Il travaille en cagoule ou avec un masque. Une ventilation puissante entraîne toute poussière. Aucune maladie n'a été signalée à ce poste; la concentration maximale admissible est dans ce domaine de $35 \cdot 10^{-15}$ Ci par litre d'air, et les chantiers présentant plus de $100 \cdot 10^{-15}$ Ci/l sont immédiatement arrêtés.

Pour les irradiations externes, qui sont fonction de la teneur du minerai, la limite maximale admissible est de 2,5 mR/h. Cette dose correspond à un minerai d'une teneur de 0,5 %. Au delà, le problème du contrôle se pose et l'irradiation doit être contrôlée par le port obligatoire du film ou du stylo électromètre. Si l'intensité d'irradiation dépasse 75 mR/h, le chantier doit être fermé aux conditions de travail normal et des mesures de protection spéciales doivent être appliquées avant la reprise.

c) Rapports mensuels

Lorsque l'exploitation comporte des chantiers souterrains, chaque mois est établi un rapport sur les risques radioactifs. Dans ce rapport apparaît un état récapitulatif de la quantité moyenne d'irradiation et des doses moyennes de radon et de poussières pour l'ensemble de la mine ainsi que les moyennes, les maxima et minima des doses reçues ou inhalées par le personnel pour chaque type de risque et pour le cumul des trois risques. Tous les chantiers et tout le personnel sont ainsi passés mensuellement en revue.

**MESURES TECHNIQUES ET ADMINISTRATIVES DE RADIOPROTECTION
DANS LES EXPLOITATIONS D'URANIUM DE MOUNANA**

Figure 1

COMUF

NOM - - - - - - - - - -
Prénom - - - - - - - -
- - - - - - - - - - - -

MOIS	RADON			POUSSIERS			FILMS		
	DOSE DU MOIS	DOSE DU MOIS	CUMUL DES 12 DERNIERS MOIS	DOSE DU MOIS	DOSE DU MOIS	CUMUL DES 12 DERNIER MOIS	DOSE DU MOIS	DOSE DU MOIS	CUMUL DES 12 DERNIER MOIS
JANVIER									
FEVRIER									
MARS									
AVRIL									
MAI									
JUIN									
JUILLET									
AOUT									
SEPTEMBRE									
OCTOBRE									
NOVEMBRE									
DECEMBRE									
			a			b			c

DOSES MOYENNES ANNUELLES

- RADON $\frac{a}{12}$
- POUSSIERS $\frac{b}{12}$
- FILMS $\frac{c}{5.000}$

TOTAL .. ☐

Figure 2

MESURES TECHNIQUES ET ADMINISTRATIVES DE RADIOPROTECTION
DANS LES EXPLOITATIONS D'URANIUM DE MOUNANA

Figure 3

CALCUL DES DOSES Rn, ou P

Semaine du : ____________________

ou Mois de : ____________________

Chantier — $\frac{D \times T}{8}$

	Foration	Marinage	Boisage	Trajet		Dose Chantier Dc	Dose Inhalée $\frac{Dc}{2}$
T	2	2	2	1			
D							
T						=	

Chantier — $\frac{D \times T}{8}$

						Dose Chantier	Dose Inhalée
T	2	2	2	1			
D							
T						=	

Chantier — $\frac{D \times T}{8}$

						Dose Chantier	Dose Inhalée
T	2	2	2	1			
D							
T						=	

Chantier — $\frac{D \times T}{8}$

						Dose Chantier	Dose Inhalée
T	2	2	2	1			
D							
T						=	

Chantier — $\frac{D \times T}{8}$

						Dose Chantier	Dose Inhalée
T	2	2	2	1			
D							
T						=	

Chantier — $\frac{D \times T}{8}$

						Dose Chantier	Dose Inhalée
T	2	2	2	1			
D							
T						=	

DOSE MOYENNE DES CHANTIERS = ________ ________

Figure 4

MESURES TECHNIQUES ET ADMINISTRATIVES DE RADIOPROTECTION
DANS LES EXPLOITATIONS D'URANIUM DE MOUNANA

Figure 5

DISCUSSION

M. RAGHAVAYYA (India): I would like to congratulate Dr. Quadjovie on his excellent and detailed paper. I will be obliged if he could give further information on the following:

1) What is the level of external exposure in the uranium mines in Gabon?

2) Has he used thermoluminescent dosimeters to evaluate the dose to the workers? If so has any relationship been established between the doses recorded by film badges and TLD's?

3) What is the dust load in the mines (expressed in mg/m^3)?

4) Is any correction applied for self-absorption of α-particles in the dust deposited on the filter paper, while measuring concentrations of long-lived α-activity in mine air?

M. QUADJOVIE : 1) La mine souterraine est fermée depuis 1971. En 1970, l'irradiation moyenne avait été de 2 839 mR. Le maximum relevé était de 5 110 mR. Depuis 1971 nous travaillons uniquement en carrière et l'irradiation moyenne a été en 1972 de 526 mR, avec un maximum de 1 395 R, et en 1973 de 1 392 mR en moyenne, pour un maximum de 3 240 mR.

2) Nous n'avons pas utilisé de dosimètres thermoluminescents et ne pouvons donc pas faire de comparaison.

3) Le problème des poussières ne se pose actuellement plus car il n'y a plus d'exploitation souterraine. De toute façon, la mine était extrêmement humide et la foration se faisait avec injection d'eau. Il n'y a jamais eu de dégagement important de poussières. Nous ne disposons pas sur place des résultats précis de ces mesures. Même au niveau du concassage, le dégagement de poussières est pratiquement nul car le minerai est saturé d'humidité.

4) Nous n'appliquons aucune correction particulière pour l'auto-absorption.

P. ZETTWOOG (France) : Quelles sont les teneurs moyennes en uranium du minerai exploité en carrière et quel est l'ordre de grandeur des irradiations externes que vous avez observées ?

M. QUADJOVIE : La teneur moyenne en uranium des minerais exploités en carrière est de l'ordre de 4 à 5 ‰. Elle peut

MESURES TECHNIQUES ET ADMINISTRATIVES DE RADIOPROTECTION
DANS LES EXPLOITATIONS D'URANIUM DE MOUNANA

localement atteindre 1 % et être très importante sur le réacteur nucléaire d'Okla (40 à 50 % par endroits). Les relevés mensuels de dosimètres font apparaître des doses de l'ordre de 200 mR pour un travail normal en carrière, de 500 mR environ pour des ouvriers travaillant sur le "réacteur nucléaire".

L'allocation des ressources de radioprotection dans les mines d'uranium (méthodologie)

F. Fagnani, J. Pradel, P. Maitre,
J. Mattei, P. Zettwoog[*]

Abstract - Résumé - Resumen - Резюме

Allocation of resources for protection against radiation in uranium mines (methods) - In organising protection against radiation in a uranium mine, choices have to be made concerning the way in which resources are to be allotted among the various possible ways whereby a certain level of safety may be obtained. Hitherto, decisions have been taken in accordance with empirical rules, or with incomplete technical investigations. The authors suggest that a model be designed embodying the economic as well as the technical aspects of the problem, in order to answer the following question: assuming a certain amount of money is allotted to protection programmes, what combination of precautions will ensure that a miner's exposure to radiation hazards is reduced to a minimum? The authors describe such a model, which is now being devised. They justify certain choices made and physical and chemical assumptions adopted with a view to being able, at any point, to determine the over-all α -energy. Lastly, they describe the problems of definition and the way in which financial and economic costs can be computed, and outline the general methodological approach.

L'allocation des ressources de radioprotection dans les mines d'uranium (méthodologie) - L'organisation de la radioprotection dans les mines d'uranium opère un ensemble de choix concernant l'allocation de ressources entre les différents moyens possibles pour obtenir un certain niveau de sécurité. Jusqu'à présent, ces choix se sont fondés soit sur des règles empiriques soit sur des études techniques partielles. Il est suggéré que les aspects non seulement techniques mais aussi économiques soient intégrés dans un modèle de simulation qui ait pour objectif de répondre à la question suivante : pour un certain niveau du budget affecté aux programmes de protection, quelle est la combinaison des moyens de protection qui rend minimale l'exposition des mineurs aux risques radiologiques ? Les différentes caractéristiques d'un tel modèle

---

[*]Département de protection, Commissariat à l'énergie atomique, Fontenay-aux-Roses (France).

qui est actuellement en cours de réalisation sont exposées, en particulier la justification d'un certain nombre d'options méthodologiques et d'hypothèses physiques et chimiques aboutissant à la définition en chaque point de l'énergie α totale. Enfin, les problèmes de définition et de calcul des coûts financiers et économiques sont décrits ainsi que l'approche méthodologique générale.

Asignación de recursos para la radioprotección en las minas de uranio (metodología) - La organización de la radioprotección en las minas de uranio se efectúa según un conjunto de opciones relativas a la asignación de recursos entre los diferentes medios posibles para obtener cierto nivel de seguridad. Hasta ahora estas opciones se han fundado sea en reglas empíricas sea en estudios técnicos parciales. Se sugiere que los aspectos no sólo técnicos, sino también económicos se integren en un modelo de simulación que tenga por objetivo responder a la pregunta siguiente: para cierto nivel de recursos presupuestarios asignados a los programas de protección cuál es la combinación de los medios de protección que reduce a un mínimo la exposición de los mineros a los riesgos radiológicos? Se exponen las diferentes características de ese modelo, actualmente en preparación, en particular la justificación de cierto número de opciones metodológicas y de hipótesis físicas y químicas que hagan posible la definición en cada punto de la energía α total. Por último se describen los problemas de definición y de cálculo de los costos financieros y económicos, así como el enfoque metodológico general.

Ассигнование средств на защиту от воздействия радиации в урановых шахтах (методология) - Организация мер по защите от радиации на урановых шахтах состоит в том, чтобы сделать выбор в отношении распределения ресурсов для различных возможных средств в целях достижения определенного уровня безопасности. До настоящего времени такой выбор определялся либо опытным путем, либо путем отдельных технических исследований. Предлагается включить в имитационную модель не только технические, но и экономические аспекты для получения ответа на следующий вопрос: каковым является сочетание средств защиты, при которой шахтеры минимально подвергаются опасности радиоактивного облучения, для определенной части бюджета, предназначенной для осуществления программ по защите от радиации? Известны различные характеристики такой создаваемой сейчас модели, включая, в частности, обоснование ряда методологий физических и химических гипотез, дающих возможность определить на каждом этапе общее количество энергии альфа-частиц. Изложены также проблемы определения и подсчета финансовых и экономических затрат и общий методологический подход к решению проблемы.

Introduction

Cet exposé donne un résumé des principes généraux qui servent de guide à l'élaboration d'un modèle d'allocation de ressources relatives à la protection nucléaire dans les mines d'uranium.

L'ALLOCATION DES RESSOURCES DE RADIOPROTECTION DANS LES MINES D'URANIUM (METHODOLOGIE)

Ce modèle est actuellement en cours de réalisation au Département de protection du Commissariat à l'énergie atomique, au Centre d'études nucléaires de Fontenay-aux-Roses (France). Une telle approche à l'étude de l'organisation de la sécurité nucléaire en milieu industriel peut être replacée dans le contexte général des recommandations adoptées par le Comité 4 de la Commission internationale de protection radiologique en avril 1973 et publiées dans le rapport n° 22. En effet, l'étude dont il est rendu compte ici se propose explicitement de fournir des éléments d'informations sur les choix en matière d'organisation de la protection qui aillent au-delà du simple recours à la notion de norme (doses maximales admissibles) et qui incluent les aspects économiques et sociaux. Toutefois, il n'est pas tenté ici, au moins dans un premier temps, de quantifier les conséquences sociales des maladies et accidents professionnels résultant des activités d'extraction du minerai d'uranium. On se limite à la prise en considération des facteurs de risques individuels auxquels sont exposés les travailleurs, et l'on se demande comment, dans le cadre d'un certain budget (indéterminé) on peut définir une organisation de la protection qui rende minimale l'exposition individuelle aux risques. On se trouve donc dans le cadre de ce qu'on convient généralement d'appeler les études de type coût-efficacité par opposition aux études coût-avantages [2]. Ce choix méthodologique initial sera justifié par la suite.

Il faut insister sur le fait que la définition du problème telle qu'on l'a énoncée ci-dessus est relativement restrictive, et qu'on ne saurait attendre d'une telle étude qu'elle procure des réponses à tous les problèmes décisionnels possibles que pourraient se poser les services de protection radiologique. En particulier, la question reste ouverte de déterminer le niveau optimal du budget global de protection lui-même - détermination qui nécessiterait, si l'on devait l'envisager, une prise en considération de la protection dans les autres activités nucléaires et même des risques acceptés dans d'autres secteurs industriels.

Dans la suite de cette présentation, les étapes successives de l'analyse du problème seront décrites. Partant de la décomposition des différents types de risques et de leur interdépendance, on abordera ensuite de façon générale le problème du radon et les principes de la modélisation des aspects physiques et économiques pertinents.

Délimitation du problème

Dans la décomposition logique des différents facteurs qui interviennent dans l'exposition des mineurs aux risques, trois catégories de phénomènes doivent être prises en considération (fig. 1) :
- a) la concentration en produits de filiation du radon dans l'air inhalé;
- b) la concentration en poussières du minerai;
- c) le débit d'irradiation externe.

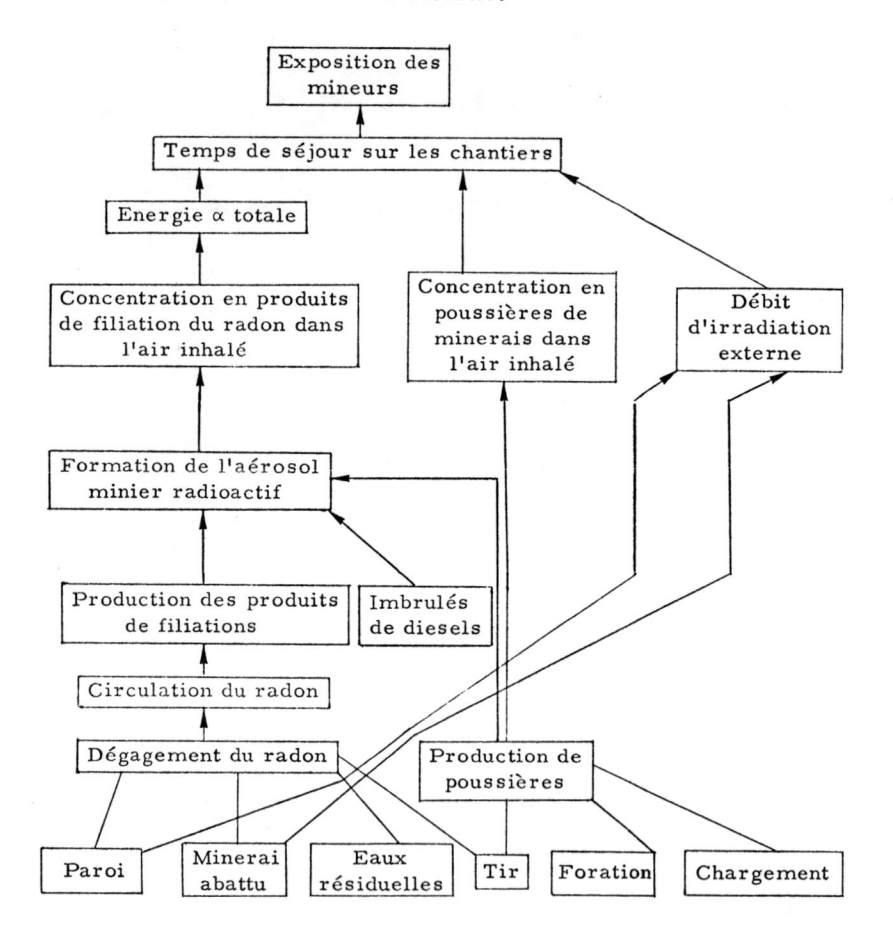

Figure 1
Eléments qui interviennent dans la définition de
l'exposition individuelle aux risques

L'ALLOCATION DES RESSOURCES DE RADIOPROTECTION
DANS LES MINES D'URANIUM (METHODOLOGIE)

L'exposition individuelle des mineurs s'obtient par un cumul de ces différentes sources de contamination ou d'irradiation pondérées par les temps de séjour correspondants.

Un examen rapide des déterminants de ces différents types de risques et de leur importance respective aboutit cependant aux conclusions suivantes :

- Si l'on examine les résultats des mesures effectuées en routine, dans les mines françaises, on trouve que l'exposition au risque, au niveau du poumon, est liée de façon prépondérante au problème du radon et de ses produits de filiation [4].

- Le problème des poussières semble actuellement relativement bien maîtrisé dans les mines françaises et il paraît difficile de faire des progrès importants par rapport à la situation présente. La foration à l'eau, l'arrosage du minerai abattu sont réalisés systématiquement, le choix actuel de l'intervalle tir-retour (une demi-heure) paraît satisfaisant [5]. Des mesures de protection individuelle du personnel ou du poste mécanisé semblent par ailleurs inapplicables en l'état actuel.

- En ce qui concerne l'irradiation externe, elle ne semble pouvoir faire l'objet de mesures de prévention qu'au niveau de la conception générale de la mine.

En définitive, c'est la question du dégagement du radon et de la production de ses produits de filiation qui semble constituer le problème où des choix fondamentaux restent à faire. Celui-ci semble prioritaire à envisager du fait de son importante contribution aux risques d'une part, et d'autre part dans la mesure où il peut faire l'objet d'un ensemble assez important de mesures de protection alternatives.

Ces considérations justifient le choix de traiter de façon privilégiée cette question et de négliger au moins dans un premier temps les autres types de risques.

Justification de la modélisation

Les problèmes de décisions, en matière de protection radiologique dans les mines, peuvent être considérés à deux niveaux.

D'une part, on trouve des problèmes généraux de conception qui se posent dès le début de l'exploitation et qui, lorsque les choix ont été opérés, engagent tout l'avenir de la mine. On peut placer, dans cette première catégorie, certains choix de type technique qui ont un retentissement direct sur la protection, comme ceux qui sont liés aux méthodes d'approche du minerai et à la localisation des puits. D'autres sont directement du ressort de la protection comme celui de la conception générale de la ventilation. Faut-il ou non placer la mine en dépression ou en surpression, par exemple ? Devant ce type de problème, on peut tenter de répondre une fois pour toutes au moyen d'études qui, compte tenu des paramètres généraux de l'exploitation minière, estimeraient les avantages et les inconvénients résultant des choix.

Mais d'autres types de choix apparaissent au fur et à mesure de l'exploitation. Comment déterminer au mieux les flux d'aérage, faut-il ou non obturer des zones abandonnées, etc. ? Il s'agit en l'occurrence chaque fois de cas d'espèce à propos desquels il ne saurait y avoir de réponse générale. Envisager une étude en vue d'améliorer ce type de choix nécessite de recourir à une approche tout à fait différente de la précédente. En effet, il faudrait à la limite concevoir des études à réaliser dans chaque cas, ce qui serait évidemment impossible. L'hypothèse fondamentale qui est sous-jacente à l'approche proposée ici est donc qu'il est justifié de concevoir un modèle général des phénomènes physiques qui aboutissent à déterminer l'exposition aux risques des mineurs - modèle général qu'il convient d'adapter ensuite à chaque situation particulière en vue de résoudre ou du moins de rationaliser les choix de protection. Dans un premier temps, ce modèle est censé rendre compte du mécanisme de production de l'énergie α totale, à chaque point à partir de la mise en relation de l'ensemble des variables pertinentes descriptives de la mine. Une telle modélisation, dans sa généralité, peut donc à la fois traiter des problèmes de conception tels que ceux qu'on a évoqués plus haut ainsi que des problèmes de choix "différentiels" posés en cours d'exploitation, dans une mine existante. Enfin, cette modélisation se justifie par la situation particulière que pose un milieu

L'ALLOCATION DES RESSOURCES DE RADIOPROTECTION
DANS LES MINES D'URANIUM (METHODOLOGIE)

de travail tel qu'une mine et permet d'éclairer la démarche empirique classique des services de protection, par une prise en compte globale des phénomènes d'exposition au risque.

Un milieu de travail en évolution constante

La protection radiologique dans les mines d'uranium présente une certaine spécificité par rapport aux autres activités industrielles où elle intervient. En effet, une mine présente la particularité d'être constituée par un ensemble de postes de travail en constante évolution. Depuis sa mise en oeuvre jusqu'à sa fermeture, une mine se transforme, s'aménage, traverse et véhicule des matériaux différents. On ne peut concevoir un plan de protection définitif. Il y a bien sûr des options fondamentales qui déterminent au départ un ensemble de contraintes : nature du terrain, conception du mode d'extraction, dans une certaine mesure choix d'une ventilation en dépression ou en surpression, par exemple. Mais, ensuite, ce sont des principes généraux qui doivent être établis permettant en fonction des circonstances de s'adapter aux conditions nouvelles qui apparaissent.

La démarche empirique classique

L'organisation de la protection est opérée actuellement de façon relativement empirique. Un ensemble systématique de mesures portant sur le radon, l'irradiation externe et les poussières sont opérés périodiquement en différents lieux des mines. De façon très schématique, on peut dire que les choix en matière de protection constituent en quelque sorte des réponses au coup par coup, en vue de maintenir au-dessous des normes, l'exposition aux risques individuels, estimée à partir des mesures effectuées. Un ensemble d'études techniques particulières, par exemple les calculs portant sur le débit d'aérage, permettent de préciser certains choix partiels. Où mettre les ventilateurs pour avoir un débit d'aérage suffisant ? Quel doit être l'intervalle tir-retour pour obtenir une bonne élimination des poussières ? etc. Cette information technique générale précise et complète l'expérience accumulée, et aboutit, en liaison avec un système d'observation permanente, à déterminer un certain niveau de protection.

Deux questions peuvent être posées toutefois à ce sujet. Est-il possible d'obtenir le même niveau de protection pour un coût inférieur à celui qui est engagé par la méthode traditionnelle ? Ou, de façon corrélative : avec un même budget de protection, n'est-il pas possible de faire mieux, c'est-à-dire d'obtenir une exposition aux risques inférieure en mettant en oeuvre des combinaisons différentes de moyens de protection ?

    C'est ce type de questions que l'on va tenter de résoudre par le moyen de la modélisation. Celle-ci doit être envisagée sur deux plans différents.

    D'une part, il s'agit de rendre compte des différents phénomènes classiques, chimiques, physiques, mécaniques qui se produisent au sein de la mine et qui aboutissent à la détermination du risque. On parlera alors d'un modèle dit "physique". Mais d'autre part il s'agit d'inclure cette première représentation dans un ensemble plus complet permettant de comparer les performances et les coûts des différentes actions de protection possibles. A ce deuxième niveau, on parlera d'un modèle d'allocation de ressources (fig. 2).

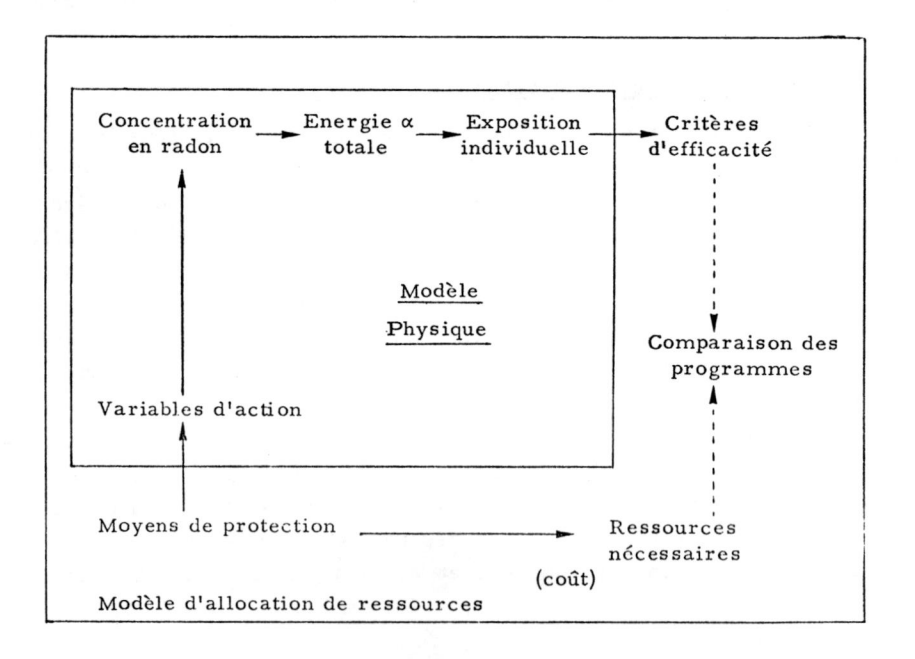

Figure 2

L'ALLOCATION DES RESSOURCES DE RADIOPROTECTION DANS LES MINES D'URANIUM (METHODOLOGIE)

Hypothèses et objectif du modèle dit "physique" [3]

L'objectif du modèle "physique" est de nature prévisionnelle; il s'agit de pouvoir reconstituer et donc prévoir la valeur prise par la variable d'intensité du risque en chaque point d'une mine, définie par l'ensemble de ces caractéristiques pertinentes. Cette variable d'exposition est ici pour nous l'énergie α totale. Mais il n'est pas exclu de lui adjoindre des caractéristiques d'une autre nature comme par exemple le flux d'irradiation externe.

Si on se limite dans un premier temps à l'étude de l'énergie α totale, le problème revient donc à reconstituer mathématiquement l'ensemble des phénomènes physiques qui relient le dégagement local du radon en chaque point d'une mine en activité, à l'énergie α totale instantanée locale qui résulte de la production des produits de filiation. Il est bien entendu que cette simulation doit inclure parmi les éléments pris en compte l'ensemble de ce qu'on appellera "les variables d'action" c'est-à-dire les caractéristiques qui peuvent être modifiées par les différents moyens de protection possible.

Pour aborder ce problème, on peut considérer de façon schématique que les phénomènes étudiés pouvaient être décrits à l'aide de quatre opérations simples : galeries, confluence, dérivation, source de radon. L'ensemble de la mine constitue l'articulation de ces différentes opérations appelées dans l'ordre de leur configuration topographique réelle. Ces opérations constituent autant de sous-programmes qui peuvent faire l'objet d'une étude séparée. On se contentera de décrire ici les cas de la galerie et de la source de radon.

Galerie

Si on suppose que le courant d'air, chargé en radon et en produits de désintégration RaA, RaB, RaC, circule à vitesse constante dans la galerie, l'évolution des concentrations Q_R, Q_A, Q_B, Q_C sera fonction :

- du temps de séjour de l'air dans cette galerie (fonction du débit d'air, de la longueur de la galerie);

- du dépôt des descendants solides sur les parois;

- du dégagement propre à la galerie en provenance des parois, des eaux résiduelles ou du minerai susceptible d'y circuler.

On peut négliger dans un premier temps les deux derniers phénomènes et écrire les équations de désintégration classiques permettant de définir les fractions d'équilibre en régime permanent une fois précisées les conditions au temps t = 0.

Source de radon

Si on peut estimer que la plupart des galeries ne contribuent que pour une faible part au dégagement du radon, il faut cependant envisager le problème des lieux où le dégagement est important. Les sources du radon peuvent être localisées à partir des mesures effectuées en routine, dans les dépilages, les recoupes actives et les travers-bancs. On peut considérer que chaque endroit qui contribue à une augmentation sensible de l'activité en radon soit pris comme un point source.

Le fait de considérer les sources de radon comme ponctuelles constitue une hypothèse simplificatrice acceptable à priori compte tenu de la précision avec laquelle les concentrations en radon sont mesurées (de l'ordre de 15 %).

En ce qui concerne les galeries, on peut toujours représenter leur dégagement propre sous la forme d'une source ponctuelle fictive équivalente.

L'influence théorique d'une source de radon supposée ponctuelle peut être décrite de façon simple au niveau de la modification des fractions d'équilibre.

Les différents aspects du modèle de simulation précédent ont été décrits et expérimentés au niveau d'un quartier de la mine de Margnac avec une bonne adéquation aux mesures réelles [3]. Un tel modèle une fois mis au point est applicable à n'importe quelle mine pour laquelle on connaîtrait :

- les données topographiques et de ventilation;
- la détermination des sources de radon et de leur débit;
- la détermination des conditions aux points originels.

L'allocation des ressources

Il importe de rappeler ici que le niveau d'exposition aux risques atteint dans un milieu professionnel donné est loin de dépendre uniquement des actions de protection qui y sont mises en oeuvre. Les conditions générales de production comportent à priori et en

L'ALLOCATION DES RESSOURCES DE RADIOPROTECTION
DANS LES MINES D'URANIUM (METHODOLOGIE)

l'absence de toute régulation un certain risque pour les travailleurs. Nous supposerons ici que ces conditions de production ne sont modifiables que de façon marginale pour les besoins de la protection et qu'il serait peu réaliste d'envisager dans la liste des variables dites d'action, des transformations radicales des méthodes de travail. Celles-ci résultent à un moment donné d'un ensemble de déterminations externes techniques et économiques qui constituent pour la protection des contraintes. On s'est limité, de plus, à deux types de méthodes d'exploitation : chantiers "classiques" avec sable de remblayage et râclage au moyen de treuil, chantiers mécanisés avec remblayage.
Par variable d'action, on entend ici toute caractéristique du modèle de simulation évoqué plus haut susceptible d'être modifiée par un moyen de protection donné et la variable d'action correspondante constitue l'interface entre le modèle dit "physique" et le modèle d'allocation de ressources qui l'englobe. On trouvera au tableau 1 une liste indicative de quelques-unes de ces variables.

Le second aspect à étudier pour caractériser les moyens d'actions possibles concerne les coûts. L'évaluation des coûts soulève des questions de nature différente et présente des difficultés diverses :

- une première difficulté concerne l'estimation de la part des ressources affectées à la protection radiologique au sein des ressources générales de protection;

- une seconde difficulté réside dans le fait qui a été signalé plus haut, qu'il est relativement arbitraire de considérer comme relevant de la protection certaines activités peu spécifiques comme la conception même de l'exploitation par exemple.(Faire des travaux d'approche en stérile relève ainsi d'un souci de protection mais n'est pas comptabilisé explicitement comme un coût de protection.)

- enfin, certains moyens de protection relèvent plus de l'organisation du travail et ne sauraient en conséquence recevoir d'évaluation économique simple. La rotation du personnel ou la diminution du temps de travail peuvent ainsi difficilement être évaluées en terme de coût.

Conclusion

La finalité à laquelle nous avons limité le système considéré dans cette analyse préliminaire est celle d'une réduction de l'exposition individuelle des mineurs. Les valeurs de celle-ci, limitée dans un premier temps à l'énergie α totale cumulée s'obtiennent à

Tableau 1

Liste non exhaustive de variables d'actions

Variables d'actions	Moyens de protection
Débit d'écoulement des eaux résiduelles	- Drainage - Colmatage
Surface des parois selon leur nature	- Revêtement des parois - Conception des travaux d'approche
Volume du chantier	- Méthode d'exploitation - Obturation de zones abandonnées
Longueur des galeries	- Méthode d'exploitation - Obturation de zones abandonnées
Valeur absolue de la pression locale	Conception de l'aérage
Débit d'aérage : primaire secondaire	(puissance et disposition des ventilateurs, etc.)
Activités sur le chantier	- Rotation du personnel - Diminution du temps de travail
Emission d'imbrûlés solides par les diesels	Filtration des imbrûlés . . . .

partir du modèle physique exposé dans ses grandes lignes plus haut. Il est évident qu'une telle approche doit être complétée par des considérations plus générales concernant les autres risques radiologiques et non radiologiques qui sont liés à celui mesuré par l'énergie α totale.

L'ALLOCATION DES RESSOURCES DE RADIOPROTECTION DANS LES MINES D'URANIUM (METHODOLOGIE)

Lorsqu'on passe du niveau individuel au niveau collectif, l'optimisation de l'allocation des ressources nécessite la prise en compte d'hypothèses concernant la forme de la relation dose-effet.

Enfin, il faut noter que des études de synthèse concernant l'évaluation quantitative et qualitative de ce qu'on convient d'appeler le "détriment" constitue le complément naturel de l'étude de type coût-efficacité esquissée ici.

REFERENCES

[1] Lundin, F.E.; Wagoner, J.K.; Archer, V.E. (1971). Radon daughter exposure and respiratory cancer - quantitative and temporal aspects. NIOSH, NIERS, Joint Monography No. 1.

[2] Bresson, G.; Fagnani, F.; Morlat, G. Etudes coût-avantage dans le domaine de la radioprotection - Aspects méthodologiques. Journées sur la Radioprotection (Portoroz, mai 1974).

[3] Chapuis, A. (1971). Caractéristiques radiologiques de l'atmosphère des mines d'uranium. Application à la radioprotection. Thèse de Physique, Toulouse.

[4] François, Y. (1972). Contrôle des radiations sur les divisions minières. Note interne DPr/STEPPA - CEA.

[5] François, Y.; Pradel, J.; Zettwoog, P.; Dumas, M. (1973). La ventilation dans les mines d'uranium. IAEA Panel, Washington.

[6] François, Y.; Pradel, J.; Zettwoog, P. (1973). Incidences des normes de radioprotection sur le marché de l'uranium. IAEA Panel, Washington.

Some measurements on ^{210}Pb in non-uranium miners in Sweden

J.O. Snihs, P.O. Schnell, J. Suomela[*]

Abstract - Résumé - Resumen - Резюме

Some measurements on ^{210}Pb in non-uranium miners in Sweden - In many Swedish metal mines there was a considerable radon daughter exposure up to the 1970s. The radon problem in metal mines was discovered at the end of the 1960s and since then great efforts have been made to improve the situation - in most cases with success. An excess of lung cancer has been found among the Swedish miners. The correlation between the excess of lung cancer and the calculated exposure agrees with corresponding results reported elsewhere, thus tending to confirm that radon daughter exposure has caused the excess.

In order to compare the calculated accumulated exposure with the body burden, if any, of ^{210}Pb, a technique has been developed for the measurement of ^{210}Pb in the body using a thin NAI crystal. The technique is described. Measurements have been made on ten miners with different exposure histories, the maximum of the order of 700 WLM, and a control group. The content of ^{210}Pb in blood and urine has also been measured. When ^{210}Pb has been found, the levels have been very low. The results are compared with the estimated exposures and discussed against the background of the results presented by other authors.

Mesures du ^{210}Pb chez les mineurs dans les mines autres que les mines d'uranium en Suède - Dans de nombreuses mines métalliques suédoises, l'exposition aux produits de filiation du radon a été considérable jusqu'aux années 1970. Le problème posé par le radon dans les mines métalliques avait été découvert à la fin de la décennie précédente et l'on a tout mis en oeuvre depuis lors pour améliorer la situation - dans la plupart des cas avec succès. Le cancer du poumon présente une fréquence excessive chez les mineurs suédois. La corrélation entre cet excès et l'exposition calculée est en accord avec les résultats correspondants signalés par ailleurs, ce qui tend à confirmer que l'excès a pour cause l'exposition aux produits de filiation du radon.

[*]National Institute of Radiation Protection, Stockholm, Sweden.

Pour comparer l'exposition cumulative calculée avec la charge corporelle éventuelle de ^{210}Pb, on a mis au point une technique de mesure de cet élément "in vivo", qui repose sur l'utilisation d'un mince cristal de NaI. La description de la technique est donnée dans la communication. Des mesures ont été effectuées sur dix mineurs ayant des antécédents différents en matière d'exposition, l'exposition maximale étant de l'ordre de 700 WLM, ainsi que chez un groupe témoin. On a également déterminé la teneur du sang et de l'urine en ^{210}Pb. Quand cet élément a été décelé, sa concentration était très faible. Les résultats sont comparés aux expositions estimées et ils sont analysés compte tenu des résultats présentés par d'autres auteurs.

Algunas mediciones de ^{210}Pb en mineros que trabajan en minas no de uranio en Suecia - En muchas minas suecas de extracción de minerales hasta el decenio de los años setenta existía una considerable exposición a los descendientes del radón. El problema del radón en las minas metálicas se descubrió a finales del decenio de los años sesenta y desde entonces se han realizado grandes esfuerzos para mejorar la situación, en la mayor parte de los casos con éxito. Los mineros suecos sufren en exceso de cáncer pulmonar. La relación entre este número excesivo de casos de cáncer pulmonar y la exposición calculada coincide con los resultados correspondientes registrados en otros países y tiende, por consiguiente, a confirmar que la exposición a productos descendientes del radón es la causa del número excesivo de casos de esa enfermedad.

A fin de comparar la exposición acumulada calculada con la carga corporal de ^{210}Pb, se ha descubierto una técnica para medir el ^{210}Pb en el cuerpo utilizando un cristal fino de NaI, técnica que se describe. Se han medido las cargas en diez mineros sometidos a diferentes grados de exposición con un máximo de 700 WLM aproximadamente y un grupo de control. Asimismo se ha medido el contenido de ^{210}Pb en la sangre y en la orina. En los casos en que ha aparecido, los niveles de ^{210}Pb eran muy bajos. Los resultados se comparan con la exposición estimada y se analizan teniendo presente los resultados presentados por otros autores.

Некоторые измерения содержания 210Pb в организме шахтеров неурановых шахт в Швеции - Во многих шведских рудниках до 70-х годов наблюдалась значительная подверженность трудящихся влиянию дочерних продуктов радона. Проблема радона в рудниках была открыта в конце 60-х годов, и с того времени были приложены значительные усилия для исправления положения, причем это имело успех. Было установлено, что среди шведских горняков отмечается повышенное число случаев заболеваний раком легких. Соотношение между повышенным числом случаев рака легких и подсчитанным числом случаев подверженности влиянию радоновых соединений согласуется с соответствующими результатами, отмеченными в других местах. Таким образом, появилась возможность подтвердить тот факт, что влияние дочернего радона вызывает повышенное число таких заболеваний.

Для того, чтобы производить сравнения исчисленного накопленного воздействия с осадком в организме 210Pb ,если таковой имеется, разработан метод измерения содержания 210Pb в организме при помощи ис-

SOME MEASUREMENTS ON ^{210}Pb IN NON-URANIUM MINERS IN SWEDEN

пользования тонкого кристалла NaI. Дается описание этого метода. Измерения были произведены у десяти горняков, подвергшихся различной степени влияния этих веществ, причем максимум составлял цифру порядка 700 WLM, а также у контрольной группы. Было произведено также измерение содержания 210Pb в крови и моче. В тех случаях, когда был найден 210Pb, уровни были очень низкими. Результаты сравниваются с оценочными данными влияния этих веществ и описываются в сравнении с результатами, представленными другими авторами.

Introduction

Epidemiological investigations during 1972 indicated that Swedish miners had a higher mortality due to lung cancer than the population as a whole [1]. This excessive mortality due to lung cancer in miners could be shown to be related to the earlier radon daughter concentrations and the corresponding exposures [2] and no explanation has been found for the excessive mortality due to lung cancer other than the radon daughter exposure. The relationship between the lung cancer mortality and the exposure showed relatively good agreement with corresponding relationships for uranium miners in the USA [3].

The purpose of the present investigations was to determine whether ^{210}Pb could be measured in a selected group of miners and whether the concentrations of this nuclide exceeded the natural concentrations and if so whether they could be related to the estimated radon daughter exposures. It was also of interest to determine how closely the results of our measurements tally with those of corresponding measurements made by other investigators.

Methods

The measurements comprised determination of both the ^{210}Pb content of the skull and the ^{210}Pb concentration in blood and urine. The skull measurements were carried out using a thin NaI crystal having a thickness of 2 mm and a diameter of 5". The measuring equipment was situated in the underground low-level laboratory of the National Institute of Radiation Protection in Stockholm. During the measurements, the subject lay on a couch in a lead-shielded compartment with the detector crystal against the side of his head. A sheet of lead was placed against his neck to shield the detector from the radiation from the remainder of the body. In association with the skull measurements, whole-body measurements were also made.

The radiation to be detected is 47 KeV γ-radiation from ^{210}Pb. The energy interval selected was covered by channels 36-51 (energy calibration 1 keV/channel) of the multichannel analyser. The calibration was carried out using a skull phantom and a ^{210}Pb source placed in different positions inside and outside the cranium of the skull phantom. The remainder of the skull phantom was filled with modelling clay. The average values obtained were 1.7 cpm/nCi ^{210}Pb with the source on the inside and 3.0 cpm/nCi ^{210}Pb with the source on the outside. The contributions from the apparatus background and from the γ-activity in the remainder of the body were subtracted from the total number of counts within channels 36-51 before computing the ^{210}Pb content of the skull. The contribution made by the latter factor to channels 36-51 was determined by means of 40 control measurements made on men who were not miners and who could be assumed to have unmeasurably small body burdens of ^{210}Pb. The net number of pulses (N) within the energy interval 36-51 was determined by

$$N = n_1 - b_1 - 0.5 \left[0.59(n_2 - b_2) + 0.29 (n_3 - b_3) \right]$$

where n_1, n_2, n_3 are gross counts from channels 36-51, 65-85 and 100-199 respectively, b_1, b_2, b_3 are apparatus backgrounds from these channels and 0.59 and 0.29 are the contribution factors.

During the investigation, each person was measured 4 x 40 min. Prior to each measurement the measured persons took a shower and washed their hair in order to eliminate contributions from short-lived radon daughters. Control measurements had shown these precautions to be necessary.

The blood measurements were made on a 60-80 g blood sample and the urine measurements on the urine from a 24 hour period. The samples were treated chemically and measured using a method used for measurements on water and biological material [4] based on a method described by Blanchard [5]. The chemical yield was 88 ± 8% for ^{210}Bi and 95 ± 4% for ^{210}Po. The samples were measured for bismuth and polonium both directly after an initial chemical treatment and after a second treatment when there was approximate equilibrium between ^{210}Pb and ^{210}Bi in the sample.

SOME MEASUREMENTS ON ^{210}Pb IN NON-URANIUM MINERS IN SWEDEN

The persons examined and their working environment

The examination material comprised ten persons from the mine Exportfältet in Grängesberg and a control group from the National Institute of Radiation Protection. The radon daughter exposures in this mine have been estimated from measurements made during 1969 and 1970, from data concerning length of employment in the mine and from information on the ventilation and other characteristics of the mine in former years. The mine has been in operation continuously since before 1900.

The factors which are considered to influence the radon and radon daughter concentrations are the ventilation rate in the mine, the amount of caved material passed by the intake air and the presence of radon-laden water [2,6]. The present mining work takes place mainly at a depth of 400-500 m. The working levels have become deeper over the years and in the 1940s and 1950s the workings were at 200-250 m and above. The amount of caved material has increased roughly in proportion to the depth and during the 1940s the amount was approximately half that which exists now. It is therefore reasonable to assume that the total radon emanation of the mine has increased over the years.

The ventilation, on the other hand, has been continually improved. Prior to 1950, natural draught ventilation was employed resulting in relatively good ventilation during the colder half of the year and bad ventilation during the period from May-June to October-November. From 1956, mechanical forced ventilation has been employed giving a more even air flow throughout the year. Up to 1970 the intake air was admitted via caved material.

Data on water in the mine exist from 1947. The amount of water increased from 0.9×10^6 m^3/y in 1947 to 2×10^6 m^3/y in 1970, i.e. it has roughly doubled. The radon emanation into the mine from the water must have increased during this period - possibly by a factor of 2.

The conclusion from the above is that the less effective ventilation during the 1940s and earlier is compensated for from the point of view of radon by the smaller amounts of caved material and water in earlier years. This evening-out effect can reasonably be assumed to have continued even in the 1950s. The measured radon daughter concentrations found in 1969 were between 1 and 3 WL.[1] In other mines relying solely on natural draught ventilation, the radon daughter concentrations averaged over a year have as a rule not exceeded 3 wL. Our starting point for the exposure estimations has therefore been that the radon daughter concentration experienced by the measured persons during the relevant period up to 1970 was 2 ± 1 WL. Since 1970 the air flow has been reversed in the mine and the concentrations are now around 0.1 WL.

Results

Persons from the mine had been selected in pairs in order to obtain a group with five different mining histories and exposures (Table 1). All these persons had worked in the mine not later than the day prior to the measurement.

Table 1

The measured persons and their working and exposure histories

No.	Age	Smoker	Work	Years of mining up to 1974	Estimated exposure, WLM
1	62	No	Miner	36 a)	708 ± 354
2	59	Earlier	Miner	35 b)	537 ± 273
3	24	No	Miner	2	2 ± 1
4	23	Yes	Miner	3	3 ± 2
5	33	No	Miner	16	268 ± 134
6	31	Yes	Miner	15	246 ± 123
7	63	Yes	Above ground	49	0
8	63	Earlier	" "	47	0
9	33	No	Miner	9	114 ± 57
10	40	No	Miner	9	114 ± 57
GE	49	Yes	Control	0	0
SEE	38	No	"	0	0
AB	73	Yes	"	0	0

a) For the first 7 years he worked in an adjacent mine with an estimated daughter concentration in air of the same order, 2 ± 1 WL.

b) For the first 8 years he worked in another mine with an estimated radon daughter concentration of 0.3 ± 0.2 WL.

[1] Working-Level (WL) is a concentration unit defined as any combination of the short-lived daughters of radon (^{222}Rn) in one litre of air such that the total α-energy to complete decay to ^{210}Pb is 1.3×10^5 MeV. This energy is released by the decay through RaC' of the short-lived daughters in equilibrium with 100 pCi of radon. The Working-Level-Month (WLM) is a unit of exposure resulting from exposure at 1 WL for 1 month.

SOME MEASUREMENTS ON ^{210}Pb IN NON-URANIUM MINERS IN SWEDEN

Table 2

Results of skull and whole body measurements

No.	Net cpm [a] (36-51 keV)	Corrected net [b] cpm (36-51 keV)	nCi ^{210}Pb in skull	g K total body	nCi ^{137}Cs total body
1	6.21 ± 0.34 [c]	1.06 ± 0.47 [c]	0.45 ± 0.20 [c]	138	3.5
2	5.86 ± 0.33	0.89 ± 0.46	0.38 ± 0.20	129	3.9
3	6.28 ± 0.34	0.17 ± 0.47	0.07 ± 0.20	150	4.4
4	7.11 ± 0.34	0.71 ± 0.47	0.30 ± 0.20	168	2.8
5	5.10 ± 0.33	-0.19 ± 0.45	-0.08 ± 0.19	129	1.9
6	6.50 ± 0.34	0.15 ± 0.47	0.06 ± 0.20	184	1.1
7	4.56 ± 0.32	-0.29 ± 0.45	-0.12 ± 0.19	121	0.8
8	7.10 ± 0.34	-0.15 ± 0.47	-0.06 ± 0.20	134	10.7
9	4.56 ± 0.32	-0.95 ± 0.45	-0.40 ± 0.19	133	2.3
10	4.74 ± 0.32	-0.67 ± 0.45	-0.29 ± 0.19	146	2.7
GE	6.47 ± 0.23	-0.04 ± 0.32	-0.02 ± 0.14	124	3.5
SEE	6.01 ± 0.25	0.04 ± 0.35	0.02 ± 0.15	142	4.2
AB	5.14 ± 0.33	0.02 ± 0.46	0.01 ± 0.20	127	1.7

a) Gross counts after subtraction of apparatus background.

b) Correction made for the contribution from higher energies according to the method described above.

c) The standard deviation (σ).

The fluctuations of the corrected net cpm values are not correlated to the potassium and caesium values. None of the values of ^{210}Pb content in the skull are higher than zero with any great significance with the possible exception of No. 1. This man is also believed to have received the highest exposure, about 700 WLM. The results indicate that by this method only ^{210}Pb contents higher than 0.45 nCi (about 2 S.D.) can be detected with any significance. An alternative method using control persons with similar body build and direct subtraction within channels 36-51 has shown approximately the same non-significant results for the ^{210}Pb levels in the skull.

Table 3

^{210}Pb and ^{210}Po in blood and urine

No.	pCi $\frac{^{210}Pb}{\text{kg blood}}$	pCi $\frac{^{210}Po}{\text{kg blood}}$	$\frac{^{210}Po}{^{210}Pb}$	pCi $\frac{^{210}Pb}{\text{24 h urine}}$	pCi $\frac{^{210}Po}{\text{24 h urine}}$	$\frac{^{210}Po}{^{210}Pb}$
1	4.9 ± 0.4[a]	1.3 ± 0.2[a]	0.3	0.8 ± 0.1[a]	0.19 ± 0.03[a]	0.2
2	4.4 ± 0.4	0.8 ± 0.5	0.2	0.6 ± 0.1	0.32 ± 0.05	0.5
3	3.4 ± 0.2	1.1 ± 0.2	0.3	0.6 ± 0.1	0.37 ± 0.06	0.6
4	2.4 ± 0.4	1.3 ± 0.4	0.5	0.4 ± 0.1	0.29 ± 0.04	0.7
5	4.5 ± 0.5	0.8 ± 0.2	0.2	0.5 ± 0.1	0.17 ± 0.03	0.3
6	5.5 ± 0.2	1.1 ± 0.2	0.2	0.6 ± 0.1	0.16 ± 0.02	0.3
7	6.6 ± 0.5	0.8 ± 0.3	0.1	0.5 ± 0.1	0.16 ± 0.02	0.3
8	5.1 ± 0.2	0.7 ± 0.3	0.1	-	-	
9	3.7 ± 0.5	1.2 ± 0.3	0.3	-	-	
10	4.1 ± 0.4	0.7 ± 0.3	0.2	0.7 ± 0.1	0.49 0.07	0.7

a) Counting error only, 1σ. The analytical error is ± 10%, 1σ.

The values for ^{210}Pb in blood are somewhat high compared with normal values reported elsewhere [7,8]. These are between 2 and 4 pCi/kg blood for unexposed persons. The lowest values for ^{210}Pb in blood are for in practice unexposed persons (Nos. 3 and 4) but also the highest values are for unexposed persons (Nos. 7 and 8). One of the latter (No. 8) has a much higher ^{137}Cs body burden which indicates an unusual diet. This may explain a higher ^{210}Pb content in blood, even if the ^{210}Po content is too low to make this explanation satisfactory [8]. However, by assuming that the normal value should be 3 pCi/kg blood it is obvious that none of the exposed miners has an additional content of ^{210}Pb in blood of more than 3 pCi/kg (95% confidence level).

The urinary excretion of ^{210}Pb is within the range of normal values reported elsewhere [9]. As there are only 1 day samples and great variations of the excretions may occur the figures for ^{210}Pb and ^{210}Po in urine give only the approximate levels. These values will not be considered further.

SOME MEASUREMENTS ON ^{210}Pb IN NON-URANIUM MINERS IN SWEDEN

Discussion and conclusion

When drawing conclusions and making comparisons with the results of other investigators, it is essential to realise all the uncertainties associated with such investigations, such as the sources of ^{210}Pb (more than 50% of the ^{210}Pb content of the body may originate from sources other than the short-lived radon daughters directly inhaled), biological variations, mine differences, errors in WLM calculations, normal values, etc. [10, 11, 12].

However some equations, presented in the litterature, will be discussed and calculated with our results inserted. The equations concern the correlation between the exposure and the ^{210}Pb concentration in bone or blood. The exposure is expressed in WLM and is adjusted for the excretion of ^{210}Pb from the body up to the time of the measurement of ^{210}Pb.

pCi ^{210}Pb/g bone = 1.24×10^{-3} (WLM)   (Eq. A) [11]

T_e = 15 years (effective half-life)

WLM = 88.1 (pCi ^{210}Pb/g bone)$^{0.639}$ (Eq. B) [13]
T_e = 88 days (25%)
T_e = 1 320 days (75%)

WLM = 5 × (pCi ^{210}Pb/kg blood)   (Eq. C) [14]
T_e = the same as in Eq. B

This equation is a transformation of the original equation in which the exposure was adjusted to the end of mining and not to the time of measurement of ^{210}Pb in blood.

WLM = 12.8 × (pCi ^{210}Pb/l blood)   (Eq. D) [7]
T_e = 1 320 days

In this equation the exposure is not adjusted but means the sum of the yearly WLM exposure up to the end of mining. The ^{210}Pb values are adjusted to the same time.

$$A^1(t) = 0.2 \times \frac{WLM}{t} \qquad \text{(Eq. E)}^{15}$$

T_e = 110 months
$A^1(t)$ = nCi ^{210}Pb in the skull
t = duration (months) of exposure
WLM = the exposure adjusted up to the time of skull measurement.

<u>Our data</u> are the following:
The exposure as presented in table 1
^{210}Pb in blood < 3 pCi/kg
^{210}Pb in bone < 0.43 pCi/g or < 0.45 nCi in the skull.

The exposure data in table 1 have been adjusted to reflect the ^{210}Pb content at the time of measurement (see table 4).

Table 4

Adjusted exposures to the time of ^{210}Pb measurements

Miner No.	Adjusted exposure, WLM T_e = 15 years	Adjusted exposure, WLM T_e = 88 days and 1 320 days
1	310	42
2	269	42
3	2	2
4	3	2
5	173	38
6	162	38
7	0	0
8	0	0
9	86	27
10	86	27

The adjusted exposures have been calculated using the formula

$$\frac{WLMy}{\lambda_e} \left(1 - \exp(-\lambda_e t_1)\right) \exp(-\lambda_e t_2) \qquad \text{where}$$

WLMy = the yearly exposure (11 months x WL)
λ_e = the effective decay constant of ^{210}Pb in bone
t_1 = the duration of exposure
t_2 = the time from the end of the exposure of WLMy to 1974

By the use of Eqs. A-D it is possible to calculate the upper limits of our exposure values as a result of these equations with their constants and the results of our ^{210}Pb measurements. It is

SOME MEASUREMENTS ON ^{210}Pb IN NON-URANIUM MINERS IN SWEDEN

also possible to calculate the constants in the equations by using our estimated exposures and the upper limits for the ^{210}Pb contents in bone and blood. This has been done in table 5 for miner No. 1 - the miner with the highest exposure.

Table 5

Calculated exposures and constants

Equation	Constant given	Constant calculated	Exposure given	Exposure calculated
A	1.24×10^{-3}	$< 1.4 \times 10^{-3} \pm 50\%$	310 WLM ±50%	< 347 WLM
B	88.1	> 72	42 "	< 51 "
C	5	> 14	42 "	< 15 "
D	12.8	> 236	708 "	< 38 "

The given exposure for Eq. D is taken from table 1 and corresponds to the exposure calculated from Eq. D. The fact that the exposure in practice ceased in 1970 has not been taken into account for Eq. D.

As can be seen in table 5 there is no contradiction (or no great contradiction considering the uncertainties of ± 50%) in the results of bone measurements (Eqs. A and B), since the given values are on the right side of the calculated limits. Eq. E gives for miner No. 1 a ^{210}Pb content in the skull of 0.25 nCi which is also on the right side of the upper limit of 0.45 nCi.

The results of our blood measurements do not fit Eqs. C and D and their constants and the calculated exposures are lower, for Eq. D much lower, than our estimations. This is interesting in view of the actual excess of lung cancer found among these miners. The epidemiological studies which covered the years 1961-1971 revealed 11 fatal cases of lung cancer among about 450 employees in this mine when the expected number of cases would have been 0.6.

However, it is possible that high exposure in the first part of a long duration exposure may be concealed behind fairly low ^{210}Pb body burdens at the end of the exposure if T_e for ^{210}Pb is short in comparison with the duration of the exposure.

The portion of the adjusted total exposure WLM (up to 1974) arising from the years 1938-1960 for miner No. 1 is 52% if T_e is

15 years and 15% if T_e = 1 320 days. If the exposure during this time is a factor k higher than originally assumed, the new adjusted exposure WLM' will be the following:

(1)   WLM' = (k x 0.52 + 0.48) x WLM T_e = 15 years

(2)   WLM' = (k x 0.15 + 0.85) x WLM T_e = 1 320 days

It should be observed that WLM and WLM' reflect the ^{210}Pb body burden. The results of the bone measurements were not in disagreement with Eqs. A and B. However, as it is calculated from formula (1) above, the adjusted exposure, and consequently the ^{210}Pb body burden, would not increase by more than 50% if the exposure during the first 22 years was twice as high as had been assumed (22 WLM/year).

The agreement with Eq. C was not good. If our estimated adjusted exposure (42 WLM) is nearly correct, the new adjusted exposure WLM' would not be more than 50% higher even if the exposure during 1938-1960 was 5 times higher than has been assumed. This is calculated from formula (2) above. On the other hand, if the original equation D with given constant gives the true adjusted exposure (< 15 WLM), this means that the exposure has been overestimated by a factor of about 3 and the exposures which give the excess of lung cancer are lower than has been believed and the sensitivity to radiation may be greater. If the exposure during 1938-1960 was at least what we assume, 22 WLM/year, the exposure since 1960 must have been overestimated by more than a factor 3. However, such a large overestimation of the exposure is improbable, especially when it has occurred as recently as in the 1960s.

Thus, our skull measurements were consistent with published data whereas the blood measurements were not.

Acknowledgements

We should like to acknowledge the willingness of the miners and control persons to make themselves available for the measurements We also acknowledge the positive interest and financial support of the Company owing the Exportfältet Mine, Gränges Gruvor. The investigation is also being supported financially and otherwise by the Swedish Board of Industrial Safety, the Swedish Mining Association and the Swedish Atomic Research Council.

SOME MEASUREMENTS ON ^{210}Pb IN NON-URANIUM MINERS IN SWEDEN

REFERENCES

[1] St. Clair Renard, K.G.; et al. (1972). Lung cancer among miners in Sweden 1961-1968. Gruvforskningens serie B, No. 167. Svenska Gruvföreningen, Stockholm, (in Swedish).

[2] Snihs, J.O. (1973). The approach to radon problems in non-uranium mines in Sweden. Presented at the Third International Congress of the International Radiation Protection Association (IRPA), Sept. 9-14, 1973, Washington.

[3] Lundin, F.E.; Wagoner, J.K.; Archer, V.E. (1971). Radon daughter exposure and respiratory cancer, quantitative and temporal aspects. National Technical Information Service. US Department of Commerce, Springfield, Virginia.

[4] Suomela, J. (1974). Method for measurement of long-lived radon daughters in water and biological samples. Report SSI 1974-007, National Institute of Radiation Protection, Stockholm, (in Swedish).

[5] Blanchard, L. (1966). Rapid determination of lead-210 and polonium-210 in environmental samples by deposition on nickel. Analytical Chemistry, 38, 2, 189-192.

[6] Snihs, J.O. (1973). The significance of radon and its progeny as natural radiation sources in Sweden. Presented at the Noble Gases Symposium, Sept. 24-28, 1973, Las Vegas.

[7] Blanchard, R.L.; Kaufman, E.L.; Ide, H.M. (1973). Lead-210 blood concentration as a measure of uranium miner exposure. Health Physics, 25, 129-133.

[8] Kauranen, P.; Miettinen, J.K. (1969). ^{210}Po and ^{210}Pb in the Arctic food chain and the natural radiation exposure of Lapps. Health Physics, 16, 287-295.

[9] Cohen, N.; Jaakola, T.; Wrenn, McDonald E. (1973). Lead-210 concentrations in the bone, blood and excreta of a former uranium miner. Health Physics, 24, 601-609.

[10] Black, S.C.; Archer, V.E.; Dixon, W.C.; Saccomanno, G. (1968). Correlation of radiation exposure and lead-210 in uranium miners. Health Physics, 14, 81-93.

[11] Holtzman, R.B. (1970). Sources of ^{210}Pb in uranium miners. Health Physics, 28, 105-112.

[12] Savignac, N.F.; Schiager, K.J. (1974). Uranium miner bioassay systems : Lead-210 in whiskers. Health Physics, 26, 555-565.

[13] Wagner, W.L.; Archer, V.E.; Blanchard, R.L. (1972). A correction in the comparison of ^{210}Pb skeletal levels with radon daughter exposures. Health Physics, 23, 871-872 (Letters to the Editor).

[14] Blanchard, R.L.; Archer, V.E.; Saccomanno, G. (1969). Blood and skeletal levels of ^{210}Pb-^{210}Po as a measure of exposure to inhaled radon daughter products. Health Physics, 16, 585-596.

[15] Eisenbud, M.; Laurer, G.R.; Rosen, J.C.; Cohen, N.; Thomas, J.; Hazle, A.J. (1969). In vivo measurement of lead-210 as an indicator of cumulative radon daughter exposure in uranium miners. Health Physics, 16, 637-646.

DISCUSSION

R. BEVERLY (USA): Have you measured ^{210}Pb in the bones of miners who died of lung cancer? In the United States, many bone analyses have been made on uranium miners who died of lung cancer. I believe there is a fair correlation with exposure to radon daughters. In a recent compensation case, Dr. Archer noted high ^{210}Pb in bone and said he must have greatly underestimated the exposure as he had earlier estimated a relatively low WLM exposure. I think you would be interested in contacting Dr. G. Saccomanno who is interested in the same topic.

J.O. SNIHS: We have not measured ^{210}Pb in bones of miners, we have only the in vivo measurements on the skull as described in my paper.

J. MULLER (Canada): Would the inhalation of ^{210}Pb influence the usefulness of using ^{210}Pb in bone for evaluating exposure to short-lived radon-daughters?

J.O. SNIHS: The inhalation of ^{210}Pb would influence the levels of ^{210}Pb in bone, blood and urine and possibly in such a way that ^{210}Pb used as a bioindicator of radon-daughter exposure would be a very doubtful method.

J. MULLER: To what extent is the ^{210}Pb level in blood and urine related to recent intakes rather than to old intakes?

J.O. SNIHS: Measurements made by, among others, Black et al. [Health Physics, 1968, 14, 81] and Blanchard et al. [Health Physics, 1973, 25, 129] have shown that current exposures may influence the ^{210}Pb levels up to 6 months after the end of the exposure. In our study about 4 years have elapsed between the exposure of significance and the ^{210}Pb measurements.

P.G. GROER (USA): It is very difficult to correlate WLM of exposure and ^{210}Pb concentrations in blood or urine, because it is known that uranium miners inhale ^{210}Pb at concentrations much higher than the concentrations of the airborne short-lived radon-daughter products. Unless the ^{210}Pb concentrations are measured simultaneously with the short-lived radon-daughter concentrations, a correlation between WLM and ^{210}Pb in blood or urine has to be very vague.

SOME MEASUREMENTS ON ^{210}Pb IN NON-URANIUM MINERS IN SWEDEN

J.O. SNIHS: Yes, I agree. Our investigation shows that ^{210}Pb measurements as a bioindicator of exposure may be quite controversial.

M. RAGHAVAYYA (India): Have you made any measurements on the concentration of ^{210}Pb in the general atmosphere outside the mines?

J.O. SNIHS: No, we have not.

M. VALENTINE (Canada): Do you have any knowledge of whether or not there is a history of any pulmonary function impairment of miners due to causes other than cancer or silicosis?

J.O. SNIHS: No pulmonary function impairment of miners other than those caused by cancer and silicosis has been observed.

H. JAMMET (France) : Vous avez fait des mesures de contamination de l'air dans les habitations. Avez-vous trouvé des résultats significatifs pour l'étude présente ?

J.O. SNIHS: The measurements made on air activity in Swedish buildings concern radon and its short-lived daughters. There are not yet any measurements made on ^{210}Pb concentrations of the air in buildings.

Monitoring in the working and in the general environment

Technical and administrative radiation
protection measures

Monitoring in the working and in the general environment

Radiation protection monitoring in mines and mills
of uranium and thorium

M. Raghavayya[*]

REPORT

Abstract - Résumé - Resumen - Резюме

Radiation protection monitoring in mines and mills of uranium and thorium - Monitoring of working and general environment in and around uranium and thorium mines and mills is essential, to achieve primary objectives of radiation protection. In this paper the monitoring programme as applicable to the mines and mills of uranium and thorium and the environment is discussed. The potential hazards in the areas of interest are described and the types of measurements to be made viz, external exposure survey, airborne activity survey, radon dissolved in mine water, determination of the fraction of the so-called unattached ions, etc. are discussed. Disposal of the waste products from the mines and mills to the environment is considered. The effect of such disposal and environmental monitoring programme are discussed. The accuracy of measurements required, and achievable is discussed. The instruments and procedures to be used for the various measurements are suggested. The importance of correct interpretation of the results obtained by monitoring the workplace and environment is stressed. The relation of the monitoring agency with the production department is discussed.

Radioprotection: surveillance de l'irradiation dans l'extraction et le traitement de l'uranium et du thorium - La surveillance du milieu de travail et de l'environnement en général est essentielle, à l'intérieur et au voisinage des mines et des usines de traitement de l'uranium et du thorium, si l'on veut atteindre les grands objectifs de la radioprotection. La présent document est consacré à l'examen du programme de surveillance applicable aux centres d'extraction et de traitement de l'uranium et du thorium et à l'environnement. Après avoir décrit les dangers potentiels dans les zones en cause, on étudie les types de mesures à effectuer: contrôle de l'exposition externe, contrôle de l'activité des éléments en suspension dans l'air, mesure de la concentration du radon en solution dans l'eau de la mine, déter-

_____

[*]Health Physics Division, Bhabha Atomic Research Centre, Bombay, India.

mination de la fraction des ions dits libres, etc. L'élimination des
résidus de l'extraction et du traitement par leur rejet dans l'environ
nement est examinée. L'influence de ce rejet est étudiée, ainsi que
le programme de surveillance de l'environnement. Après avoir analysé
la précision nécessaire et possible dans les mesures, on propose les
instruments et les méthodes à utiliser dans les divers cas. L'importance d'une interprétation correcte des résultats fournis par la surveillance des lieux de travail et de l'environnement est soulignée.
L'étude se termine par l'examen des relations entre l'institution
chargée de la surveillance et le département de la production.

<u>Vigilancia y protección contra las radiaciones en las minas y plantas de tratamiento de uranio y de torio</u> - El control del medio
de trabajo y del medio ambiente en general dentro y alrededor de las
minas y de las plantas de tratamiento de uranio y de torio es esencial
para lograr los objetivos principales de la protección contra las
radiaciones. En este documento de trabajo se estudia el programa
de control aplicable a las minas y plantas de tratamiento de uranio
y de torio y al medio ambiente. Se describen los riesgos potenciales
en las zonas consideradas y los tipos de mediciones que han de efectuarse, a saber: medición de la irradiación externa, medición de
la actividad en suspensión en el aire, medición del radón en el agua
de la mina, medición de la fracción de los llamados iones sueltos,
etc. Se estudia asimismo la dispersión de los residuos de las minas
y de las plantas en el medio ambiente. Se examinan los efectos de
esta operacion y el programa de control del medio ambiente. Se
determina también la exactitud necesaria y posible de las mediciones.
Se proponen los instrumentos y los procedimientos que deberían
utilizarse para efectuar las diversas mediciones. Se pone de relieve la importancia de conseguir una interpretación correcta de
los resultados obtenidos con el control de los lugares de trabajo
y del medio ambiente. Finalmente, se estudia la relación entre el
organismo de control y el departamento de producción.

<u>Контроль в целях защиты от радиации при добыче и обработке урана и тория</u> - Контроль окружающей производственной и общей среды
внутри и вокруг урановых и ториевых рудников, а также внутри и вокруг предприятий по обработке этих элементов, является важнейшим
элементом достижения первоочередных целей защиты от радиации. В
данном документе описывается программа контроля применительно к
рудникам по добыче и предприятиям по обработке урана и тория, а также к вопросам защиты окружающей среды. Указываются виды потенциальной опасности в этих областях, а также типы измерений, которые должны производиться, а именно: обследования в связи с внешним воздействием; обследования в связи с воздействием через воздух, растворенный в рудничной воде радон, определение фракции так называемых
свободных ионов и тому подобное. Рассматривается вопрос об удалении
в окружающую среду отходов из рудников и предприятий по обработке
указанных веществ. Затрагиваются вопросы влияния такого удаления,
а также программы контроля окружающей среды. Освещается проблема
точности измерений, которая требуется, и точности, которая достигается. Предлагаются средства и методы, которые должны использовать-

RADIATION PROTECTION MONITORING IN MINES AND MILLS
OF URANIUM AND THORIUM

ся для различных измерений. Подчеркивается важность правильного толкования результатов, полученных в результате контроля рабочих мест и окружающей среды. Освещается также вопрос взаимосвязи между контролирующим учреждением и соответствующим производственным департаментом.

1. Introduction

The primary objectives of radiation protection are to prevent or minimise acute radiation effects, and to limit the risks of long-term effects to an acceptable level[1]. In order to achieve this goal radiation protection experts recommend that exposure of individual radiation workers as also of the public at large, to ionising radiations be kept to the bare minimum and that all unnecessary exposure be avoided. The ideal condition is that of "zero exposure", but whether it is realistic is debatable. A judicious balancing of the benefits derived from a technology that subjects the populace to radiation exposure on the one hand, with the detriments resulting from such exposures on the other may be used to arrive at a minimum acceptable level of radiation exposure[2]. In the meantime, operational health physicists charged with the task of controlling radiation exposure of the workers and public are guided by what at first glance appear to be "numbers" but which really are the maximum permissible levels of exposure and secondary standards. The International Commission on Radiological Protection (ICRP)[3], and the International Atomic Energy Agency (IAEA)[4] have published these figures as applicable to some 245 isotopes. Every professional in this field knows that these figures do not represent lines of demarcation between "safe" and "unsafe" conditions, biologically speaking. If, however, they have been incorporated into regulations, then exceeding the limits amounts to committing an offence[5].

2. Monitoring

By way of further guidance, the ICRP specifies that in areas where 3/10 of the annual permissible dose to personnel is likely to be exceeded, individual personnel monitoring by means of film badges, bioassay etc. has to be resorted to [1].

If the objectives of radiation protection are to be achieved, a sustained radiation monitoring programme in and around a nuclear installation is a must. The installation may be a reactor site, or a mine producing radioactive ores or may be a plant or laboratory processing and handling radioactive materials - it makes no difference. Monitoring is the backbone of protection and verifies the effectiveness of the protective measures adopted; it ensures that the levels of radiation are within the "safe" limits; it identifies areas where individual personnel monitoring is required; it ensures that release of radioactivity to the general environment is controlled and that the public at large is well protected.

Monitoring usually involves the periodic evaluation of external radiation fields, neutron flux, concentrations of relevant radioisotopes in air, water and other media, surface contamination levels at workplaces, and so on. Certain measurements can be avoided completely depending on the type of operation involved, as for instance looking for thermal neutrons in a uranium mine is meaningless. At other times, only an initial exhaustive survey can tell the operator the types of monitoring he (or she) may be required to undertake on a routine basis. In our uranium mine in India, we started off with measuring both β and γ fields. We found the β component of the field is negligible, and so at present we measure only γ field.

3. Monitoring in uranium and thorium mines and mills

With this general introduction, I think it is now time to come to the subject proper, viz. monitoring in uranium and thorium mines and mills. Here it is probably wise to split the section into three parts: the mines, the mills and the general environment.

Mines

External radiation exposure: External radiation field in the mines is mainly dependent on the grade of the ore. Our experience has been that the concentration of radon and daughters have no appreciable bearing on the γ field. In many of the uranium mines the world over the γ fields are found to be low if not negligible[6,7,8,9]. Exceptions are however not lacking. Higher radiation levels have been observed in uranium and thorium mines producing high grade ores [10,11,12,13]. After a probing survey,

RADIATION PROTECTION MONITORING IN MINES AND MILLS OF URANIUM AND THORIUM

monitoring for external radiation in a mine can be done or given up depending on the levels obtained. As new regions in a mine are opened up the probing surveys must be repeated.

Air activity: In underground mines, the most significant mode of employee exposures is inhalation of radon and its decay products. It is agreed that it is the decay products of radon preformed in air that are more harmful than the parent gas itself[14]. ICRP[3] and IAEA [4] have prescribed (MPC)$_a$ values in terms of radon and thoron concentration. For these limits to be adopted and applied directly the radon concentrations are to be measured. We in India have been following this approach. And so do some other countries[15]. A second approach has been to measure the potential α-energy released per litre of air by the radon decay products therein and express it in terms of the radon daughter "working-level" (WL) which is currently defined as any combination of radon daughters that, on ultimate decay, release 1.3×10^5 MeV of potential α-energy per litre of air. Methods are available for measuring either the radon/thoron concentrations[16,17,18,19,20] or radon daughters concentrations[21,22]. Each approach has its advantages and disadvantages. Considering the ease of sampling, probably the radon measuring approach is simpler, for air samples could be collected underground and analysed later in a laboratory on the surface. Carrying of bulky apparatus underground is avoided. The drawback is that the samples collected are grab samples and a large number of them may have to be collected in order to get the full picture of the atmospheric contamination status. For those who have to monitor only a few locations at a time this method may not pose a problem. On the other hand measuring the daughter concentrations, individually or collectively (as in Working-level measurements) involves carrying of pumps, and electronic counters underground. Operating the equipment and instruments under adverse underground conditions may introduce undesirable errors. One author, in fact has catalogued the errors involved in the measurement of "Working-level"[23]. To add to the dilemma of "radon or working-level" in recent times, the concept of the working-level itself has come under fire [24]. I hope that the differences will be settled soon and all the countries uniformly adopt the system of either measuring radon concentration or the daughter concentrations or both.

There are few underground thorium mines in the world as compared to the number of uranium mines. It would appear that in thorium mines at least, air activity in the form of thoron and daughters is not a serious problem[12]. Our own source of thorium has been the monazite placers on the west coast and being a surface operation the thoron problem has been of little significance.

Unattached or ultra fine ions: Maximum permissible air concentrations of radon and thoron have been derived by ICRP, in terms of the so called "unattached" fraction of RaA and ThB[3]. Several authors have described procedures to determine the "unattached" fraction of radon daughters[25,26,27,28,29,30]. Measurement of the unattached fraction of radon daughters, the condensation nuclei counts, radon daughter equilibrium ratios, etc., at least occasionally, if not on a routine footing, will help the health physicist in characterising the mine atmosphere. This will lead to a better understanding of the interaction of ultra fine particles in the mine air.

Radon from water and radon emanation from mine surface:
The ambient concentration of radon in underground mines is a function of several parameters, the least important of which appears to be the ore grade. Barometric pressure variations [31, 32] rock porosity, and water seepage influence the radon concentrations in the mine, along with ventilation. The radon dissolved in mine water can be easily determined [33,34]. Emanation rates of radon from mine walls and rocks [35,36,37] and tailings sand backfill[38] (where sand stowing is done) may be estimated to augment control measures and to design ventilation requirements.

Long lived activity in air: The mine air naturally may be expected to be contaminated with ore dust. And this dust carries with it uranium, thorium, radium, polonium and other α and β emitters with long half-lives. The contamination levels at any place and time depend on the ore grade, type of operations involved, moisture, ventilation and such other factors. Air sampling for the gross activity, generally has been found to indicate contamination levels within the prescribed levels where low grade ore is mined and ventilation is adequately good. Mines producing high grade ore have been known to exhibit markedly higher levels of contamination[12].

RADIATION PROTECTION MONITORING IN MINES AND MILLS OF URANIUM AND THORIUM

Airborne dust sampling should form part of the routine monitoring programme in all uranium and thorium mines, subject of course to the findings of initial probing surveys conducted under different operational conditions. Although it has its own limitation, sampling for "respirable dust" may be more meaningful, than "gross" dust sampling.

Mills

External exposure: External exposure levels in some parts of the mills, especially where the concentrates are handled or stored can be significant [39, 40]. And at other locations the situation is unlikely to be very much different from that in a mine producing the ore being processed. External exposure monitoring should be done in these areas.

Air activity: The types and conditions of operations in the ore processing facilities are different from those in the mines. And so are the potential hazards. Exposure to radon and daughters which forms so vital a problem in mines is virtually non-existent in the uranium mill. On the other hand thoron and daughters in a thorium concentrator may pose a real and serious problem [39].

The initial stages of operation in the mills are usually dry and are potentially dusty. It is here that the airborne activity is likely to be high due to the high dust load. The air activity is also likely to be high in the final product area, primarily because of the higher specific activity of the materials handled. Attention should therefore be focussed more sharply on air activity with reference to those areas.

Gross sampling techniques for long lived airborne activity (α) which were being used hitherto may not provide a faithful estimate of the potential hazard because they do not consider the particle size spectrum of the dust sampled. A more meaningful approach is to first determine the particle size distribution of the airborne dust and then work out the MPC_a for the airborne activity as applicable to the particular mill. Several techniques and instruments are available for this approach to be adopted [41,42,43,44,45,46]. Derivation of an empirical relation between the gross air activity and the respirable air activity may be useful for routine monitoring of workplaces in the mills.

Surface contamination: In plants where automation is not complete, undue contamination of surfaces is likely to occur due to spillages and faulty handling procedures. One author[47] concluded after a survey of radium and uranium plants, that surface monitoring is less indicative of personnel hazards than air sampling and bioassay. With all its uncertainty, I would still recommend that surface contamination monitoring should be periodically undertaken. May be the probability of contamination on surface getting airborne is small, but chances of workers' clothing and persons getting contaminated are very high. Ingestion of activity into the system is then not at all a remote possibility. In my country, for instance, the practice is to eat with one's fingers. Scope for ingestion of activity under such circumstances is more pronounced.

Monitoring methods in the mills and mines are not different from each other. The advantage in the mills is that more accurate even if bulky, instruments can be used. Fixed monitors for continuous measurement [48] can be installed.

General environment

The exhaust air from a uranium mine pours out radon and daughters continuously into the general environment. The daily output may be well over 1 Ci of radon. But the dilution offered outside is so good that hardly any increase in the ambient atmospheric radon level is observed [49].

The large mass of solid/liquid waste produced at the end of milling uranium or thorium ores as the case may be poses a real problem. The usual universal practice is to impound the tailings in a dam, natural or man-made. Before locating a tailings pond in any particular site, a thorough pre-operational survey must be made, which is sure to pay dividends later. This survey should include collection of meteorological and seismic data pertaining to the region and study of permeability of soil, ground and surface water characteristics, demographic data etc. The tailings consist of all the daughter elements of the uranium or thorium series as the case may be. The radium therein produces radon which migrates and reaches the atmosphere. The radon flux from the tailings pond is much higher than from an ore body of comparable radium content. The reasons are

RADIATION PROTECTION MONITORING IN MINES AND MILLS OF URANIUM AND THORIUM

obvious. However, there is no evidence that this raises the atmospheric concentration of radon significantly in the vicinity [50].

Now, as long as the tailings remain where they belong, i.e. in the pond, everything is fine. Between 1952-66 uranium mill tailings were used in the State of Colorado in the United States for house building, road construction etc. Later investigations revealed that the radon and daughter levels in those houses were above what was otherwise expected [51,52]. Remedial measures have since been suggested and adopted [51]. More arguments can be put forth to support the contention that the tailings should not be used for construction work. In some of the mills, as for instance in our own in India, some chemical reagents which are hazardous are used. We use manganese to aid oxidation of the uranium in the ore to a higher valency state, to facilitate leaching. Being a catalyst the manganese used is wholly rejected and reposes in the tailings pond. Manganese as we all know is highly toxic and exposure of the public to such toxins in an uncontrolled manner is extremely undesirable. Constant vigilance is called for to prevent unauthorised and indiscriminate use of potentially hazardous uranium and thorium mill tailings.

From the tailings pond, such radionuclides as radium may find their way by slow degrees, to the local aquatic systems, foodstuffs and finally to man. In published literature we have a fund of information regarding the nature, volume, pre-disposal and post-disposal treatment method, critical radionuclides, critical pathways etc. [53,54,55,56,57,58,59,60].

Periodic monitoring of the local water streams, vegetation and foodstuffs will give the environmentalist an insight into the way the disposal of active wastes affects the environment.

4. Precision of measurements

The results of the surveys conducted must be precise and reliable. The precision achievable and required depend on several factors. The reliability of the instruments used, the sensitivity of the instruments and skill and even mood of the operator who reads the instruments may affect the accuracy of measurements. Accuracy required depends on the purpose and the level of radiation obtaining. The maximum accuracy is required when the levels are at about the maximum permissible. Accuracy of 20% at such level is desirable. At lower levels, say around 10% of the maximum permissible level, an error factor of 2 may be tolerable [60]. At higher levels, say 10 times the permissible levels, the error is not very important, since at such levels immediate corrective measures have to be implemented.

5. Instrumentation

For a routine monitoring of radiation and contamination levels elaborate instrumentation may not be necessary. External γ fields can be easily measured with portable survey meters using either GM detectors or NaI crystal detectors, calibrated directly in exposure rate units. Radon concentrations underground can be measured using scintillation cells, internally coated with silver activated ZnS [16,18]. The two filter method [19] is good for measurements on the surface. It could also be used underground with simple modifications in the tube used. Operators measuring radon daughter concentrations in terms of working levels have been using portable pumps for sample collection and "Juno" or similar type countrate meters [62,63]. Attempts have been made to build portable instantaneous working level meters [64,65]. Thoron concentration can be measured with methods and instruments already mentioned [17,20,48]. Concentration of daughter products can be measured with essentially the same equipment used for radon daughters. Details of the procedure are available in literature [66,67].

Concentrations of condensation nuclei can be measured with commercially available small particle counters [68].

The fraction of unattached or ultra fine ions may be measured using diffusion tubes [29] electrostatic precipitators [30] impaction chambers [25], fine mesh wire screens [27,28] or other methods.

More sophisticated instruments like spectrophotometers, α and γ spectrometers, low background β counters, liquid scintillation counters, etc. will be needed for the analysis of environmental samples whose specific activities are very low.

While choosing the instruments, due consideration should be given to their suitability. Portability, sensitivity, ruggedness etc. are other factors to be considered. In tropical countries the components of the instruments should be properly sealed so as to protect them from the adverse effects of temperature and humidity. The weight of the instruments may not be a great problem in countries where enough manpower is available for assistance. But in countries where due to lack of manpower the operator himself has to attend to several jobs, the weight of the instruments becomes one of the major deciding factors in choosing the instrument. Wherever possible, a scaler for counting is preferable to a countrate meter. For example, during a set of measurements conducted in some United States mines, the radon daughter working-levels were determined simultaneously, using a portable scaler and a portable countrate meter. The results obtained with the scaler in a majority of measurements were higher than those obtained with the rate meter by about 40% [28]. No doubt there were other contributory causes but the different types of instruments used, I am sure, was mainly responsible for the observed difference.

The results of measurement are only as good and reliable as the instruments used.

6. Interpretation of results

Monitoring of the working and general environment is not an end in itself. The real purpose is ultimately the protection of the worker and the public. An over zealous health physicist or an environmentalist in his enthusiasm may overlook this and then be bogged down with a mass of data he does not know how to handle. This is where proper training comes in. The data collected during the course of monitoring must be reviewed from time to time. The goal of a particular monitoring programme must be clearly defined before it is undertaken. May be it is to test the ventilation system in a mine, or the aim may be to test the efficiency of a control measure taken. Transient escalation of radiation levels in working atmospheres need not be viewed with great concern as long as the variation is not too great. The mean level obtained by several measurements should be considered for review of the operational conditions and recommending changes in operational conditions, and implementation of specialised control measures. When the variation in the observed radiation levels is large, action levels for immediate control [69,70] have been suggested. The data obtained from monitoring will be meaningful and fruitful only when it is finally translated into the dose to human population that is affected. In the absence of accurate personnel monitoring data, an educated estimate of the probable dose to man can be made from the data obtained from environmental monitoring [71].

7. Monitoring agency

Having talked quite a bit on monitoring, let us now see who should actually do this work of monitoring. I do not refer here to the qualification of the person for it is taken for granted that he should be qualified and competent to make the measurements, interpret the results and make practical recommendations. I am referring to the agency that must be entrusted with the job. It is preferred first and foremost that the monitoring agency be dissociated from the production department. Whether it can be in the employ of the company or whether it should be a completely independent body is a matter left to the policy makers. Despite the oftquoted slogan "Safety First" in practice the tendency is that the production should be kept up at any cost. At first sight the inspection agency may appear to be at cross purposes with the production department. But this is not so in the long run. Our practice in India is to entrust all radiation protection work - be it routine monitoring or research and development - to the Health Physics Division of the Bhabha Atomic Research Centre. Teams of trained and experienced health physicists are assigned to work on site at all the nuclear installations throughout the country. The monitoring reports are sent to the head of the installations, but the health physicists are answerable only to the Health Physics Division, BARC, irrespective of where they are stationed. They work within the framework of the rules laid down by the Government of India under the Atomic Energy Act, and standards set forth by the Bhabha Atomic Research Centre.

8. Frequency of monitoring

The frequency at which monitoring should be done is dictated by several factors, such as the extent of the operation, number of persons employed, levels of radiation prevalent, the density of population within the sphere of influence of the installation, and of course the manpower available for monitoring. Use of installed continuous monitors can greatly reduce the strain on the staff.

RADIATION PROTECTION MONITORING IN MINES AND MILLS OF URANIUM AND THORIUM

REFERENCES

[1] ICRP (1966). Publication 9. Recommendations of the International Commission on Radiological Protection. (Adopted September 17, 1965).

[2] Dunster, J. (1973). Costs and benefits of nuclear power. New Scientist, Oct. 25.

[3] ICRP (1959). Publication 2. Recommendations of the International Commission on Radiological Protection.

[4] IAEA (1967 Edition). Basic safety standards for radiation protection. Safety Series No. 9.

[5] Dunster, H.J. (1969). Basis of the ICRP maximum permissible doses and applications of basic safety standards. In - Radiation Protection Monitoring. Proceedings Series STI/PUB/199. International Atomic Energy Agency, Vienna.

[6] Smith, C.F. (1964). The control of radiation hazards in Canadian uranium mines and mills with specific references to the Beaverlodge operation of the Eldorado Mining and Refining Ltd. In - Radiological Health and Safety in Mining and Milling of Nuclear Materials. Proceedings Series, STI/PUB/78, Vol. I. International Atomic Energy Agency, Vienna.

[7] Misawa, H. (1964). Radiological health and safety in Japanese uranium mines. In - Radiological Health and Safety in Mining and Milling of Nuclear Materials. Proceedings Series, STI/PUB/78. International Atomic Energy Agency, Vienna.

[8] Raghavayya, M.; Saha, S.C. (1967). Health physics survey of Jaduguda uranium mines. BARC Publication, BARC/HP/Survey/134.

[9] Iyengar, M.A.R. et al. (1973). Health physics survey of Narwa Pahar uranium mines. BARC Publication, BARC/1-243.

[10] Simpson, S.D. et al. (1959). Canadian experience in the measurement and control of radiation hazards in uranium mines and mills. Progress in Nuclear Energy Series XII, Vol. 1 Health Physics.

[11] Stewart, J.R. (1964). Radiological health and safety in the Australian uranium mining and milling industry. In - Radiological Health and Safety in Mining and Milling of Nuclear Materials. Proceedings Series, STI/PUB/78. International Atomic Energy Agency, Vienna.

[12] Dutoit, R.S.J. (1964). Experience in the control of radiation at a small thorium mine in South Africa. In - Radiological Health and Safety in Mining and Milling of Nuclear Materials. Proceedings Series, STI/PUB/78, Vol. I. International Atomic Energy Agency, Vienna.

[13] Iranzo, E.; Liarte, J. (1964). Control de los peligros de la radioactividad en las minas de uranio españolas. In - Radiological Health and Safety in Mining and Milling of Nuclear Materials. Proceedings Series, STI/PUB/78, Vol. I. International Atomic Energy Agency, Vienna.

[14] Holaday, D.A. et al. (1957). Control of radon and daughters in uranium mines and calculation on biological effects. US Public Health Service Publication No. 494.

[15]   Olof Snihs, J. (1973). The approach to radon problems in non-uranium mines in Sweden. Third IRPA Congress, Washington, DC, September 1973.

[16]   Van Dilla, M.A.; Taysum, D.H. (1955). Scintillation counter for assay of radon gas. Nucleonics, 13.

[17]   Vohra, K.G. (1958). A new method for the estimation of radon and thoron contamination in air and its application. Second Geneva Conference, Vol. 23, 367.

[18]   Raghavayya, M. (1968). A direct method for the estimation of radon-222 in mine atmosphere. BARC Publication, BARC/HP/TM/18.

[19]   Thomas, J.W.; Leclare, P.C. (1970). A study of the two filter method for Radon-222. Health Physics, 18.

[20]   Abraham, P. (1966). A graphical method for the estimation of radon and thoron in atmospheric air. Indian Journal of Pure and Applied Physics, 4 (1), 27-29.

[21]   Kusnetz, H.L. (1956). Radon daughters in mine atmospheres - A field method for determining concentrations. American Industrial Hygiene Association Quarterly, 17, 85.

[22]   Rolle, R. (1972). Rapid working level monitoring. Health Physics, 22, 233.

[23]   Loysen, P. (1969). Errors in measurement of working level. Health Physics, 16, 629.

[24]   Parker, H.M. (1969). The dilemma of lung dosimetry. Health Physics, 16, 553.

[25]   Mercer, T.T.; Stowe, T.A. (1969). Deposition of unattached radon decay products in an impactor stage. Health Physics, 17, 259.

[26]   Duggan, M.J.; Howell, D.M. (1969). The measurement of the unattached fractions of airborne RaA. Health Physics, 17, 423.

[27]   George, A.C.; Hinchcliffe, L. (1972). Measurements of uncombined radon daughters in uranium mines. Health Physics, 23, 791.

[28]   Raghavayya, M.; Jones, J.H. (1974). A wire screen filter paper combination for the measurement of fraction of unattached radon daughters in uranium mines. Health Physics, 26, 417-429.

[29]   Fusamura, N.; Kurosawa, R. (1967). Determination of 'f' value in uranium mine air. In - Assessment of airborne radioactivity. Proceedings Series, STI/PUB/159. International Atomic Energy Agency, Vienna.

[30]   Pradel, J. et al. (1970). Sur les caractéristiques des aérosols radioactifs présents dans les mines françaises d'uranium. Radioprotection, 5 (4), 263.

[31]   Pohl-Ruling, J.; Pohl, E. (1969). The radon-222 concentration in the atmosphere of mines as a function of barometric pressure. Health Physics, 18, 579-584.

[32]   Schroeder, G.L.; Evans, R.D.; Kraner, H.W. (1966). Effect of applied pressure on the radon characteristics of underground mine environment. Transactions of the Society of Mining Engineers, March.

[33]   Raghavayya, M. (1969). Estimation of the concentration of radon dissolved in mine waters. In - Radiation Protection Monitoring. Proceedings Series, STI/PUB/199. International Atomic Energy Agency, Vienna.

[34]   Kobal, I.; Kristan, J. (1973). Extension of Raghavayya's method for the determination of radon in water. Microchimica Acta (Wien).

[35]   Thompkins, R.W.; Cheng, K.C. (1969). The measurement of radon emanation rates in Canadian uranium mines. The Canadian Mining and Metallurgical Bulletin, December.

[36]   Khan, A.H.; Raghavayya, M. (1973). Radon emanation studies in Jaduguda uranium mines. Third IRPA Congress, Washington, DC., Sept. 1973.

[37]   Fusamura, N.; Misawa, H. (1964). Measurement of radioactive gas and dust as well as investigations into their prevention in Japanese uranium mines. In - Radiological Health and Safety in Mining and Milling of Nuclear Materials. Proceedings Series, STI/PUB/78, Vol. I. International Atomic Energy Agency, Vienna.

[38]   Raghavayya, M.; Khan, A.H. (1973). Radon emanation from uranium mill tailings used as backfill in mine. Presented at the Noble Gases Symposium (Las Vegas, September 1973).

[39]   Murthy, S.V.; Nambiar, P.P.V.J. (1964). Operational experience in the health physics management of thorium industry in India. In - Radiological Health and Safety in Mining and Milling of Nuclear Materials. Proceedings Series, STI/PUB/78, Vol. I. International Atomic Energy Agency, Vienna.

[40]   Iyengar, M.A.R. et al. (1973). Health physics survey of Jaduguda uranium mill and its environment. BARC Publication, BARC/I-70, Revised.

[41]   Hyatt et al. (1960). A study of two stage air samplers designed to simulate the upper and lower respiratory tract. Thirteenth International Congress on Occupational Health.

[42]   Ettinger, H.J. (1969). Survey of techniques employed to define aerosol "respirable dust" concentration and particle size characteristics. Los Alamos Scientific Laboratory of the University of California.

[43]   Lippman, M. (1970). Respirable dust sampling. American Industrial Hygiene Association Journal, 31, 138.

[44]   Ettinger, H.J. et al. (1970). Calibration of two-stage air samplers. American Industrial Hygiene Association Journal, 31, 537.

[45]   Giridhar, Jha; Eappen, K.P. (1973). Distribution of airborne activity in a uranium mill using cobwebs. Third IRPA Congress, Washington, DC.

[46]   Kotrappa, P. et al. (1973). HASL cyclone as an instrument for measuring aerosol parameters for new lung model. Third IRPA Congress, Washington, DC.

[47]   Eisenbud, M.; Blatz, H.; Barry, E.V. (1954). How important is surface contamination. Nucleonics, 12 (8), 12-15.

[48] Nambiar, P.P.V.J.; Gopinath, D.V. (1967). Ionisation chamber for continuous measurement of thoron. In - Assessment of Airborne Radioactivity. Proceedings Series, STI/PUB/159. International Atomic Energy Agency, Vienna.

[49] Khan, A.H.; Giridhar, Jha (1970). Evaluation of atmospheric radon around the uranium complex at Jaduguda. National Symposium on Radiation Physics, Trombay, Bombay, India.

[50] Shearer, S.D. Jr.; Sill, C.W. (1969). Evaluation of atmospheric radon in the vicinity of uranium mill tailings. Health Physics, 17, 77.

[51] Keith, J.; Schlager; Hilding, G.; Olson (1971). Radon progeny exposure control in buildings. First Progress Report to the Environmental Protection Agency. Colorado State University.

[52] Petermetzger (1971). 'Dear Sir' Your house is built on radioactive uranium waste. The New York Times Magazine, October 31.

[53] Tsivoglou, E.C.; O'Connell, R.L. (1964). Nature, volume and activity of uranium mill waste. In - Radiological Health and Safety in Mining and Milling of Nuclear Materials. Proceedings Series, STI/PUB/78, Vol. II. International Atomic Energy Agency, Vienna.

[54] Misawa, H. et al. (1964). Solid liquid wastes at the Ningyo-Toge mine. In - Radiological Health and Safety in Mining and Milling of Nuclear Materials. Proceedings Series, STI/PUB/78, Vol. II. International Atomic Energy Agency, Vienna.

[55] Gvozdanovic, D. (1964). Contamination of running water wastes during uranium ore milling. In - Radiological Health and Safety in Mining and Milling of Nuclear Materials. Proceedings Series, STI/PUB/78, Vol. II. International Atomic Energy Agency, Vienna.

[56] Tsivoglou, E.C. (1966). Environmental monitoring around a uranium mill in the United States of America. Manual on Environmental Monitoring in Normal Operations. IAEA Safety Series No. 16.

[57] Iyengar, M.A.R.; Markose, P.M. (1972). Pollution aspects of uranium industry in Jaduguda, Bihar. Presented at the All India Conference on Abatement of Environmental Pollution.

[58] OWRC (1971). Water pollution from the uranium mining industry in the Elliot Lake and Bancroft Areas, Vol. I.

[59] Hester, K.D.; Yourt, G.R. (1960). Waste disposal from uranium operations in the Algoma water shed. Presented at the 7th Annual Waste Congress, Delawana, Inc., Horly Harbour, Ontario.

[60] Caplice, D.P.; Shikaze, K. (1970). Aspects of waste control in the mining industry. Presented at the Thirteenth Conference on Great Lakes Research, Buffalo, NY.

[61] Vichai Hayodom (1969). Radiation monitoring - purpose, accuracy required and interpretation of results. In - Radiation Protection Monitoring. Proceedings Series, STI/PUB/199. International Atomic Energy Agency, Vienna.

[62] Federal Radiation Council (1967). Guidance for the control of radiation hazards in uranium mining. Report No. 8 (Revised).

[63] Pullen, P.F. Procedure for use of radon daughter sampling equipment - Instruction sheet issued for intra departmental use. Rio Algom, Co. Elliot Lake, Ontario.

[64] Keith, J.; Schlager (1970). Radon progeny inhalation study as applicable to uranium mining. Fifth Annual Progress Report on US AEC Contract No. AT (1^1 - 1) - 1000. Colorado State University.

[65] Groer, P.G. et al. (1973). An instant working level meter with automatic individual radon daughter read out for uranium mines. Third IRPA Congress, Washington, DC.

[66] Duggan, M.J. (1973). Some aspects of the hazard from airborne thoron and its daughter products. Health Physics, 24, 301.

[67] Khan, A.H. et al. (1974). Thoron daughter working level. In these proceedings, p. 103.

[68] Gardner Associates, Inc. Preliminary instructions for small particle detector type CN.

[69] Holaday, D.A.; Doyle, H.N. (1964). Environmental studies in the uranium mines. In - Radiological Health and Safety in Mining and Milling of Nuclear Materials. Proceedings Series, STI/PUB/78, Vol. I. International Atomic Energy Agency, Vienna.

[70] ILO/IAEA (1968). Radiation protection in the mining and milling of radioactive ores. Code of practice and technical addendum. Manual of Industrial Radiation Protection, Part VI. International Labour Office, Geneva.

[71] Khan, A.H.; Raghavayya, M. (1974). Cumulative exposure of uranium miners to radon daughters. Submitted for presentation at the First Asian Regional Congress on Radiation Protection, Bombay.

DISCUSSION

J. AHMED (AIEA): You have mentioned under "monitoring" that during the initial survey in a uranium mine you measured β- and γ-radiations. When you find that the contribution from β is negligibl you then measure γ only for routine check-up. Do you not measure α during the initial survey?

M. RAGHAVAYYA: I was referring to the measurement of external exposure rates; α-radiations being non-significant as far as external hazard is concerned, they are not measured.

J. AHMED: My second question is in connection with thoron standard and measurement of thoron. As the major contribution to inhalation hazard is from ThB, there is a feeling that it may be more sensible to measure ThB to estimate the dose to respiratory tract. Could you give your views in this matter?

M. RAGHAVAYYA: Yes. I think it is a good idea to estimate ThB as an index of the risk from thoron daughters. ThB activity in air has been measured in our thorium plant at Trombay by my colleagues. The result indicates that under normal operating conditions the ratio of ThB to thoron is very low, say about 0.04.

A portable α-counter for uranium mines with preset, updated readout [1]

D.J. Keefe, W.P. McDowell, P.G. Groer[*]

Abstract - Résumé - Resumen - Резюме

A portable α-counter for uranium mines with preset, updated readout - The counter described uses a Si surface-barrier detector and LED display. It is portable (dimensions: 25 x 11 x 11 cm; weight: 1.5 kg) and is powered by rechargeable Ni-Cd batteries. Three preselected times can be set on three digit switches. After the start of the counting procedure the display is updated whenever a preselected time is reached. The total α-counts or RaA and RaC' counts, accumulated from the start to this particular time, are displayed. Counts accumulated between two preselected times can be obtained by subtraction. Display of α-counts during a fixed time interval (39 to 41 min after the end of sampling) is also provided to allow the use of the Kusnetz Method. This counter makes it possible to determine the Rn-daughter concentrations by several new methods. Equations relating counts to Rn-daughter concentrations are given and their precision is analysed for 1 WL equilibrium air. It is found that these new methods are slightly more precise than the existing methods (Modified Tsivoglou and α-spectroscopic method by Martz et al.).

Compteur α portatif à lecture cumulative à intervalles présélectionnés, utilisable dans les mines d'uranium - Le compteur décrit utilise un détecteur à barrière superficielle au silicium et un affichage LED. Il s'agit d'un appareil portatif (mesurant 25 x 11 x 11 cm et pesant 1,5 kg), alimenté par des batteries rechargeables au nickel-cadmium. Trois durées du comptage peuvent être présélectionnées au moyen de commutateurs numériques à trois positions. Après le démarrage du comptage, la valeur affichée est mise à jour à la fin d'une des périodes choisies à l'avance. Les valeurs affichées correspondent au comptage cumulatif pour le rayonnement α total ainsi que pour RaA et RaC'. Le comptage cumulatif entre deux gammes s'obtient par soustraction; le comptage α au cours d'un intervalle fixe (39 à 41 min après la fin de l'échantillonnage) est également affiché pour permettre l'utilisation de la méthode de Kusnetz.

---

[1] Work sponsored in part by the US Atomic Energy Commission and the US Bureau of Mines.

[*] Argonne National Laboratory, Argonne, Illinois, United States.

Avec ce compteur, il est possible d'utiliser plusieurs méthodes nouvelles pour déterminer la concentration des produits de filiation du radon. Des équations reliant le résultat du comptage à la concentration de ces produits sont indiquées et leur précision est analysée dans le cas d'un air où la concentration en équilibre est égale à 1 WL. On a constaté que ces nouvelles méthodes étaient légèrement plus précises que les méthodes actuelles (méthode modifiée de Tsivoglou et méthode de spectrométrie α de Martz et coll.).

Contador α portatil para las minas de uranio, de lectura preestablecida y actualizada - En el contador descrito se utiliza un detector de barrera superficial de sílice con pantalla luminosa de diodo. Es un aparato portátil (sus dimensiones son las siguientes: 25 x 11 x 11 cm, y su peso es de 1,5 kg) y funciona con una batería de nicol-cadmio. Pueden elegirse tres tiempos seleccionados en tres seccionadores numerados. Al iniciarse el cómputo, los resultados se corrigen cada vez que se alcanza un tiempo preseleccionado. El contador indica el total de los cómputos α o RaA y RaC' acumulados desde el principio en relación con el tiempo elegido. Los totales acumulados entre dos tiempos preseleccionados pueden obtenerse por substracción. También indica los cómputos α en un tiempo determinado (39-41 min después del final del muestreo) para poder utilizar el método Kusnetz. Este contador permite determinar la concentración de productos descendientes del radón por diversos métodos. Establece ecuaciones entre los cómputos y concentración de productos descendientes del radón, y su precisión se analiza respecto al nivel de trabajo (WL) en suspensión en el aire. Se ha comprobado que estos nuevos métodos son algo más precisos que los existentes (Método Tsivoglou modificado y método α-espectroscópico de Martz y otros).

Портативный счетчик альфа-частиц для урановых рудников с новейшим считывающим устройством, использующим заложенные данные - В описанном счетчике используется кремниевый поверхностно-барьерный детектор и индикаторное устройство. Счетчик портативный (размеры: 25 см x 11 см x 11 см, вес: 1,5 кг.) и питается от перезаряжаемых никеле-кадмиевых батарей. Три заранее подобранных момента времени могут быть установлены на трех цифровых коммутаторах. После начала процесса подсчета, индикаторное устройство регулируется по времени, когда достигается установленный заранее момент времени. На индикаторном устройстве показывается общий счет альфа-частиц или счет RaA и RaC, накопленный со времени начала подсчета до данного определенного времени. Счет, накопленный между двумя заранее установленными моментами времени, может быть получен путем вычитания. Индикаторное устройство счета альфа-частиц в течение установленного периода времени (39-41 минута после окончания забора пробы) также обеспечивает использование метода Кузнеца.

Этот счетчик дает возможность определять концентрации дочерних продуктов радона с помощью нескольких новых методов. Приведены уравнения, относящиеся к подсчетам концентраций дочерних продуктов радона, и их точность анализируется для одного рабочего уровня равновесного воздуха (1 WL). Установлено, что эти новые методы являются немного более точными, чем существующие методы (измененные методы Цивоглу и альфа-спектроскопический метод Марц).

A PORTABLE α-COUNTER FOR URANIUM MINES
WITH PRESET, UPDATED READOUT

Introduction

Methods which use the α-counts from RaA (^{218}Po) and RaC' (^{214}Bi) to determine the Rn-daughter concentrations and implicitly the WL, have been in use for a long time (see e.g. references 1,2,3). Over the years there has been a gradual improvement of the understanding of these methods and, coupled with it, a stepwise increase of their precision. The by now classic method of Tsivoglou et al. [1] used α -activity measurements at three different decay times after the end of sampling to assess the Rn-daughter concentrations. Thomas [2] observed that the precision of such a method could be improved by recording total α-counts during three time intervals of varying lengths, and Martz et al. [3] found that increased precision and convenience would result from a spectroscopic separation of RaA and RaC' α-counts. He did not, however, anticipate Thomas' total α-count approach. Since these α-methods are very simple and practical where rapidity is not important, a further improvement of their precision seemed desirable. The following approach was initiated while one of the authors was trying to find a way of calibrating an instant working level meter [4].

Theory of the methods

All methods used for the assessment of Rn-daughter concentrations assume that the airborne concentrations are constant during the time of sampling. This is the simplest assumption and probably a justifiable one. We found that RaA α-counts observed during the first minute of a two-minute sampling period were in proper proportion with the RaA α-counts observed during the second minute of the same sampling period. A theoretical investigation considering concentrations which are changing during the sampling period is presently underway [5]. We will here, like in all previous procedures, again assume constancy of the concentrations.

All analysis of precision of these α -methods assume that the counts observed are sampled from a Poisson-distributed population. This assumption can again be questioned. Strictly speaking, the product of decay constant times the observation time, λt, has to be much smaller than one to warrant a Poisson distribution for a single radioactive nuclide. We do not consider here a single nuclide, and $\lambda t \ll 1$ is also not always true. However, if the overall counting efficiency, E, is small (e.g. 10 to 20%) Poisson again becomes a very good approximation because the probability of counting an event is reduced (Eλt $\ll$ 1). This consideration will permit us to analyse the precision of one of the methods considered. For the second method, some further contemplation is necessary to obtain the variance of the number of observed counts if Eλt $\cong$ 1. In this case, one finds [6] that the variance is given by $N_0 P_0 (1 - P_0)$, where N_0 represents the number of nuclei present at zero decay time. P_0 is a product of three factors:

$$P_0 = E e^{-\lambda t_s} (1 - e^{-\lambda t_E}),$$

t_s = time after the end of sampling when the counting period starts,

t_E = time after the end of sampling when the counting time ends.

An estimate for the mean $N_0 P_0$ would be C, the number of observed counts. This yields the following estimate of the standard deviation:

$$\sigma \cong \left[C(1 - C/N_0) \right]^{\frac{1}{2}} \quad (1)$$

The error is therefore smaller than for a Poisson distribution.

We are now ready to introduce the new methods. If a Poisson distribution is valid, the relative standard deviation will decrease as $C^{-\frac{1}{2}}$. Therefore, the larger the counts the greater the precision. How can one obtain counts larger than the ones observed by the previous methods? One obvious flaw with these methods is the fact that the scaler is reset after each counting period and that, therefore, precious counts are lost. To avoid this, a scaler had to be designed which would not erase the counts observed in the previous counting interval, but would only up-date the display. The design of this scaler will be described in the following section. Prior to its description, we will consider the case where Eq. (1) is valid. The predominant attitude toward the measurement of RaA on a filter sample is to measure it quickly before it decays. This is only half the truth, however. One should measure it quickly, but also for a long time to increase C/N_0 in (1) and decrease σ. This principle is used in the second method presented.

A PORTABLE α-COUNTER FOR URANIUM MINES
WITH PRESET, UPDATED READOUT

The derivation of equations relating the airborne Rn-daughter concentrations to observed α-counts is lengthy and will not be given. Instead, we will only present the final equations for the two methods:

$N_A = (1/EV)(0.618712\ A(1,6))$

$N_B = (1/EV)[-0.627275\ A(1,6) - 4.738843\ C(1,6) + 1.172497\ C(1,31)]$ (2)

$N_C = (1/EV)[0.049998\ A(1,6) + 2.140326\ C(1,6) - 0.183064\ C(1,31)]$

$N_A = (1/EV)(0.420564\ A(1,31))$

$N_B = (1/EV)[-0.4263847\ A(1,31) - 4.738842\ C(1,6) + 1.172497\ C(1,31)]$ (3)

$N_C = (1/EV)[0.033986\ A(1,31) + 2.140326\ C(1,6) - 0.183064\ C(1,31)]$

N_A = airborne RaA concentration (atoms/liter)

N_B = airborne RaB concentration (atoms/liter)

N_C = airborne RaC concentration (atoms/liter)

V_2 = flowrate (liter/min)

$A(t_1, t_2)$ = RaA counts from t_1 to t_2 minutes after the end of sampling

$C(t_1, t_2)$ = RaC' counts from t_1 to t_2 minutes after the end of sampling

The build-up time is 5 minutes for both methods.

The portable counter

The portable α-counter necessary for the application of Eqs. (2) and (3) uses a silicon surface barrier detector (ORTEC). Its pulses are amplified by a charge-sensitive preamplifier. The amplified pulses are analysed by an integrated circuit single-channel analyser with a resolution of up to 10^5 counts/s. The single-channel analyser separates the RaA pulses from the RaC' pulses and routes them to two independent 8-decade counters. The 8-decade counters consist of two ganged four digit display drivers (General Instrument - AY4007A). These display drivers are coupled to two solid state 4-decade displays (Hewlett-Packard, HP 5082-7404) through a multiplexing circuit. This multiplexer greatly reduces the current requirements. The timing of scalers and the crucial updating of the counts displayed are achieved by a logic control circuit. The basic clock is a crystal oscillator. There are three time-delay selectors (digit-switches) which allow the following time selections:

Switch	Range
1	0 - 0
2	0 - 99
3	0 - 99

These switches control the updating times necessary for the two methods Equations (2) and (3). Four delay indicators tell the operator which count is displayed. Also provided is an automatic counting interval from 39 to 41 min for the Kusnetz method. Completion of the Kusnetz count is indicated by LED number 4. The operator can select either α-spectroscopy or total α-counts for a particular measurement by positioning a toggle switch. A normal operation would consist of the following steps:

(1) Place the air sample on the detector;
(2) turn power ON:
(3) press HOLD-RESET-HOLD;
(4) press START.

After these manual steps everything proceeds completely automatically. In the spectroscopic mode the counts accumulated in the RaA and RaC' counter are displayed at the time set on the first digit switch. According to the equations given, this display corresponds to $A(1,t_1)$ and $C(1,t_1)$. This display remains on until the logic gives the command to update for the second time. The display then shows $A(1,t_2)$ and $C(1,t_2)$. It should be emphasized that every update displays all the counts which have been accumulated from the start of the counting period to this particular update time. This procedure continues through delay number three. At 39 min after the end of the sampling period, the display of $A(1,t_3)$ and $C(1,t_3)$ is automatically reset to zero. After a delay of 1 ms, the accumulation of counts starts again until 41 min are reached. At this time only the counts accumulated during these 2 min are displayed. To save power, a switch is provided to turn the display off after a completed update. A mode switch also allows use of this scaler without the automated updating function for other purposes.

A PORTABLE α-COUNTER FOR URANIUM MINES
WITH PRESET, UPDATED READOUT

It is evident from the description of the updating procedure that the relative standard deviations for N_A, N_B and N_C will be smaller than in the earlier methods because a large number of counts will be used for each calculation. An additional advantage of this scaler lies in the fact that the counts for both methods can be obtained at once.

The detector was calibrated by comparison with a calibrated hemispherical gas-flow proportional counter. The setting of the α-discriminator was checked by comparing the results of method (3) and a method using total α-counts at three different decay times (see Appendix A).

Precision of the methods

The precision of the two methods was analysed for 100 pCi/l of RaA, RaB and RaC, sampled at a flowrate of 10 l/min. A counting efficiency of 20% and a negligible background counting rate were assumed. The results are shown in Table 1 and are compared with the precision obtained by Thomas [2] for the methods in reference 1, 2 and 3. All of the methods given here are more precise than the earlier methods. It should be noted that the precision of the RaA determination with method (3) could be further improved by increasing the detection efficiency. This is evident from Eq. (1). In the limit of 100% counting efficiency the standard deviation would tend to zero.

REFERENCES

[1] Tsivoglou, E.C.; Ayer, H.E.; Holaday, D.A. (1953). Nucleonics, 11, 40.

[2] Thomas, J. (1970). Health Physics, 19, 691.

[3] Martz, D.E. et al. (1969). Health Physics, 17, 131.

[4] James, A.C.; Strong, J.C. (1973). Proceedings of the 3rd International Congress of the IRPA, Washington, D.C., 932.

[5] Hill, A. This method takes two α-counts, the first 1 minute, the second 4 minutes after a 2-minute sample and assumes natural growth of the Rn-daughters. (Private communication).

[6] Groer, P.G.; Evans, R.D.; Gordon, D.A. (1973). Health Physics, 24, 387.

[7] Schroeder, G.L. (1971). U.S. Patent 3, 555, 278.

[8] Hollander, M.; Wolfe, D.A. (1973). Nonparametric statistical methods, 39-83. J. Wiley and Sons, New York.

Table 1

The precision of the two new methods compared
with the procedures in references 1, 2 and 3

Method	Relative Standard Deviation		
	RaA	RaB	RaC
Tsivoglou	39.0%	8.3%	11.5%
Martz	4.5%	6.0%	3.5%
Thomas	11.7%	3.7%	3.9%
Method 1 (Eq. 2)	1.8%	3.4%	1.8%
Method 2 (Eq. 3)	1.3%	3.4%	1.8%

Assumed are: (1) 100 pCi/l of RaA, RaB and RaC
(2) V = 10 l/min (sampling rate)
(3) E = 0.20 (detection efficiency)

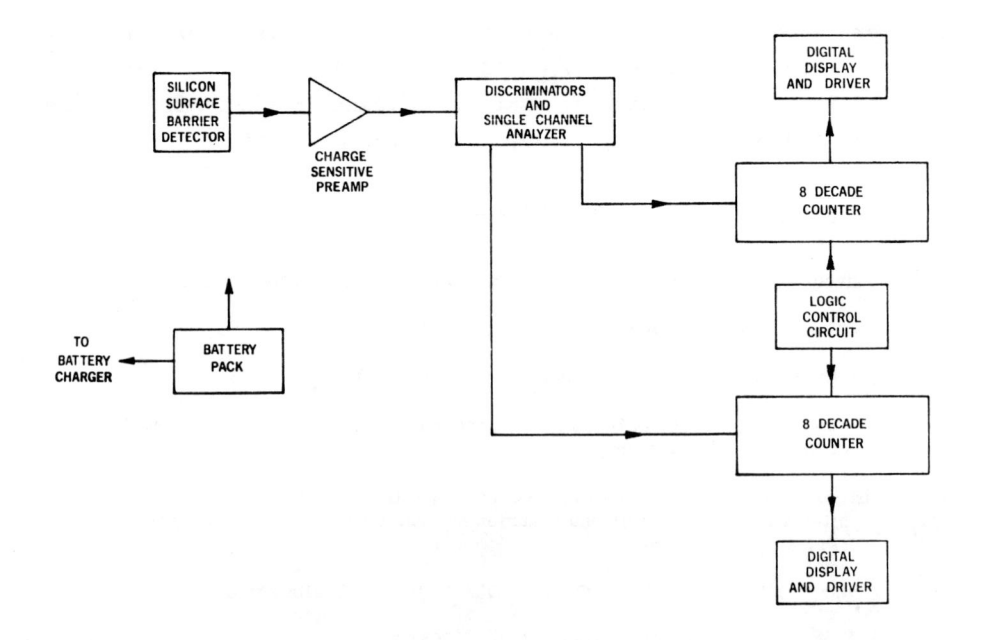

Block diagram of the Portable α-Counter

Appendix A

The method given here uses total α-counts and is very similar to the method given by Thomas [2].

$N_A = (1/EV) \left[0.926023\ T(1,6) - 0.724228\ T(6,21) + 0.679372\ T(21,31) \right]$

$N_B = (1/EV) \left[0.005746\ T(1,6) - 1.621175\ T(6,21) + 3.793137\ T(21,31) \right]$

$N_C = (1/EV) \left[0.768245\ T(1,6) + 1.948512\ T(6,21) - 2.182615\ T(21,31) \right]$

The sampling time is again five minutes and counting starts one minute after the end of sampling. $T(t_1, t_2)$ are the total α-counts from t_1 to t_2 minutes after the end of sampling. E is again the counting efficiency and V is the flowrate in liter/min. The precision of this method is given below.

Nuclide	Relative Standard Deviation (%)
RaA	10
RaB	3.5
RaC	3.7

Assumed are: V = 10 l/min, E = 0.2 and 1 WL equilibrium air.

A new monitor for long-term measurement of radon daughter activity in mines

B. Haider, W. Jacobi[*]

Abstract - Résumé - Resumen - Резюме

A new monitor for long-term measurement of radon daughter activity in mines - A portable filter monitor with direct display of the integral Rn-daughter exposure had been developed. The monitor is equipped with a rechargeable battery and enables continuous or fractionated air sampling at preset time intervals over a period of 1-2 weeks with one battery charge. The sampled α-activity is measured by a silicon-detector and counted electronically. With regard to applications in mines, special error detecting circuits and a stainless and waterprotected housing had been designed. The lower detection limit of the instrument amounts to 0.001 working-level hours. This is comparable with concentration of Rn-daughters in atmospheric air. Connecting an external pump will raise air sampling rate and sensitivity.

Nouveau moniteur pour la mesure sur une longue période de l'activité des descendants du radon dans les mines - Un moniteur portatif à filtre a été mis au point pour mesurer l'exposition cumulative aux descendants du radon. Les résultats sont indiqués par affichage direct. Equipé d'une batterie rechargeable, le moniteur permet, sans recharge de batterie, de procéder pendant une à deux semaines à un échantillonnage de l'air, continu ou fractionné, à intervalles fixés à l'avance. L'activité α de l'échantillon est mesurée par un détecteur au silicium et comptée par voie électronique. Pour l'application dans les mines, on a mis au point des circuits spéciaux de détection des erreurs et une enveloppe étanche en acier inoxydable. Le seuil inférieur de sensibilité de l'instrument est de 0,001 WLH (working level hours), chiffre du même ordre de grandeur que la concentration des produits de filiation du radon dans l'atmosphère. Le branchement d'une pompe extérieure augmente le taux d'échantillonnage de l'air et la sensibilité de l'appareil.

---

[*] Institut für Strahlenschutz, Gesellschaft für Strahlen- und Umweltforschung mbH, München-Neuherberg, Federal Republic of Germany.

Nuevo detector para la medición a largo plazo de los descendientes del radón en las minas - Se ha perfeccionado un filtro portátil detector de radiactividad con presentación directa de la exposición integral a los descendientes del radón. El detector está equipado con un acumulador recargable que hace posible la toma de muestras del aire continua o fraccionada a intervalos de tiempo preestablecidos durante un período de una a dos semanas con una carga de batería. La actividad α de la muestra se mide por medio de un detector a base de silicio y el recuento se hace electrónicamente. Para su aplicación en las minas se han diseñado circuitos especiales detectores de errores y una caja inoxidable e impermeable. El límite inferior de detección del instrumento es de 0,001 WLH, límite comparable a la concentración de los descendientes del radon en el aire atmosférico. Si se conecta una bomba externa se elevará la tasa de toma de muestras de aire y la sensibilidad.

Новый дозиметр для долгосрочных измерений активности дочерних продуктов радона в рудниках - Разработан портативный фильтровый дозиметр с прямым индикаторным устройством, показывающим общую дозу радиации дочерних продуктов радона. Дозиметр снабжен перезаряжающейся батареей и дает возможность брать непрерывные или отдельные пробы воздуха через заранее установленные промежутки времени в течение периода в одну-две недели при одной подзарядке батареи. Активность альфа-частиц в пробах измеряется кремниевым детектором и подсчитывается с помощью электроники. Для определения ошибок при использовании прибора в рудниках сконструирован специальный контур. Для прибора изготовлен также нержавеющий и водонепроницаемый кожух. Порог чувствительности прибора составляет 0,001 рабочего уровня в час. Это сравнимо с концентрацией дочерних продуктов радона в атмосферном воздухе. Присоединение внешнего насоса повысит скорость забора проб воздуха и чувствительность прибора.

Introduction

Air monitoring in mines is restricted mainly on measurements of radon or its daughters in single air samples which are taken in a rather short sampling time. For this purpose several so-called working-level-meters have been developed in the last years [1-5].

Taking into account the varying activity in a mine, monitors are needed which enable long-term measurements and the indication of the accumulated exposure in working areas over a long time period. With regard to this concept we have developed several types of monitors.

A NEW MONITOR FOR LONG-TERM MEASUREMENT OF RADON DAUGHTER
ACTIVITY IN MINES

Description of the monitor

Figure 1 shows a photograph of the latest generation of monitors developed.

Figure 1
Monitor for long-term measurement
of Rn-daughter activity

The housing of the new instrument is waterprotected and is made from stainless steel. The monitor head is waterprotected too, but it is the most damageable part because the method of measurement needs some openings. During the measuring phase in a mine the head is sheltered by the upper part of the housing which will be positioned straight above. For transportation upper part is pushed down and the head is fully protected.

The left half of the head contains the data display and (under the left lid) some connectors and knobs for adjusting the instrument. The display will be switched on by holding a small magnet near the middle of the head.

The right half is the sampling probe with the filter simply pinched between the lower block and the right lid. Figure 2 shows a schematic cross section of the probe. The outside air is sucked in through the slit, passes the filter and is exhausted on the other side of the probe. Free daughter atoms as well as atoms attached to aerosol particles are deposited on the filter surface. For filter replacement the lid can be easily removed. Normally fibrous cellulose asbestos filters with an effective diameter of 16 mm are used. With this filter type the small blower makes an air flowrate of 10 l/h.

For counting the α-particles coming from the filter surface a silicon surface barrier detector is used. The detector type is individually selected in regard to environmental conditions, e.g. for wet mines with high radiation level a small one with a sturdy aluminium surface is taken. The α-spectrum of a mixture of Rn- and Tn-daughters seen by the detector during sampling time is represented in Figure 3. The α-peaks of RaA and RaC' are definitely separate. The discriminator level is set very low just into the minimum between noise and the first peak. The electronic part of the monitor (Figure 4) is designed for low power consumption. After amplification and pulse height discrimination the detector pulses are counted by the 8-digit scaler. To save energy the number of counts is displayed only if required. For the same reason the instrument includes a timer controlling the air blower which enables automatic fractioned air sampling in preset time intervals. The blower operates periodically with a cycle time of 10 min. A duty time of 1,3 or 10 min (continuous sampling) per cycle can be selected. Detector and scaler are working continuously. The blower motor is driven by an electronic commutating circuit including a regulation loop for constant rotation speed.

Usually the monitor is operated by persons who cannot pay attention to faults of measurement. Therefore, battery voltage, detector voltage, counting rate and rotation speed of the blower are automatically checked by the error detection system. This system finds the most probable faults like detector noise, high detector current or blower block up. Two levels of faults are detected: low-level errors are displayed only. High-level errors cause the power switch to cut off power from most stages. This facility should reduce the number of inspections being necessary to guarantee correct functioning to once a year.

A NEW MONITOR FOR LONG-TERM MEASUREMENT OF RADON DAUGHTER ACTIVITY IN MINES

The elements with the shortest working life are the detector, the blower motor and the accumulator. During normal use in a mine they will work about three years. Conditioned by bad experience with getting spare parts for the old monitor, in the new instrument detector and motor are mounted very flexibly. Therefore other detector- and motor-types may be used if necessary.

The total power consumption is about 600 mW, from which more than 500 mW are required for the air blower. Power for the monitor is supplied by an internal dryfit PC accumulator which enables with one charge an operation for 3 days (1.0 relative duty time of blower), 8 days (o.3 relative duty time) or 15 days (0.1 relative duty time). From our experience in mines a duty cycle of 0.1 seems to be sufficient.

For special purposes the monitor can be connected with various external devices like power supply, multichannel analyser or data recorders.

Instrument calibration

For the monitoring of Rn-daughter mixtures in mines and room air the concept of potential α-energy concentration and the unit 1 WL = 1.3 x 10^5 (pot α-)MeV/l air have been introduced.

The total number Z(T) of α-pulses counted with the instrument during a time period T is connected with the time integral E(T) of the potential α-energy concentration by the equation: [6]

$$Z(T) = \frac{\beta \cdot \eta \cdot f \cdot v \cdot t}{p} \cdot E(T)$$

In this equation means η the counting efficiency of the used type of detector, f > 0.99 the deposition efficiency of the filter, v = 10.0 ± 0.5 l/h the airflow rate, t = 0.1, 0.3, 1.0 the blower duty cycle and p = 7.68 MeV the total potential α-energy of one ^{214}Pb (RaB)- or ^{214}Bi (RaC)-atom. β is a correction factor, necessary because ^{218}Po (RaA) and ^{214}Po (RaC') decay with different α-energies.

The correction factor β depends on the relative composition of the Rn-daughter mixture in the measured air, which varies with the ventilation rate λ_v and the rate constant λ_a for the attachment of free daughter atoms to particles in the considered mine

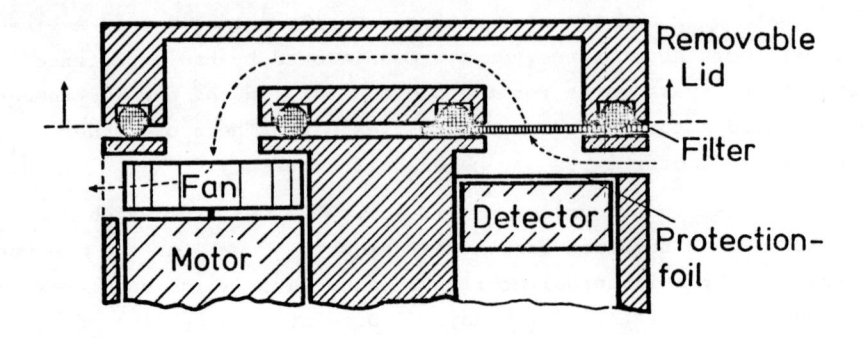

Figure 2
Schematic cross-section of the sampling probe

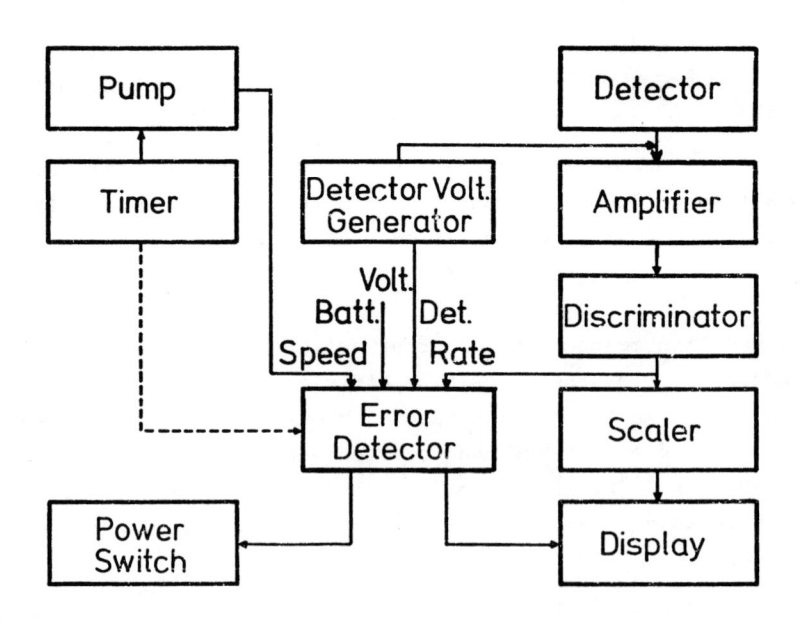

Figure 4
Block diagram of the electronics

A NEW MONITOR FOR LONG-TERM MEASUREMENT OF RADON DAUGHTER ACTIVITY IN MINES

Figure 3
α-spectrum of Rn- and Tn-daughters

Figure 5
Correction factor β for instrument sensitivity

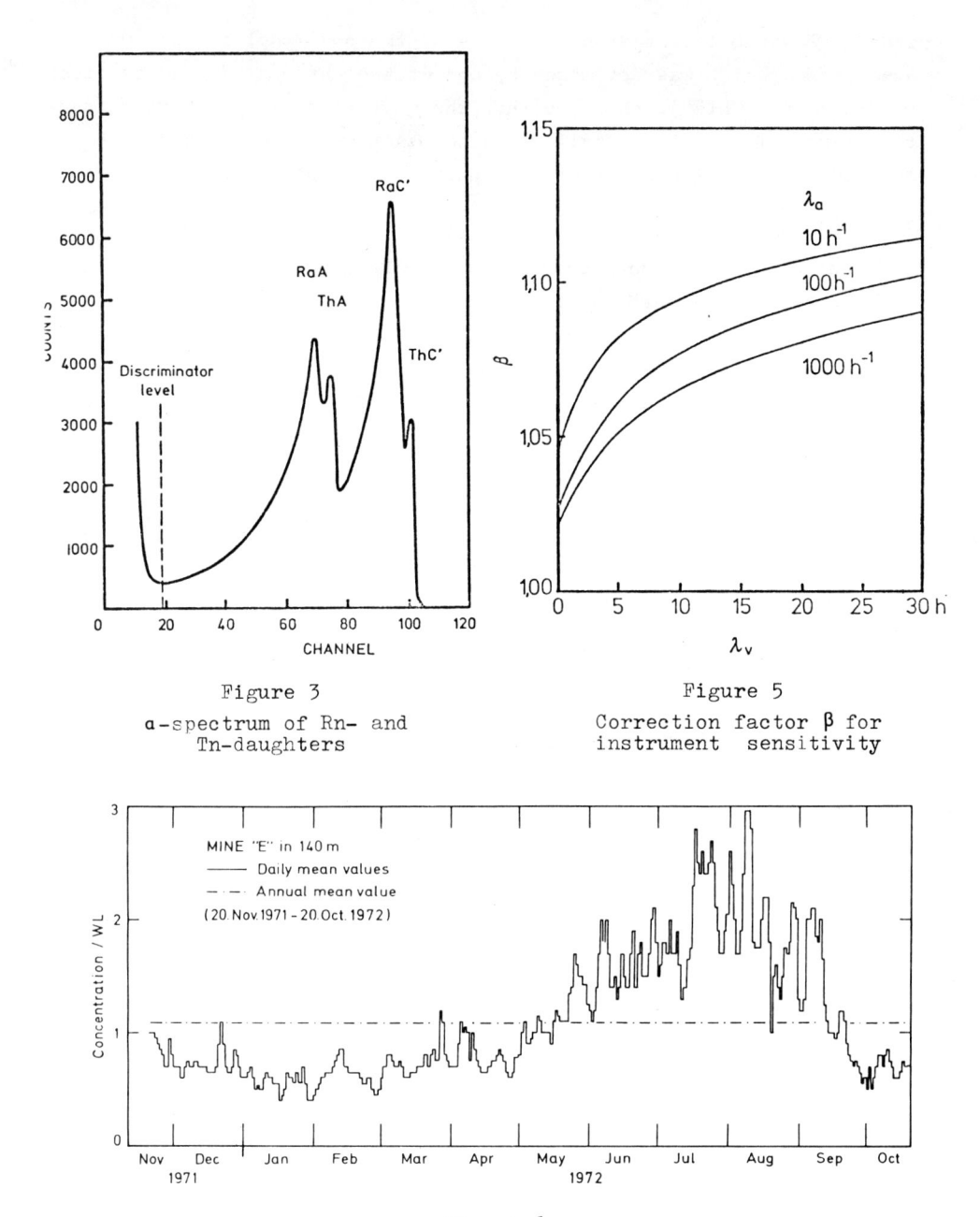

Figure 6
Variation of the continuously measured Rn-daughter activity in a working area of a fluorspar mine

223

area. β was calculated on the basis of the box model for Rn-atmospheres which was developed by one of the authors [7] and is given in Figure 4. This graph shows that the variation range of the correction factor β is rather small and a constant value β = 1.05 can be applied to most mine and room atmospheres with sufficient accuracy.

Test measurements

An example for continuously measured Rn-daughter activity in a mine is shown in Figure 6. These measurements were made with the first generation of these monitors during a one-year test measurement in a Bavarian fluorspar mine. A rather strong long-term variation of activity is noticed. This variation is mainly caused by the change of air ventilation during an extension of the mine gallery.

In general these test measurements indicate the necessity of long-term Rn-monitoring to get more information about the real cumulative exposure of miners.

The counting efficiency η was determined by geometrical computations and comparison with calibrated α-sources. At the normal operational conditions it results

η = 0.035 ± 0.001 for a small detector (active area = 50 mm^2)
η = 0.091 ± 0.003 for a large detector (150 mm^2)

With these values follow the instrument sensitivity $S = Z(T)/E(T)$ in the case of continuous sampling (t = 1.0):

50 mm^2 detector:

S = 0.048 ± 0.003 counts per MeV·h/liter air
   = 6200 ± 200 counts per WL·h

150 mm^2 detector:

S = 0.124 ± 0.008 counts per MeV·h/l
   = 16000 ± 1000 counts per WL·h

In the case of radioactive equilibrium in air this corresponds to a sensitivity of 62 ± 4 or 160 ± 10 counts, respectively, per pCi·h/liter air of each daughter nuclide.

Sensitivity can be reduced by the built-in timer for fractionated air sampling and can be raised by connecting an external pump with a higher air flowrate. The background counting rate is about 5 counts

A NEW MONITOR FOR LONG-TERM MEASUREMENT OF RADON DAUGHTER ACTIVITY IN MINES

per hour. The lower detection limit of the instrument is therefore comparable with the mean concentration of Rn-daughters in atmospheric air.

REFERENCES

[1] Rolle, R. (1972). Rapid working level monitoring. Health Physics, 22, 233-238.

[2] Groer, P.J.; Evans, R.D.; Gordon, D.A. (1973). An instant working level meter for uranium mines. Health Physics, 24, 387-395.

[3] Groer, P.G.; Keefe, D.J.; McDowell, W.P.; Selman, R.F. (1973). An instant working level meter with automatic individual radon-daughter readout for uranium mines. Proceedings of the 3rd International Congress of the IRPA, Washington.

[4] James, A.C.; Strong, J.C. (1973). A radon-daughter monitor for use in mines. Proceedings of the 3rd International Congress of the IRPA, Washington.

[5] Budnitz, R.J. (1974). Radon-222 and its daughters - a review of instrumentation for occupational and environmental monitoring. Health Physics, 26, 145-163.

[6] Haider, B.; Jacobi, W. (1972). Entwicklung von Verfahren und Geräten zur langzeitigen Radon-Überwachung im Bergbau. Research Report BMBW-FB-K 72-14, Berlin.

[7] Jacobi, W. (1972). Activity and potential α-energy of Rn-222 and Rn-220 daughters in different air atmospheres. Health Physics, 22, 441-450.

DISCUSSION

P.G. GROER (USA): I have several questions: (1) Could you explain your calibration technique? (2) Do you make any assumptions about the radioactive equilibrium? You seem to do so because you have a correction factor; (3) Before the air reaches the filter in your device it passes through a canal with metal walls. Do you expect any plate-out problems on these walls?

B. HAIDER: (1) and (2) No special calibration technique is necessary. During measurement all potential α-energy deposited on the filter becomes real α-energy. The α-particles coming from the filter surface are counted continuously. The number of particles would be exactly proportional to the time integral of potential α-energy concentration during sampling time if RaA and RaC' had the same decay energy. Note that the time of measurement is much longer than the decay time of the Rn-daughters. Taking into account different α-energies but no assumption about the mixture ratio of Rn-daughters the maximum deviation from exact proportionality is ± 70%. Some weak assumptions about the mixture ratio are allowed because it is absurd to have regard to extreme mixtures (e.g. RaA only). Therefore the correction factor β is calculated. The accuracy of β is about ± 3%.

(3) Air needs about 0.2 s for passing the canal. The displacement of a free atom by diffusion during this time is much smaller than the dimensions of the canal cross section. Therefore we do not expect any problem.

M. RAGHAVAYYA (India): My question refers to figure 3 in the paper where the α-peaks for ThA and ThC' are presented along with those for RaA and RaC'. But among the thoron daughters, ThC also emits α-particles (36%) with an energy of 6.06 MeV. I would like to know how this α-peak was omitted?

B. HAIDER: The detection arrangement does not separate the 6.00-MeV-α (RaA) from the 6.05-MeV-α . Therefore only 4 α-peaks are visible in the graph.

SORANTIN (Austria): You quoted the filter efficiency to 99%. To what particle size is this figure referring?

B. HAIDER: The filters had been tested with natural aerosol using the two-filter method. The aerosol was activated by attached thoron daughters. On the second filter no activity had been found. The two separate α-peaks (Fig. 3) demonstrate too that practically no activity penetrates the filter.

A.C. JAMES (United Kingdom): Even if loss of unattached RaA atoms did occur at the inlet of Dr. Haider's monitor, in view of the small contribution of this unattached RaA to the unit "WL", this loss would not be significant. Our radon daughter monitor utilises a similar counting whilst sampling arrangement filter and detector to increase sensitivity for RaA and we do not observe any plate-out at 10 l/min sampling rate.

# Recent developments in instrumentation for evaluating radiation exposure in mines

A. Goodwin[*]

Abstract - Résumé - Resumen - Резюме

Recent developments in instrumentation for evaluating radiation exposure in mines - Several new or improved instruments have been developed under the sponsorship of the United States Bureau of Mines. The instruments consist of the following: (a) an improved instant working level meter; (b) a miniaturised digital α-counter; (c) active and passive dosimeters for continuous recording of individual exposures; (d) instrumentation for measuring emanation directly from mine surface. It is generally possible to construct and operate instruments in a laboratory environment so that they will perform very well. However, many problems exist when these instruments are transferred to a mine environment to be used or worn by miners during their normal mining activities. The instant working level meter simultaneously measures ^{214}Po, ^{218}Po α-particles and β and γ-radiation from ^{214}Bi and ^{214}Pb. Computation of the working level is carried out by using digital logic. Sensitivity and precision are increased over older models by greater air sampling volume and additional shielding of detectors to reduce background response. Dosimeters based on passive track etch and active pumped devices, have been tested. Pumped dosimeters require a pump that will survive the mine environment and this seems to be the critical deficiency at present. Other, more fundamental problems exist for passive track etch dosimeters.

Nouveautés en matière d'instruments pour l'évaluation de l'exposition aux rayonnements ionisants dans les mines.- Plusieurs instruments nouveaux ou améliorés ont été mis au point sous l'égide du Bureau des mines des Etats-Unis. Ces instruments sont les suivants : a) un compteur amélioré, donnant une mesure instantanée du niveau de travail; b) un compteur α numérique miniaturisé; c) des dosimètres actifs et passifs permettant un enregistrement continu des expositions individuelles; d) des instruments permettant de mesurer directement l'émanation des surfaces. Il est en général possible de mettre au point et d'utiliser des instruments

---

[*]Chief Division of Health, Metal and Non-metal Mine Health and Safety, Mining Enforcement and Safety Administration, Department of the Interior, Washington, D.C., United States.

susceptibles de donner d'excellents résultats en laboratoire. Mais de nombreux problèmes se posent lorsqu'on veut se servir de ces instruments sur les lieux d'exploitation où ils vont être utilisés par les mineurs dans l'accomplissement de leurs tâches habituelles. Le compteur de mesure instantanée du niveau de travail mesure simultanément les particules α ^{214}Po, ^{218}Po et les rayonnements β et γ ^{214}Bi et ^{214}Pb. On calcule le niveau de travail à l'aide de la logique numérique. On augmente la sensibilité et la précision des anciens modèles en accroissant le volume d'air prélevé et en renforçant le blindage des détecteurs pour réduire l'interférence du rayonnement de fond. On a mis à l'essai des dosimètres à film passif et sur un système de pompage actif. Les dosimètres à pompe doivent être doté d'une pompe susceptible de fonctionner même dans les conditions de la mine, et c'est là, semble-t-il, que réside actuellement la difficulté essentielle. D'autres problèmes plus fondamentaux se posent avec les dosimètres à film passif.

Evolución reciente de los instrumentos para evaluar la exposición a las radiaciones en las minas - Con el patrocinio de la Oficina de Minas de los Estados Unidos, se han perfeccionado varios instrumentos y se han concebido algunos nuevos. Se trata de los siguientes instrumentos: a) un aparato moderno para medir instantáneamente el nivel de trabajo; b) un contador α numérico de pequeño tamaño; c) dosímetros activos y pasivos para el registro constante de exposiciones individuales; d) aparatos para medir directamente la emanación de las superficies de las minas. En general, es posible construir y emplear instrumentos en un ambiente de laboratorio, de manera que funcionen debidamente. Sin embargo, todavía se plantean muchos problemas cuando tales instrumentos se trasladan a una mina para que los mineros los utilicen en sus actividades normales. El medidor instantáneo del nivel de trabajo mide simultáneamente partículas α ^{214}Po, ^{218}Po, y las radiaciones β y γ ^{214}Bi u ^{214}Pb. El cálculo del nivel de trabajo se efectúa utilizando la lógica numérica. Se obtiene mayor sensibilidad y precisión con respecto a los modelos antiguos ampliando el volumen de muestreo de aire y la protección de los detectores, para reducir la reacción de fondo. Se han ensayado dosímetros pasivos de película sensible y de dispositivo de bombeo. Los dosímetros de bombeo requieren una bomba que resista al ambiente de la mina, lo cual parece representar, de momento, el principal inconveniente. Existen otros problemas más fundamentales en lo que respecta a los dosímetros pasivos de película sensible.

Последние достижения в области приборов по измерению доз радиации в рудниках - Несколько новых или усовершенствованных приборов было разработано по поручению Бюро горнодобывающей промышленности Соединенных Штатов. Это следующие приборы: а) Усовершенствованный быстродействующий измеритель рабочего уровня радиации. b) Миниатюрный цифровой счетчик альфа-частиц. с) Активный и пассивный дозиметры для непрерывного индивидуального дозиметрического контроля. d) Приборы для измерения эманации непосредственно на поверхностях рудника. Вообще возможно сконструировать и применять приборы в лабораторной обстановке таким образом, чтобы они в этой обстановке прекрасно работали. Однако возникают многочисленные проблемы, когда эти приборы переносятся в обстановку рудника и их должны использовать или носить при себе горняки, ведущие свою обычно-

RECENT DEVELOPMENTS IN INSTRUMENTATION FOR EVALUATING RADIATION EXPOSURE IN MINES

ную работу. Быстродействующий измеритель рабочего уровня одновременно измеряет 214Po, 218Po альфа-частицы и В и Н излучение 214 Bi и 214Po. Вычисление рабочего уровня осуществляют с помощью использования цифровой логики. Чувствительность и точность повышаются по сравнению с более старыми моделями посредством увеличения объема забора проб воздуха и дополнительной защиты детекторов в целях уменьшения радиационного фона. Произведены испытания дозиметров, основанных на принципе пассивного оставления следа и на принципе прокачивания воздуха. Дозиметры насосного типа требуют такого насоса, который выдерживал бы обстановку рудника, и это, по-видимому, является основным недостатком в настоящее время. Для дозиметров, основанных на принципе пассивного оставления следа, существуют другие более серьезные проблемы.

Introduction

Standards for radiation exposure in uranium mines in the United States are based on exposure to radon daugthers. Radon is generally considered to contribute only a small fraction to the total radiation dosage in the lungs. Federal regulations for exposure to uranium mines state that no miner shall be exposed to greater than four working-level months in a calendar year. Presently, this exposure is determined by mine operators taking concentration measurements in each active mining area approximately weekly and time weighting this with the time spent by each miner in each such area. Thus individual exposures are determined for each miner. An individual personal dosimeter for each miner would provide a more accurate and probably a more economical measure of an individual miner's exposure. Much of our instrumentation work is directed toward developing a reliable, accurate personal dosimeter. However, lacking this and for purposes of ventilation control, we have under development smaller, lighter, digital α-counters. Although it is not necessary to measure radon gas concentrations for compliance with regulations, it is useful to know the radon concentration for ventilation and control purposes. Therefore, we have under development improved radon concentration measuring devices and also have developed an instrument to measure radon emanation from rock surfaces. The work reported here was sponsored by the United States Bureau of Mines and the Mining Enforcement and Safety Administration.

The United States Atomic Energy Commission had sponsored the development of an instant working level meter (IWLM) [2] which was tested by several groups. The instrument as it was first constructed had several difficulties which I shall not elaborate upon. The IWLM determines the concentration of each radon daugther ^{218}Po, ^{214}Po and ^{214}Bi (^{214}Po) by α energy selection and separate β-γ detection. Therefore, the instrument is not limited in accuracy by approximations regarding the degree of disequilibrium.

Figure 2 shows the instrument as it was developed for the United States Bureau of Mines. Two major improvements which have been incorporated in the instrument shown here are a reduction in the background by shielding the β-γ detector with the batteries and increasing the signal to noise ratio by providing a higher flow-rate. The concentration is determined in working levels from the individual daughter concentrations. Digital arithmetic logic integrated into the electronics is used in this calculation. The concentration of each daughter can also be read from the instrument to determine the degree of disequilibrium. The instrument was developed by Dr. Peter Groer, of Argonne National Laboratory, who has presented a more detailed discussion of the instrument at this conference.

Most measurements of radon daughter concentrations made in the United States are done using the Kusnetz [1] method and the results are expressed in working levels. These measurements require some method of collecting a sample on a filter paper, then permitting the radon daughters to decay and counting the residual ^{214}Po α-particles. The mining environment imposes a harsher requirement on instruments for impact and vibration resistance, humidity and moisture resistance and temperature extremes than do most other industrial environments. Figure 1 shows some commercial instruments produced in the United States for α-counting. Most of these are used to some degree in uranium mines. We have generally adopted digital scaler-timers for this purpose because they can be easily read without subjective bias. These instruments are shown for illustration only and this does not constitute an endorsement by the Mining Enforcement and Safety Administration. The detector we

RECENT DEVELOPMENTS IN INSTRUMENTATION FOR EVALUATING
RADIATION EXPOSURE IN MINES

use with these instruments is an external zinc sulfide scintillator and photo-multiplier for α-counting. In order not to sizeably increase the burden in mine inspectors, ventilation engineers and radiation specialists who must carry other instruments and equipment, an even lighter and smaller digital α-counter is being developed under a Bureau of Mines contract by the United States Naval Ordnance Laboratory at White Oak, Maryland. This instrument will be an adaptation of a counter timer already developed for the Navy and to this will be added a solid state, surface barrier detector and necessary amplifiers to obtain a completely self-contained α-counter. The completed α-counter should be approximately 5 x 7 x 3 inches and weigh less than three pounds.

Radon daughter dosimeters

There is a strong motivation for developing a dosimeter that is also to continuously accumulate the exposure of miners to radon daughters and radon gas. The United States Bureau of Mines has continued to develop dosimeters which were initiated by the United States Atomic Energy Commission and others in the industry. We have separated the dosimeters into two categories which we have labelled active and passive. We have defined active dosimeters as those requiring calibrated mechanical components in their operation. In this category are those devices that collect radon daughters on a filter by means of a pump. α-Radiation of the sample is then monitored by one of several different methods. Passive dosimeters do not rely on the operation of calibrated mechanical devices.

Active dosimeters have been described in the literature using several different means of registering α-radiation [3,4,5,6]. None of these devices have been found satisfactory for routine use in United States uranium mines. The most unsatisfactory component seems to be the pumps or air mover. We need a pump that will maintain its flowrate within a few percent over wide ranges of back pressure and battery voltage. Also, the pump must maintain its calibration such that recalibration need not be done more often than weekly. We believe that the pump most nearly meeting these conditions is one developed at the United States Atomic Energy Commission's Health and Safety Laboratory[7]. The Mining Enforcement and Safety Administration procured a large number of pumps from a commercial supplier manufactured to the United States Atomic Energy Commission's specifications. Figure 3 shows this pump as it was purchased. We had the pump attached to and powered by the miner's lamp battery. It is wired so that when the lamp is turned on the pump will also be turned on.

The actual dosimeter head is attached to the lamp and connected to the pump by an air hose that runs parallel to lamp cord. Initially we have purchased dosimeter heads which utilise thermoluminescent material as shown in Figure 4. This is essentially the same configuration as used by Schiagger et al. [3].

Dr. Eugene Benton of the University of San Francisco has developed a track etch head for use with this dosimeter also. A photograph of the assembled and disassembled head is shown in Figure 5. When connected to a pump, air is pulled in through a pair of oppositely spaced 1/16-inch holes in the cylindrical sides of the dosimeter. Radon daughter nuclei are collected on a glass fiber millipore filter. A cylindrical insert into the base of the dosimeter serves the dual purpose of sealing the perimeter of the filter while holding the plastic track detector in the proper orientation. A circular plastic sheet and its backing plate fit into a recess in the top of the insert. In fitting the plastic sheet into the insert, a multilayered sheet of polycarbonate foil is press fitted over the sensitive surface of the plastic. A top cap screws onto the base. The dimensions are such that the cap presses the assembly of components together for a tight fit.

The polycarbonate foil serves the purpose of degrading the energies of α-particles travelling from filter to detector. The foil is separated into two thicknesses, each covering a half of the cellulose nitrate detector. The two thicknesses are 1.8 and 4.5 mg/cm^2. These thicknesses of polycarbonate, plus a 3/8-inch path through air, degrade ^{4}He particles emitted from the filter such that the responses of ^{218}Po and ^{214}Po are clearly separated. On the first half of the detector, 6.00 MeV particles are reduced between 0.94 and 3.28 MeV while 7.69 MeV particles are reduced between 4.42 and 5.65 MeV. The latter range of energies fall above the registration threshold of the plastic detector for the etching conditions employed. On the second half of the detector, 6.00 MeV particles are stopped in

RECENT DEVELOPMENTS IN INSTRUMENTATION FOR EVALUATING RADIATION EXPOSURE IN MINES

the degrader while 7.69 MeV particles are reduced between 9 and 2.77 MeV.

The radon gas present in the central cavity will also contribute to tracks on the detector. However, this contribution will be negligible in comparison to the track densities resulting from the collected daughter nuclei for the radon-daughter equilibrium conditions found in mines. Table 1 gives the formula and parameters required to determine exposure from the track densities.

Table 1

Calibration of track etch active dosimeter

$$WLM = (2.67\ N_1/E_1 + 3.42\ N_2/E_2) / 10^7 V$$

WLM = Exposure in working-level-months
N_1 = Track density in tracks/cm^2 (^{218}Po α)
N_2 = Track density in tracks/cm^2 (^{214}Po α)
E_1, E_2 are empirical efficiency factors
V = Sampling rate in l/h

N_1 (tracks/cm^2)	N_2	WL	E_1 (tracks/cm^2- disintegration)	E_2
1.30 ± 0.04 x 10^5	7.42 ± 0.23 x 10^5	58.5	0.0966	0.0661
9.75 ± 0.31 x 10^4	5.89 ± 0.17 x 10^5	47.8	0.0871	0.0644
1.30 ± 0.04 x 10^5	7.88 ± 0.23 x 10^5	67.2	0.0873	0.0609
1.21 ± 0.04 x 10^5	7.48 ± 0.23 x 10^5	74.3	0.0723	0.0526
1.20 ± 0.04 x 10^5	6.92 ± 0.21 x 10^5	47.6	0.1019	0.0765

Mean and σ E_1 = 0.0890 ± 0.0101
E_2 = 0.0641 ± 0.0078

For all exposures v = 12.42 l/h
t = 1 h

Dr. Kenneth Sacks of the United States Bureau of Mines has developed in-house a solid state, surface barrier detector to replace the TLC in this type of dosimeter. Figure 6 shows the device as it was constructed by the United States Bureau of Mines. This instrument contains electronics for counting α-particles and storing the count data for readout at a later time. The instrument in the figure is worn by the miner in addition to the pump needed for collecting radon daughters. Miniaturisation of this package is planned after the design is finalised. The unit worn by the miner does not contain a readout capability - this is done by removing the dosimeter and connecting it to a separate readout device.

The passive dosimeter using track etch techniques was first reported by Lovett [8,9] et al. Track etch film has a unique property in that it can be made to detect only α-particles that strike it with an energy less than a critical value. This means that particles close to the film are not registered; therefore, the film views a volume of free air, a short distance in front of the film. Figure 7 illustrates the sensitive volume for the α-particles from Rn, ^{218}Po and ^{214}Po. The sensitive volumes are different and distinct from the two radon daughter α emitters. The sensitive volume for radon gas overlaps the sensitive volume for ^{218}Po.

In use, the film must be mounted so that no surfaces are within the outer perimeter of the ^{214}Po sensitive volume. Radon daughters would attach in an uncontrolled and unknown manner to any surface within this distance and α particles from these daughters would register on the film. This prevents the use of collimation and differential absorbing layers to independently measure the α-particles for ^{218}Po and ^{214}Po. As a consequence the dosimeter response is dependent on the disequilibrium ratios of the radon daughters ^{218}Po and ^{214}Po.

Although the dosimeter film is sensitive to radon gas α particles, this component can be independently measured and subtracted from the dosimeter response. The radon gas component is measured by enclosing a track etch film within a cylindrical chamber that is open to the atmosphere by diffusion through a filter which permits radon gas to enter but excludes radon daughters. Figure 8 is a photograph of the radon daughter dosimeter and the associated radon gas dosimeter. It is shown assembled and disassembled.

RECENT DEVELOPMENTS IN INSTRUMENTATION FOR EVALUATING RADIATION EXPOSURE IN MINES

In order to protect the track etch film from dust, water, mud and other mine contaminants, Dr. Eugene Benton constructed a model with a moving belt of mylar to continually sweep away such debris. Figure 9 is a photograph showing the construction of this dosimeter. The moving belt is powered by a battery which may be the miner's lamp battery. Figure 10 is a photograph of this dosimeter as it would be worn by a miner. The radon chamber again is to correct for the radon gas component.

Because of its sensitivity to disequilibrium, the passive track etch detector can be used at the present time only where the disequilibrium ratios are relatively constant. Calibration is accomplished emperically in the environment that the dosimeter will be used.

Radon measurements

Several projects to develop radon gas measurement instruments have been conducted. Sealants or coatings for mine surfaces have been suggested and tests have been conducted on small ore samples with promising results. However, it is very difficult to test these sealants on extensive underground mine surfaces. In order to bridge the gap between the lab tests on ore samples and actual application in a mine, the United States Bureau of Mines plans to coat a small surface in a mine. In order to measure the emanation from such surfaces the wall emanation meter was developed by Dr. Daniel Love of the United States Naval Ordinance Laboratory. Figure 11 illustrates the method of collecting radon emanated from approximately one square meter of rock surface. A barren gas is introduced around the periphery of the device at the points labelled "F". This air passes between the rock and a flexible liner labelled 3 which is held against the rock by slight air pressure introduced through port "C". The radon laden air is exhausted at port "D" and from there goes to a radon detector. Figure 12 shows the device as it is actually used in a mine. In order to seal the device to the rock surface, a large diamond drill is used to cut a groove into which the cylinder is placed (Figure 13). The radon detector selected for this purpose can be of any type. The detector designed for use with the applications intended is a gas proportional counter. Figure 14 is a schematic of this counter. The air containing radon is introduced into a chamber surrounding the proportional counter and is prevented from contaminating the proportional counter by means of a moving mylar film. The mylar film is moved in order to prevent radon daughter buildup and hence an increasing count under non-equilibrium conditions. The outer shell of the radon chamber is at a distance greater than the range of radon daughter α particles from the proportional counter. Figure 15 is a photograph of the actual counter without the mylar film installed.

In use, the surface would be prepared, the emanation chamber attached, and a reading taken. The emanation meter would then be removed and the surface coated with sealant. After the sealant had cured, another measurement would be taken. Figure 16 is a photograph of the complete unit as it is installed in a mine.

Another radon detection device still under development by Dr. Lawrence Stein of the Argonne National Laboratory, Argonne, Illinois, is based on his work with chemical oxidants. The research, supported by the United States Bureau of Mines, was originally directed toward the development of chemical methods for removing radon from mine air. Compounds suitable for this purpose are halogen fluorides such as IF_6SbF_6 or dioxygenyl hexafluorantimonate (O_2SbF_6).

Figure 17 illustrates the chemical reaction for both xenon and radon with the latter compound. Since these compounds react so readily with radon, a small amount contained in a tube through which radon laden air passes would quantitatively remove the radon from the air. In this method 5 to 10 liters of mine air will be drawn through a tube containing disiccant and a cartridge containing 1 to 5 grams of O_2SbF_6 reagent by means of a battery operated pump. After three hours, band and emitting daughters ^{214}Pb and ^{214}Bi will be present in the cartridge in equilibrium with captured radon. The amount of radon will then be determined by measuring the γ emission with a scintillation counter. Figure 18 is a photograph of a laboratory apparatus used to determine the efficiency of radon collection by the $O_2F_6SbF_6$. The sensitivity of the detector is less than that of the Lucas flask but the sampling tubes can be made much smaller and lighter. The samples must be analysed on the surface due to the high γ background underground. Even with the disadvantages of lower sensitivity and the need to count on the surface, these tubes would have applicability because of their small size and easy portability.

RECENT DEVELOPMENTS IN INSTRUMENTATION FOR EVALUATING RADIATION EXPOSURE IN MINES

The radon diffusion chambers using track etch detectors described previously, developed by Dr. Eugene Benton can be used to obtain an integrated dose to radon if such is desired. We have some apprehension that under the conditions where radon daughters are removed from mine air through filters, the radon gas exposure could become a significant fraction of the overall lung dose.

Conclusion

The Mining Enforcement and Safety Administration and the United States Bureau of Mines are continuing to develop instruments for assessing and controlling miner exposure to radiation in underground uranium mines. The principal immediate objective is to obtain a practical dosimeter for radon daughter exposure. We do not have a satisfactory dosimeter to date.

We are also developing smaller, lighter and more accurate radon daughter instrumentation for use by mine inspectors and radiation control specialists. We have made progress in this objective and instrumentation now available or under development for this purpose is essentially satisfactory.

REFERENCES

[1] Kusnetz, H. L. (1956). Radon daughters in mines atmospheres - A field method for determining concentrations. Industrial Hygiene Quarterly, 17.

[2] Groer, P. G.; Evans, R. D.; Gordon, D. A. (1973). An instant working level meter for uranium mines. Health Physics, 24.

[3] McCurdy, D. E.; Schiager, K. U.; Flack, E. D. (1969). Thermoluminiescent dosimetry for personal monitoring of uranium miner. Health Physics, 17.

[4] Auzier, J. A.; Becker, K.; Robinson, E. M.; Johnson, D. R.; Bayett, R. H.; Abner, C. H. (1971). A new radon progeny personal dosimeter. Health Physics, 21.

[5] Chapuis, A. M.; Dajlevic, D.; Duport, P.; Soudian, G. (1932). Radon dosimetry. Presented at Bucharest Congress on Dosimetry, July 10-13, 1972.

[6] White, O. Jr. (1971). Evaluation of MOD and ORNL radon daughter dosimeters. United States Atomic Energy Commission Report. Health and Safety Laboratory Technical Memorandum 71-17.

[7] Gugenhein, S. F.; Groveson, R. T. (1974). US Patent No. 3, 814, 552, June 4.

[8] Lovett, D. B. (1969). Track etch detectors for alpha exposure estimation. Health Physics, 16.

[9] Rock, R. L.; Lovett, D. B.; Nelson, S. C. (1969). Radon daughter exposure measurements with track etch films. Health Physics, 16.

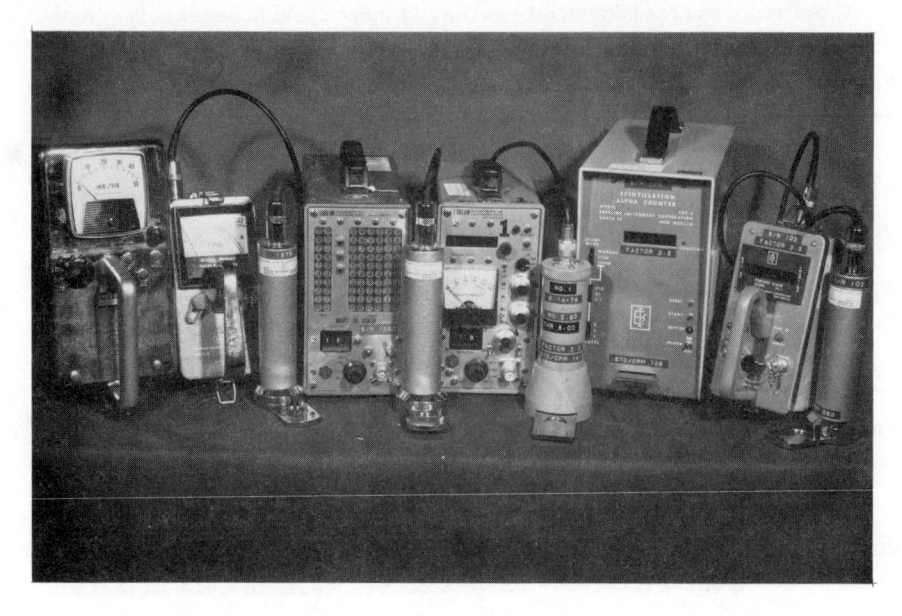

Figure 1

Various commercial field instruments used in the United States for α-counting

Figure 2

Instant working level meter control and read-out panel

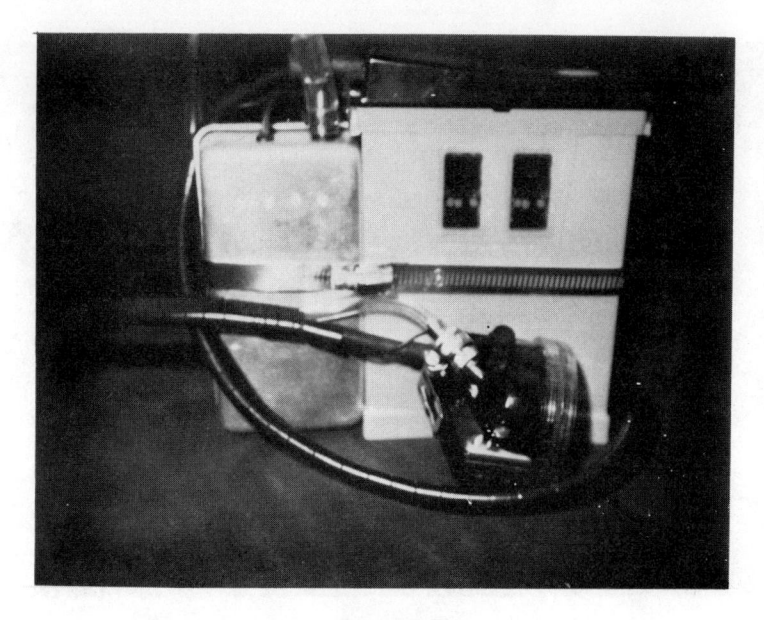

Figure 3
Prototype model of an active personal
radon daughter dosimeter

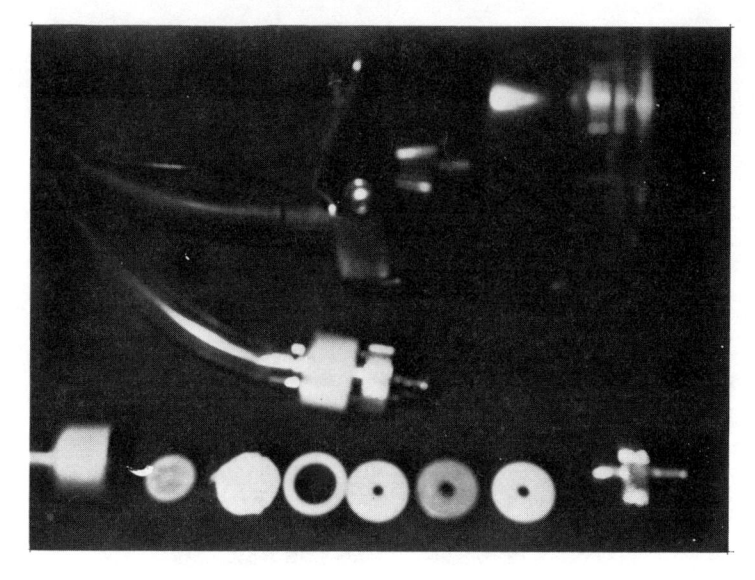

Figure 4
Exploded view of T.L.D. head used with
prototype active radon daughter dosimeter

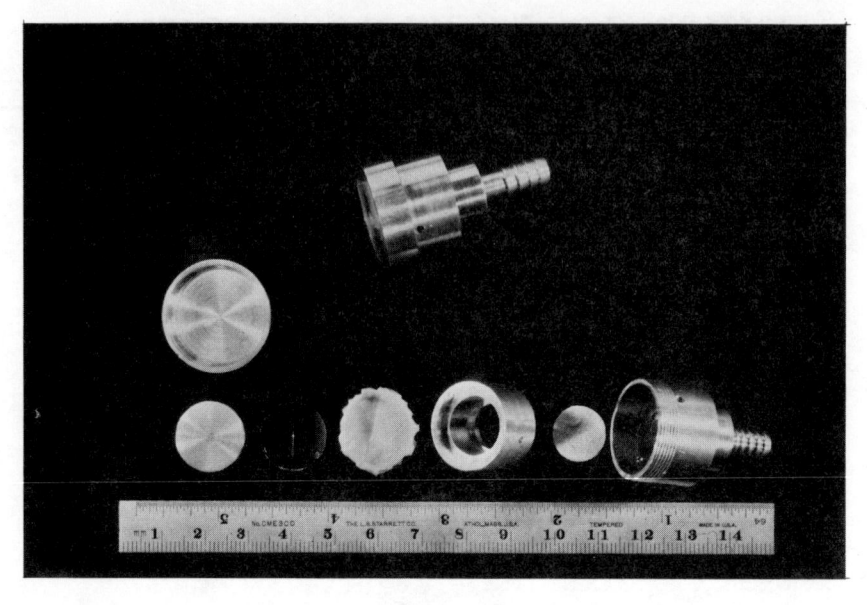

Figure 5
Exploded view of track etch sampling head
as part of an active personal dosimeter

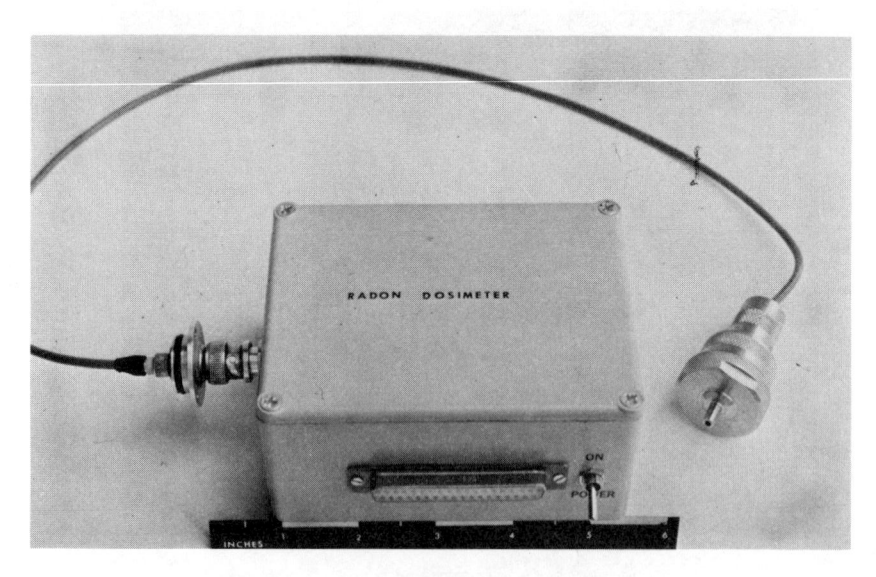

Figure 6
PAM test model electronics enclosure,
signal lead and sampling head

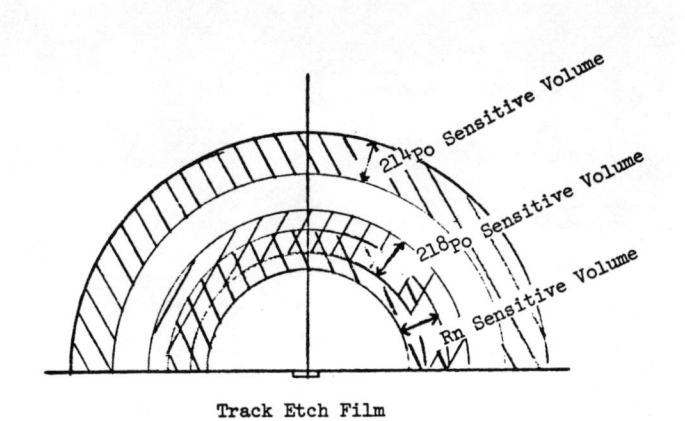

RECENT DEVELOPMENTS IN INSTRUMENTATION FOR EVALUATING RADIATION EXPOSURE IN MINES

Figure 7

Illustration of sensitive volumes of daughters and radon

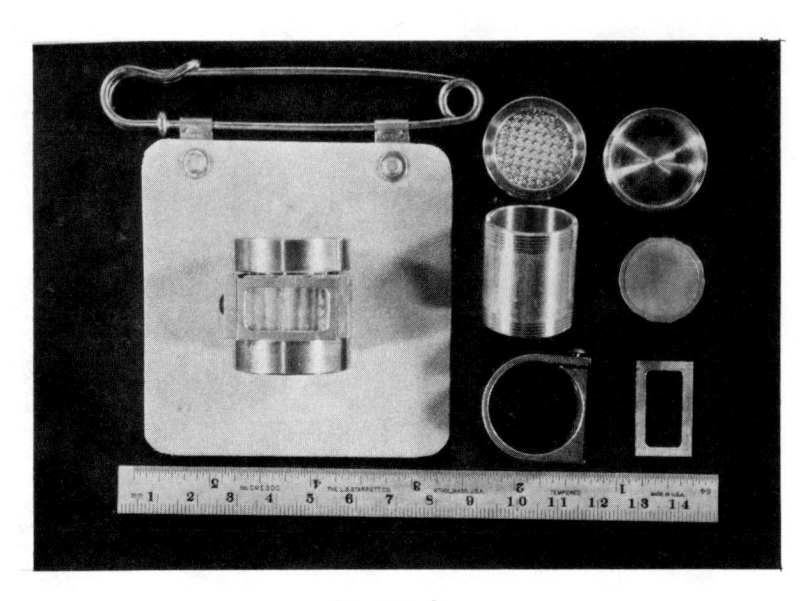

Figure 8

Prototype assembly and exploded view of a passive personal radon exposure device

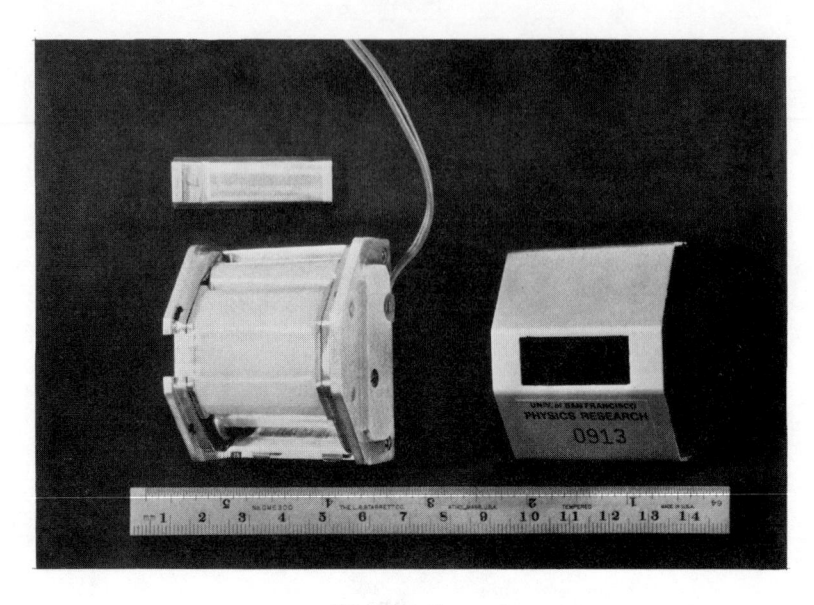

Figure 9

Exploded view of prototype passive personal dosimeter with moving belt to eliminate daughter plate-out

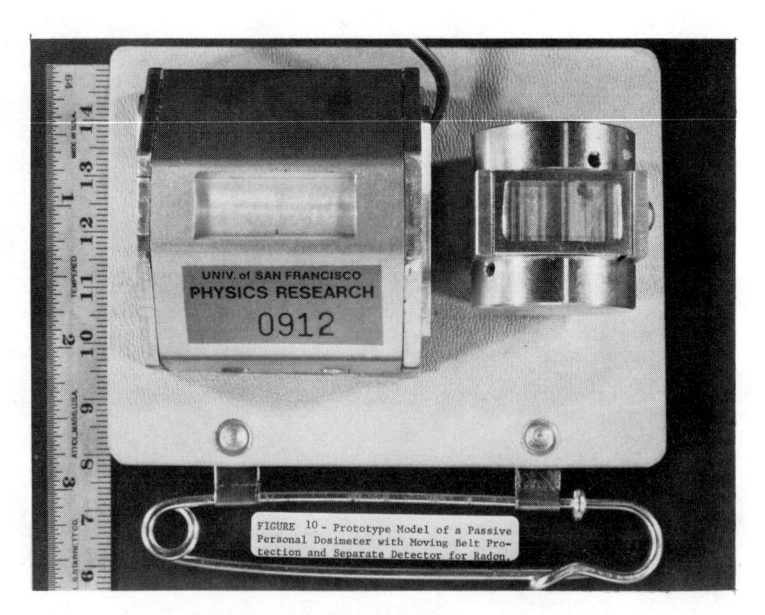

Figure 10

Prototype model of a passive personal dosimeter with moving belt protection and separate detector for radon

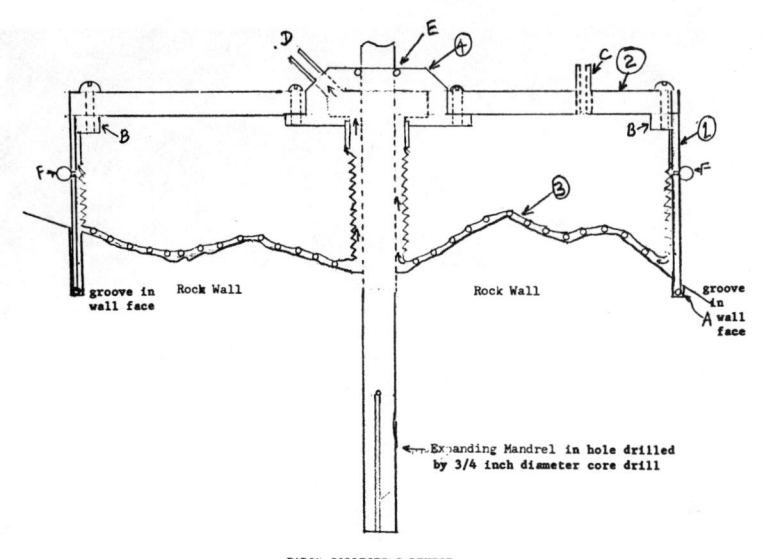

RECENT DEVELOPMENTS IN INSTRUMENTATION FOR EVALUATING RADIATION EXPOSURE IN MINES

Figure 11
Schematic of sampling head for radon emanation studies

Figure 12
Radon emanation rate meter.
Sampling head placed in seating grooves

Figure 13
Preparing face seating groove with diamond bit core drill assembly

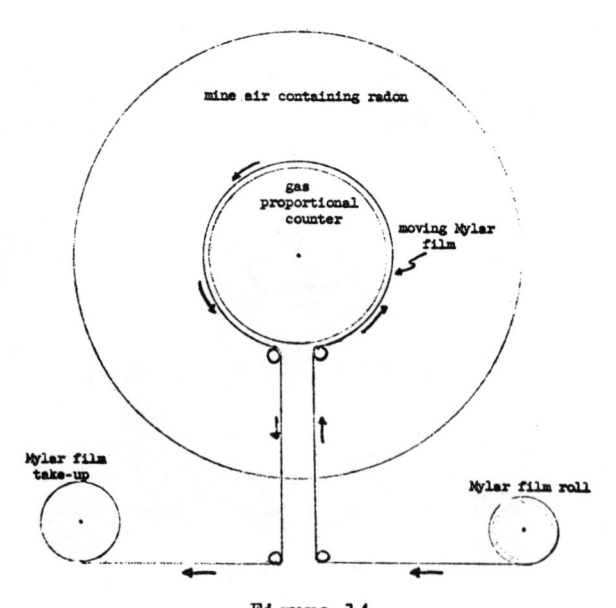

Figure 14
Gas proportional counter for radon gas detection

RECENT DEVELOPMENTS IN INSTRUMENTATION FOR EVALUATING RADIATION EXPOSURE IN MINES

Figure 15

Engineering model of radon proportional detector showing air chamber, ionisation chamber

Figure 16

Radon gas proportional detection with counter, and wall sampling hood mounted in background

REACTIONS OF XENON AND RADON WITH O_2SbF_6 AT 23-25°C

$$Xe(g) + 2O_2^+SbF_6^-(s) \rightarrow XeF^+Sb_2F_{11}^-(s) + 2O_2(g)$$

$$Rn(g) + 2O_2^+SbF_6^-(s) \rightarrow RnF^+Sb_2F_{11}^-(s) + 2O_2(g)$$

Figure 17
Reactions of xenon and radon with O_2SbF_6

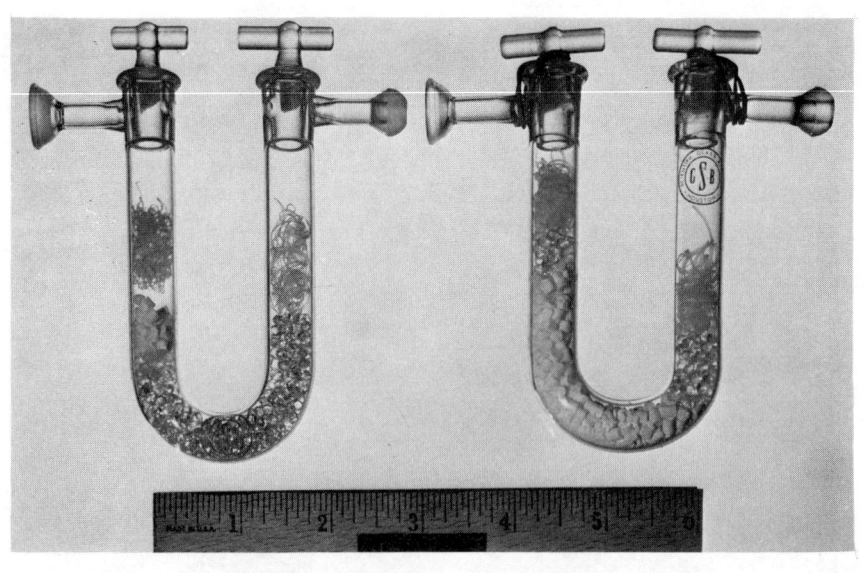

Figure 18
Pelletised O_2SbF_6 held in place with glass beads and Kel-F wool

RECENT DEVELOPMENTS IN INSTRUMENTATION FOR EVALUATING RADIATION EXPOSURE IN MINES

DISCUSSION

M. RAGHAVAYYA (India): What is the frequency of reading the TLD chips used in the radon dosimeters?

A. GOODWIN: We have not established a routine for using these dosimeters. The frequency would depend on levels of radiation. We expect to read these dosimeters at intervals not more frequently than weekly but most likely we would like to read these approximately monthly.

M. RAGHAVAYYA: What instrument was used to count the α-tracks on the track etch films? Was a spark counter used?

A. GOODWIN: The instrument used by Dr. Benton is a Quantamet instrument. This is a video scan device with a computer track counting and recognition.

M. RAGHAVAYYA: Regarding the reaction of radon with oxy-antimony-fluoride, for reduction of radon concentration underground, I wish to make this comment. If I remember rightly, Dr. Stein conducted experiments with very high radon concentrations at rather low flowrates. In a mine we are faced with rather low radon concentrations and obviously high flowrates will have to be used if radon is to be reduced by this method.

A. GOODWIN: The reaction is essentially a quantitative removal providing there is sufficient path length through the powdered or pelletised material. A greater path length is required if pelletised material is used rather than powdered material. The pelletised material obviously provides a lower resistance to airflow and therefore would be preferred for any practical application. The original application of this material for control that we have proposed is as a radon absorber for equlising pressure between active mining areas and sealed abandoned workings. Without some sort of pressure relief these seals quickly develop leakage paths. In this application the flow is bidirectional and variable. The design of the breather would have to take account of expected maximum flowrates.

La radioprotection dans l'extraction et le traitement des minerais d'uranium en France

J. Pradel et P. Zettwoog[*]

Abstract - Résumé - Resumen - Резюме

Radiation protection during the mining and processing of uranium mines in France - The authors discuss the various sources of radiation to which workers are exposed during the mining and processing of uranium ores. The true hazard is assessed in the light of experience acquired over almost 20 years of intensive surveillance. Radon and its daughter products are a major problem only in the mines. External exposure and dust hazards may cause problems in mines and quarries bearing rich ores (1%). Workplace control has to be based on the radium present in the liquid effluents.

La radioprotection dans l'extraction et le traitement des minerais d'uranium en France - Les différentes sources d'irradiation provenant de l'extraction et du traitement des minerais d'uranium sont examinées. Un jugement sur leur importance réelle est porté à la lumière de l'expérience acquise au cours de près de vingt années de surveillance intensive. Le radon et ses descendants posent un problème important seulement dans les mines. Des problèmes d'irradiation externe et de poussières peuvent apparaître dans les mines et carrières avec des minerais riches (1%). La surveillance du site doit être axée sur le radium présent dans les effluents liquides.

La protección contra las radiaciones en la extracción y el tratamiento de minerales de uranio en Francia - Se examinan las diferentes fuentes de irradiación procedentes de la extracción y el tratamiento de minerales de uranio y se determina su importancia real, tomando como base la experiencia adquirida durante casi veinte años de vigilancia intensiva. El radón y sus descendientes entrañan un problema importante únicamente en las minas. Se pueden plantear problemas de irradiación externa y puede aparecer polvo en las minas y canteras donde abundan los minerales ricos (1%). Para el buen control del lugar se ha de observar el radio presente en los efluentes líquidos.

---

[*]Service technique d'études de protection et de pollution atmosphérique, Département de protection, Commissariat à l'énergie atomique, Fontenay-aux-Roses, France.

Радиационная защита при добыче и обработке урановых руд во Франции - Изучены различные источники облучения при добыче и обработке урановых руд. Мнение об их действительном значении сформулировано в свете опыта, приобретенного за период почти 20 лет интенсивных наблюдений. Радон и продукты его распада представляют важную проблему только в шахтах. Проблемы внешнего облучения и облучения пылью могут возникнуть в рудниках и карьерах с богатыми рудами (1%). Наблюдение на участке должно быть направлено на присутствие радия в сточных водах.

L'extraction et le traitement des minerais d'uranium peuvent poser un certain nombre de problèmes quant à la protection du personnel et des populations. Nous nous proposons d'examiner les différentes sources d'irradiation possibles et de porter un jugement sur leur importance réelle à la lumière de l'expérience acquise au cours de près de vingt années de surveillance intensive.

Irradiation externe

L'uranium et ses descendants contenus dans le minerai émettent des rayonnements β et γ. L'irradiation qui en résulte est, dans le cas habituel des minerais à l'équilibre radioactif, proportionnelle à la teneur du minerai. On peut retenir l'ordre de grandeur suivant, obtenu par le calcul [1] et vérifié dans la pratique [2] :

- au centre d'une galerie tracée dans un minerai à 1 ‰, l'intensité est de 0,5 mrem/h.

Il en résulte que, contrairement à l'idée assez couramment répandue, le risque d'irradiation externe est à prendre en considération pour les travailleurs car il peut entraîner des irradiations de l'ordre de 5 rem par an dès que la teneur moyenne aux lieux de travail est de l'ordre de 5 ‰ dans les mines, 1 % dans les carrières.

Seuls des minerais très concentrés peuvent localement créer un problème d'irradiation dans les stockages extérieurs ou dans les usines, mais les zones concernées n'ont qu'une faible étendue autour des sources et il n'est pas difficile d'éviter toute irradiation notable des populations autour du site.

On a pu calculer [1] qu'un tas de minerai riche de teneur 1 % ayant 50 m de longueur et 10 m de hauteur donnait les débits de dose suivants :

LA RADIOPROTECTION DANS L'EXTRACTION ET LE TRAITEMENT
DES MINERAIS D'URANIUM EN FRANCE

- 4 mrem/h à 1 m
- 0,5 mrem/h à 10 m
- 5.10^{-3} mrem/h à 100 m
- $1,8.10^{-5}$ mrem/h à 500 m

L'irradiation est donc très rapidement négligeable dès que l'on s'éloigne de la source.

La mesure des doses de rayonnements externes doit donc être en général effectuée pour le personnel conformément aux recommandations de la CIPR dès que la dose susceptible d'être reçue peut atteindre 1 500 mrem en une année (règle des 3/10).

En France nous utilisons depuis de nombreuses années [2] des films dosimètres mensuels et, contrairement à une opinion couramment répandue, cette technique ne présente aucune difficulté particulière si l'on a pris la précaution d'emballer les films dans des étuis étanches à l'humidité. Cette surveillance est suffisante dans le cas général pour des minerais dont la teneur en uranium est comprise entre 2 et 4 ‰. Lorsque temporairement on rencontre des minerais plus riches (jusqu'à 20 ou 40 %), on utilise alors des détecteurs type stylos dosimètres à lecture directe qui permettent de suivre les doses d'irradiation journalières.

Les niveaux d'irradiation peuvent atteindre 100 mrem/h et, dans certains cas, on limite le temps de travail à un demi-poste de travail par semaine (environ 4 h).

<u>Radon et descendants à vie courte</u>

Le minerai d'uranium laisse échapper en permanence une partie du radon, gaz rare de période 3,8 jours, qui est l'un des éléments de la chaîne de l'uranium. Des dégagements plus importants ont lieu lorsque la roche est brisée, au moment du tir et près des postes de stockage de minerai broyé.

Le radon dans l'atmosphère de la mine se désintègre pour donner des atomes de descendants solides qui se fixent sur les poussières de l'air et sur les parois. Pour abaisser les concentrations en radon et en descendants, on utilise essentiellement la technique de dilution. Cependant la dilution est parfois limitée pour des raisons techniques (puissance des ventilateurs) et peut aussi être facilement perturbée, si bien que la concentration en radon ou celle en descendants, que l'on exprime couramment en working-levels (WL) (unité d'énergie de désintégration dans un volume unité) peut atteindre des niveaux élevés dans les zones peu ou pas ventilées.

Cas des mines

On a donc un problème sérieux dans les mines et un gros effort doit être fait pour assurer au moyen de puissantes ventilations une arrivée d'air suffisante en qualité et en quantité au niveau des postes de travail.

Il faut surtout retenir que les niveaux exprimés en concentration en radon ou en WL peuvent varier très rapidement suivant la ventilation. La qualité de la surveillance permanente de ces niveaux nous paraît être fondamentale et c'est sur quoi nous voudrions insister. Il est illusoire de vouloir vérifier les conditions de travail en faisant un prélèvement de temps en temps, ici et là, dans des conditions exemplaires quand tout fonctionne parfaitement. Beaucoup d'efforts sont consacrés à la fixation de normes et, bien qu'il y ait beaucoup à dire quant à l'utilisation dans les enquêtes épidémiologiques de statistiques faites à partir de mesures dont la fréquence n'était parfois même pas annuelle, nous pensons que les conditions d'application des normes sont au moins aussi importantes que le choix d'une valeur pour ces normes. Nous constatons, par exemple, qu'il y a un facteur 3 entre l'exposition moyenne d'une population de mineurs et l'exposition du mineur le plus exposé (ce facteur étant d'ailleurs certainement beaucoup plus élevé dans une mine peu ou mal ventilée).

Nous nous posons alors la question suivante : quelle valeur de l'exposition serait actuellement choisie par les spécialistes de l'enquête épidémiologique, est-ce l'exposition moyenne ou l'exposition maximale ? On peut penser que si un inspecteur ne faisait qu'une mesure ou deux dans l'année, il obtiendrait une valeur inférieure à l'exposition maximale et même probablement inférieure à l'exposition moyenne. C'est donc au plus l'exposition moyenne pour un ensemble de mineurs que l'on utilise dans les enquêtes épidémiologiques, alors que l'on essaie d'en tirer non pas l'exposition moyenne admissible mais l'exposition maximale admissible pour chaque mineur.

LA RADIOPROTECTION DANS L'EXTRACTION ET LE TRAITEMENT
DES MINERAIS D'URANIUM EN FRANCE

De même, si l'on se contente d'un contrôle très peu fréquent, on accède aussi à l'exposition moyenne qui ne tient pas compte des expositions temporaires exceptionnelles. Aussi profitons-nous de l'occasion qui nous est donnée pour demander à ceux qui établissent les normes de se pencher un peu sur les conditions d'application. Plus la surveillance est organisée de façon rigoureuse, plus le respect, pour l'individu le plus exposé, d'une norme à un niveau donné est difficile; l'absence de précisions quant aux méthodes de surveillance a ainsi tendance à pénaliser ceux qui sont les plus sérieux dans l'application.

Dans nos mines, nous effectuons à chaque poste de travail un contrôle hebdomadaire comprenant plusieurs prélèvements pour tenir compte des différentes phases dans le cycle de l'exploitation; à partir de ces mesures, nous calculons une concentration moyenne pour les postes de travail; connaissant le temps passé par chaque mineur aux différents lieux, nous pouvons alors connaître l'exposition de chacun. Toutes ces opérations sont traitées par mécanographie et chaque mineur possède sa fiche d'irradiation. Les mesures de radon sont faites par scintillation au moyen de flacons de 125 cm^3 tapissés intérieurement de sulfure de zinc [2] préalablement vidés qui permettent d'effectuer simplement les prélèvements au fond de la mine. Régulièrement des mesures de l'énergie potentielle α sont aussi effectuées pour connaître l'état d'équilibre des descendants du radon dans chaque chantier.

Nous voudrions expliquer pourquoi nous avons retenu cette solution pour la surveillance :

L'essentiel pour nous est d'effectuer très fréquemment des prélèvements de façon systématique et aléatoire pour déceler toute anomalie dans le fonctionnement de la mine et pour maintenir éveillée l'attention des exploitants conscients de la présence des agents chargés des prélèvements. Cette condition impose de disposer d'une méthode simple de mesure. Or rien n'est plus simple que de remplir au fond d'une mine un petit récipient préalablement vidé. Cela n'est pas comparable à l'utilisation d'un appareil avec prélèvement d'air sur filtre et mesure de l'activité au fond de la mine, même s'il est très perfectionné.

La deuxième condition est d'éviter aux agents chargés de la surveillance toute pression de l'exploitant ou toute interprétation personnelle, ce qui nous amène à rejeter les techniques qui demandent à l'agent chargé du prélèvement d'effectuer la mesure sur place. C'est pourquoi les mesures sont faites en laboratoire par d'autres personnes qui ignorent l'origine des échantillons. Enfin, la connaissance de la concentration en radon est plus intéressante que celle de l'énergie α totale pour surveiller la bonne marche de la ventilation.

Pour obtenir les expositions exprimées en WL nous nous contentons d'effectuer des mesures moins fréquentes pour définir la correspondance entre concentration en radon et énergie potentielle α. Pour l'avenir nous envisageons :

- le contrôle de base systématique par la mesure de la concentration en radon avec son objectif de dépistage des anomalies et de suivi de la ventilation,

- un contrôle individuel au moyen de détecteurs déjà décrits par ailleurs [3, 4] portés par quelques individus convenablement choisis permettant d'accéder à l'énergie potentielle α et d'effectuer ainsi l'évaluation de l'exposition exprimée en WLM pour chaque mineur.

Nous rappelons les principes de base de ce détecteur individuel :

- prélèvement en continu sur filtre à membrane du dépôt actif,

- enregistrement des traces des particules α émises par le prélèvement dans un détecteur en nitrate de cellulose. Au moyen de deux collimateurs munis d'écrans appropriés, on peut mesurer les émissions du RaA d'une part et celle du RaC' d'autre part, avec des rendements bien connus, ce qui n'est pas le cas des appareils qui ne différencient pas les deux émetteurs.

En 1973, nous avons ainsi effectué pour 600 mineurs :

- 38 000 analyses de radon et 800 mesures de l'énergie potentielle α.

Les résultats sont les suivants :

- l'exposition moyenne en radon correspond à une concentration de $1,3.10^{-10}$ Ci/l. L'exposition maximale est 3 fois plus élevée.

- l'exposition moyenne exprimée en WL doit être de l'ordre de 0,25 WL, soit 3 WL par mois.

LA RADIOPROTECTION DANS L'EXTRACTION ET LE TRAITEMENT
DES MINERAIS D'URANIUM EN FRANCE

Des améliorations sont probablement encore possibles. Dans ce but, nous nous efforçons de mieux connaître la localisation des sources de radon dans la mine afin d'améliorer l'efficacité de la ventilation et de réduire ces sources par des techniques d'isolement (barrages, revêtements, canalisation des eaux, mine en dépression [4]. Nous avons ainsi amélioré nos connaissances quant à la variation des concentrations après le tir et nous avons pu constater que la durée de 30 min que nous avions choisie pour fixer le retour des ouvriers après un tir, devait être rigoureusement respectée et même allongée dans le cas de minerais à forte teneur. Nous avons aussi fait de gros progrès pour optimiser les ventilations en utilisant un modèle du réseau de galeries traité par ordinateur [5]. Enfin nous nous orientons de plus en plus vers une mécanisation qui réduit l'effectif du personnel au fond et laisse envisager la possibilité de réaliser des postes de travail avec air convenablement épuré.

Cas des carrières

Dans les carrières on profite de la dilution naturelle excessivement grande par rapport aux mines. Les concentrations en radon sont très faibles et en général très inférieures aux limites admissibles. Seules des carrières de minerai très riche peuvent donner des concentrations non négligeables dans certaines conditions de mauvaise diffusion atmosphérique.

Cas des usines de traitement

Dans les usines de traitement le problème est beaucoup moins important et les concentrations en radon sont très inférieures. Cela provient de la faible quantité de minerai intervenant dans le dégagement du radon, de la dilution naturelle importante facile à augmenter si nécessaire et aussi du traitement en phase liquide qui réduit le dégagement de radon.

Cas du site

Quant à l'influence sur les populations avoisinantes, elle est tout à fait insignifiante étant donné les dilutions très importantes. La pollution peut provenir :
- des rejets d'effluents gazeux en provenance de la mine
- des carrières
- des stocks de minerai ou de stériles, des bassins de décantation où sont stockés les résidus solides des usines de traitement.

Dans le premier cas la composition des rejets gazeux est en première approximation celle de l'air que respirent les mineurs et l'on voit mal, compte tenu de la dilution dans l'atmosphère, que cette source de radon puisse avoir une influence sérieuse sur les populations avoisinantes.

Un simple calcul de diffusion [6] montre que, pour un rejet de 50 m^3/s avec une concentration de 1 CMA (concentration maximale admissible), on obtient à la hauteur du rejet dans l'axe du vent :

- dans de mauvaises conditions (vent moyen de 1 m/s, diffusion faible) :
    - à 100 m une concentration de 2.10^{-2} CMA
    - à 1000 m une concentration de 6.10^{-4} CMA

- dans des conditions moyennes (vent moyen de 5 m/s, diffusion normalenormale) :
    - à 100 m une concentration de 10^{-2} CMA
    - à 1000 m une concentration de 2.10^{-4} CMA.

Dans les trois autres cas il faut noter que les quantités d'uranium et de radium mises en jeu sont peu importantes par rapport à la totalité de l'uranium et du radium qui naturellement contribuent à la pollution du site. En effet, les terrains avoisinant la zone exploitée, considérés comme stériles, contiennent au moins 10 g d'uranium par tonne, soit environ 200 fois moins que le minerai. Il suffit donc grossièrement d'une surface de terrain 200 fois plus importante que la surface des zones exploitées en carrière ou une quantité de terrain 200 fois plus grande que les stocks de minerai pour obtenir le même dégagement de radon.

Comme pour les carrières seules des conditions très exceptionnelles peuvent entraîner localement et temporairement l'existence de concentrations non négligeables.

En résumé, en ce qui concerne le radon, seule sa présence dans la mine pose un problème sérieux d'exposition du personnel, et tous les moyens doivent être mis en oeuvre pour réduire cette exposition. A l'extérieur les concentrations sont très faibles et il ne faut pas consacrer trop d'efforts à leur mesure. Il ne faut certes pas, comme cela a été fait dans certains pays, laisser construire des maisons d'habitation avec des sables en provenance des usines de traitement,

LA RADIOPROTECTION DANS L'EXTRACTION ET LE TRAITEMENT DES MINERAIS D'URANIUM EN FRANCE

mais il ne faut pas non plus, par réaction non contrôlée, ne pas tolérer une pelletée de ce sable à un kilomètre de la porte d'une maison.

Poussières de minerai

La manipulation de minerai entraîne la mise en suspension de fines particules contenant tous les éléments de la chaîne de l'uranium et notamment le ^{226}Ra et le ^{230}Th. Compte tenu de la concentration maximale admissible fixée en France à $3,5.10^{-2}$ pCi/l et moyennant les précautions d'usage en matière de prévention de la silicose, le risque paraît assez faible puisque l'on a, pour 7 800 mesures, un niveau moyen de 5/100 de CMA dans nos mines.

Cependant nous considérons que ce danger risque d'être actuellement sous-estimé par de nombreux pays pour deux raisons :

1) La valeur de la CMA pourrait être un jour fixée à un niveau plus bas compte tenu de la présence du ^{230}Th.

2) Nos résultats sont valables pour des minerais ayant une concentration de 2 à 3 ‰. Si l'on traite des minerais riches de 5 %, on peut aisément atteindre la CMA et même dans ce cas la dépasser très largement si l'on ne lutte pas efficacement contre les poussières (foration humide, broyage humide, arrosage du minerai abattu).

C'est pourquoi nous maintenons en France un contrôle régulier comme pour le radon, mais avec une fréquence de prélèvement moindre. Les prélèvements sont effectués sur filtres au moyen de trompes à air une fois par mois au lieu d'une fois par semaine pour le radon.

Effluents liquides

Les rejets d'effluents liquides en provenance des mines et des usines de traitement peuvent entraîner une irradiation des populations avoisinantes. Les effluents contiennent du radium à des concentrations qui peuvent dépasser d'un facteur 10 à 50 les concentrations maximales admissibles pour l'eau de boisson des populations (10 pCi/l). Compte tenu des faibles débits rejetés, de la dilution dans les rivières et des sédimentations, l'augmentation de la concentration naturelle en radium n'est sensible que sur de très faibles distances. Toutefois, les mécanismes de transfert du radium sont mal connus et des recherches dans ce domaine sont encore nécessaires.

Des améliorations aux procédés de traitement sont recherchées mais il faut éviter les positions extrêmes non raisonnables qui voudraient que la concentration dans le tuyau de rejet soit inférieure à la concentration naturelle dans nos rivières qui est dans le Massif Central de 5 pCi/l.

Conclusions

L'extraction et le traitement des minerais d'uranium sont susceptibles d'entraîner par différentes voies une irradiation du personnel et des populations.

L'effort doit essentiellement porter sur la diminution de la concentration en radon et en ses descendants dans les mines.

Dans les mines et les carrières de minerais riches, de teneur en uranium de l'ordre de 1 %, les irradiations externes limitent le temps de travail des mineurs et la concentration en poussières de minerai peut devenir importante et dépasser la concentration maximale admissible.

Dans les usines de traitement, les problèmes sont moins importants et plus faciles à résoudre.

Quant à l'action sur les populations avoisinantes, seuls les rejets d'effluents liquides nécessitent une surveillance attentive.

REFERENCES

[1] Fourcade, N. Calcul de l'irradiation externe dans une galerie de mines et dans une carrière d'uranium. Note CEA en cours de publication.

[2] Pradel, J. (1962). Les problèmes de sécurité particuliers aux mines d'uranium. Annales des mines, VI, 83-94.

[3] Pradel, J. (1973). Radon protection in uranium mines. Noble Gases Symposium, Las Vegas.

LA RADIOPROTECTION DANS L'EXTRACTION ET LE TRAITEMENT
DES MINERAIS D'URANIUM EN FRANCE

[4] Pradel, J.; Zettwoog, P.; Madelaine, G.; François, Y. (1973). Quelques données nouvelles concernant la protection des mineurs dans les mines d'uranium. Meeting, Washington.

[5] François, Y.; Pradel, J.; Zettwoog, P.; Dumas, M. (1973). La ventilation dans les mines d'uranium. AIEA Panel, Washington, 3-11 septembre 1973.

[6] Doury, A. Valeurs de base concertées de coefficients de transfert atmosphériques. Abaques simplifiées. Note CEA DSN 74/336.

[7] Gouix; Pradel (1964). Méthodes de mesures des poussières radioactives à vie longue. In - Radiological Health and Safety in Mining and Milling of Nuclear Materials. Proceedings Series, STI/PUB/78. International Atomic Energy Agency, Vienna.

DISCUSSION

R.G. BEVERLY (USA) : What was the MPC of radon for off-site and for underground?

P. ZETTWOOG: For underground MPC = 3×10^{-10} Ci/l assuming an equilibrium factor equal to 1, which is the EURATOM value. Making the assumption that the equilibrium factor is less than 0.5 you get the MPC value of 6×10^{-10} Ci/l which we are using. The relationship between the radon concentration and the total α-energy of radium A and radium C' can be obtained knowing the equilibrium factor f_A and $f_{C'}$. From our data you see that in our mines in 1973 the mean value of the radon concentration was 1.3×10^{-10} Ci/l and the mean value of total α-energy expressed in WL units was 0.3. This shows that the equilibrium factor was of the order of 0.23.

P. GROER (USA): What was the grade of ore assumed in your calculation of γ-exposure rates from our ore pile?

P. ZETTWOOG: 1%.

M. PHILIPPE (Union minière internationale) : Selon les études que vous avez pu faire dans vos services, seriez-vous en mesure d'indiquer l'incidence d'une bonne prévention sur le prix du kilogramme et du kilowattheure ?

P. ZETTWOOG : Sur la base d'une étude de la structure du coût de la radioprotection pour l'année 1972, je peux vous donner les indications suivantes :

1) coût des contrôles radiologiques
   (amortissement, main-d'oeuvre,
   fonctionnement)   1,5 franc/kg U_3O_8
2) coût des analyses médicales   0,1   "
3) coût de la ventilation
   (amortissement, pose et
   entretien, électricité)   <u>1,8</u>   "
                                            3,4 francs/kg

à rapprocher du prix du kilogramme de U_3O_8 contenu dans les concentrés de minerais, qui doit être de l'ordre de 100 francs. La part du coût de l'uranium dans le prix du kWh doit sans doute dépendre de la filière considérée : uranium naturel ou enrichi, ou surgénérateur. Je pense que, dans la salle, certains de nos collègues pourront nous renseigner sur ce point.

B. BAVOUX (France) : 1 kg d'uranium naturel représente 50 000 kWh. En prenant l'uranium à 100 francs/kg U (environ 8 $/lb U_3O_8) cela représente 0,2 centimes/kWh à comparer à un prix de revient total du kilowattheure de 6 centimes (0,06 francs).

J.P. GOMEZ (Espagne) : Mes questions se rapportent aux effluents liquides :

Quels sont les volumes d'effluents que vous rejetez en usine ?

P. ZETTWOOG : Le volume varie selon les usines. La plus importante a des rejets de l'ordre de 6 000 m^3 par jour.

J.P. GOMEZ : Quel est le débit de la rivière ?

P. ZETTWOOG : Pour cette usine, le débit est de l'ordre de 30.000 m^3/h.

J.P. GOMEZ : Quelles sont les quantités d'éléments solides ou de boues rejetées et qu'en faites-vous ?

P. ZETTWOOG : A 3% près, la masse des produits rejetés correspond à la masse de ceux qui rentrent. Les boues sont stockées dans des bassins avec les sables fins. Les sables gros sont utilisés pour le remblayage hydraulique des travaux miniers.

M. HULOT (Fédération syndicale mondiale) : Nous vous remercions de cet exposé très clair et très intéressant. La conception

LA RADIOPROTECTION DANS L'EXTRACTION ET LE TRAITEMENT DES MINERAIS D'URANIUM EN FRANCE

exposée de la radioprotection témoigne d'un souci des conditions de travail et de sauvegarde de l'environnement et des populations dont nous souhaitons l'extension pour toutes les entreprises et toutes les nuisances. La question que je voudrais poser concerne les pollutions chimiques de l'environnement et les conditions de travail dans les procédés de traitement ou d'extraction de minerais tant en surface qu'au fond de la mine.

P. ZETTWOOG : Des quantités importantes de produits chimiques sont manipulées dans des opérations de lixiviation et de traitement du minerai. Il peut en résulter certains problèmes d'hygiène industrielle, ainsi que des rejets continus ou accidentels de polluants chimiques gazeux et liquides dans l'environnement. Toutefois, ces problèmes sont entièrement disjoints des problèmes de radioprotection qui font l'objet de notre congrès et ils relèvent des méthodes connues en sécurité du travail classique et de traitement des effluents en provenance de l'industrie chimique.

M. RAGHAVAYYA (India): Is the effluent from the mill treated in any way before discharge?

P. ZETTWOOG : Deux bassins de décantation primaire et secondaire permettent d'obtenir l'élimination de la plus grande partie du radium non soluble. Dans l'avenir, on envisage d'associer à ce traitement physique des traitements chimiques visant à précipiter le radium soluble.

M. RAGHAVAYYA: At what pH is the effluent discharged from the mill?

P. ZETTWOOG: pH 6.

Medical surveillance

Medical surveillance in mining and milling of uranium and thorium and in the handling of rare earth metals

L. Elovskaja[*]

REPORT

Abstract - Résumé - Resumen - Резюме

Medical surveillance in mining and milling of uranium and thorium and in the handling of rare earth metals - This report is prepared on the basis of a literature survey. It also includes the results of the author's investigations concerning radiation protection in operations with naturally radioactive mineral raw materials in the rare earth metals industry.

The report outlines the principles of medical supervision for industrial workers exposed to uranium- and thorium-containing substances and the organisation of hygienic and engineering procedures for health protection. The question of the biological effect from the combined influence of exposure to dust and to radioactive substances upon the organism is also discussed.

In experimental work in rats with combined exposure to dust and to radiation, from rare earth dust containing naturally radioactive components (primarily thorium), the author noted aggravation of the pathologic pneumoconiotic process. These changes were progressive in experimental animals with lung doses exceeding 200 rem.

Attention is drawn to the still unresolved problem of the chronic effects of long-term occupational exposure to dust containing uranium and thorium compared to dust exposure without radiation. The necessity of carrying out investigations for the evaluation of combined biological effects from a number of simultaneously acting factors and the necessity to improve medical surveillance and hygienic inspections in enterprises engaged in production, enrichment and processing of uranium and thorium are also noted.

---

[*]Ministry of Public Health, Institute of Industrial Hygiene and Occupational Diseases of the Medical Academy of Sciences, USSR.

Surveillance médicale des travailleurs affectés à l'extraction et au traitement de l'uranium et du thorium ainsi qu'à la manipulation des terres rares - Ce rapport a été préparé sur la base d'une étude de la littérature et dlaprès les résultats des propres investigations de l'auteur en matière de radioportection dans l'industrie des terres rares où sont mises en oeuvre des matières minérales naturellement radioactives.

L'auteur expose les principes de la surveillance médicale des travailleurs exposés aux substances contenant de l'uranium et du thorium ainsi que de l'organisation de la radioprotection. On discute le problème des effets biologiques de l'exposition à l'action combinée des poussières et des substances radioactives. Des rats exposés à des poussières de terres rares renfermant des composés radioactifs naturels (principalement du thorium) ont présenté une aggravation du processus pneumoconiotique pour des doses au poumon supérieures à 200 rem.

Quant au problème des effets à long terme de l'exposition professionnelle aux poussières contenant de l'uranium et du thorium par rapport aux effets de l'exposition aux poussières non radioactives, il est toujours à l'étude. L'auteur insiste sur la nécessité de poursuivre les recherches pour ce qui est de l'évaluation des effets synergiques d'un certain nombre de facteurs. Elle souligne l'importance de la surveillance médicale et de l'inspection des conditions d'hygiène dans les entreprises de production, d'enrichissement et de traitement de l'uranium et du thorium.

Control médico en la extracción y el tratamiento del uranio y el torio, así como en la manipulación de metales de tierras raras - Se ha preparado este informe tomando como base un estudio de la literatura sobre el tema. Comprende también los resultados de las investigaciones realizadas por el autor con referencia a la protección contra las radiaciones en trabajos efectuados con materias primas minerales con radioactividad natural, así como en la industria de los metales de tierras raras.

Se hacen resaltar en el informe los principios del control médico para los trabajadores expuestos en la industria a sustancias que contienen uranio y torio, y la organización de las medidas de higiene para la protección de la salud. Asimismo se examina la cuestión del efecto biológico dela acción combinada de la exposición al polvo y a las sustancias radiactivas en el organismo.

El autor, al efectuar experimentos con ratas expuestas al polvo y a las radiaciones, con polvo de tierra rara que contenía elementos de radioactividad natural (principalmente el torio), observó una agravación del proceso patológico neumoconiótico. Estos cambios se manifestaban de manera progresiva en los animales sometidos a experimentos con dosis pulmonares superiores a 200 rem.

MEDICAL SURVEILLANCE IN MINING AND MILLING OF URANIUM AND THORIUM AND IN THE HANDLING OF RARE EARTH METALS

Se llama la atención hacia el problema no resuelto todavía de los efectos crónicos de la exposición profesional prolongada al polvo con contenido de uranio y torio, comparándolos a la exposición al polvo no radiactivo. Asimismo se insiste en la necesidad de realizar investigaciones para evaluar los efectos biológicos combinados de cierto número de factores que actúen simultáneamente, y en la necesidad de perfeccionar el control médico y las inspecciones de higiene en las empresas dedicadas a la producción, enriquecimiento y elaboración del uranio y el torio.

Медицинское обслуживание при добыче и обработке урана и тория и при работе с редкоземельными металлами — Этот доклад подготовлен на основе обзора литературы. В него также включены результаты исследований, проведенных автором в области радиационной защиты при работе с естественно радиоактивным сырьем в промышленности редкоземельных металлов.

В докладе намечаются принципы медицинского контроля над промышленными рабочими, работающими с веществами, содержащими торий и уран, а также говорится об организации гигиенических и технических мер по защите здоровья. В докладе обсуждается также вопрос биологических изменений в организме в результате совместного влияния на него пыли и радиоактивных веществ.

В экспериментах на крысах с одновременным воздействием пыли и радиации, испускаемой пылью редкоземельных металлов, которая содержит естественно радиоактивные вещества, в первую очередь торий, автор наблюдал обострение патологического пневмокониоза. Такие изменения имели прогрессирующий характер у экспериментальных животных, легкие которых получили дозу, превышающую 200 рентген.

В докладе обращается внимание на все еще нерешенную проблему хронического изменения при длительном облучении пылью, содержащей уран и торий, а также при воздействии нерадиоактивной пыли. Отмечается также необходимость проведения исследований для оценки совместного биологического влияния ряда одновременно действующих факторов и необходимость улучшения медицинского обследования и гигиенической инспекции на предприятиях, занятых производством, обогащением и переработкой урана и тория.

The search for new energy sources, especially nuclear energy, as well as the yearly increase in the use of radioactive substances in different branches of industry, will result in an increase in the volume of production and enrichment of uranium and thorium ores. This will inevitably lead to a considerable increase in the categories of workers with occupational exposure to natural and enriched radioactive mineral substances in concentrating and processing operations.

It is known that these processes expose workers to a variety of factors among which the main ones are:

(1) Combined dust and radioactive exposure (dust, radioactive substances and their decay products);

(2) β and γ radiation.

In the Soviet Union, the organisation of medical surveillance and radiation safety for workers presents a unique therapeutic-prophylactic complex. One part of this complex includes the sanitary-hygienic and engineering procedures. These consist of organisational, technological, ventilation, air conditioning and individual protection procedures.

Another part of medical surveillance includes the curative prophylactic procedures carried out by medical sanitary units in enterprises, in radiological laboratories of sanitary epidemiological stations and in laboratories of research institutes dealing with radiation health standards and with recommendations for improving health procedures.

The use of different varieties of protective procedures ensures, in most cases, that enterprises involved in production and enrichment of uranium and thorium raw material attain a level of total dust not exceeding 1 mg/m^3 and a concentration of radon with daughter products down to 10^{-12} Ci/l and of thoron 1.10^{-13} Ci/l or lower. The choice of the specific preventive procedures, depends upon the specific occupational conditions and radiation levels. The decision is made by industrial health physicians together with engineer-technical personnel. In many countries similar decisions are the prerogative of engineer-technical personnel alone.

In the Soviet Union therapeutic prophylactic procedures for workers in exposure to uranium- and thorium-containing substances are carried out by medical sanitary units of the enterprises. These procedures include:

MEDICAL SURVEILLANCE IN MINING AND MILLING OF URANIUM AND THORIUM AND IN THE HANDLING OF RARE EARTH METALS

(a) compulsory medical examination at the time of hiring;

(b) periodic medical examaminations not less than once or twice a year;

(c) health care of workers in health centres with the aim of discovering possible occupational as well as inter-current diseases and providing early treatment;

(d) health resort treatments which are free of charge;

(e) month-long stays in a therapeutic preventorium (without interruption of work) not less than once or twice a year;

(f) special therapeutic, prophylactic and nutrition services which are free of charge;

(g) health education for workers including information on the physicochemical and radiotoxic properties of work substances, dosimetry, means of collective and individual protection and rules of personal hygiene.

It is well known that the entire medical service in the USSR is provided free of charge.

The preliminary medical examination at the time of hiring is carried out by a highly qualified medical panel including: therapeutist, roentgenologist, haematologist, neurologist, ophthalmologist, dermatologist and physicians of other specialities.

The aim of the examination is to select persons who have no contraindications for their work in exposure to radioactivity.

In the Soviet Union there is a detailed list of medical contraindications set out in legislation by the Minister of Public Health, which exclude certain workers from enterprises dealing with radioactive substances.

The list includes the following contraindications:

(1) diseases of the blood system with reduction of haemoglobin to less than 12 g per cent for women and less than 14 g per cent for men. With secondary anaemia fitness for work is determined after treatment of the main disease on an individual basis;

(2) unstable changes in the content of peripheral blood;

(3) all forms of haemorrhagic diathesis (haemophilia, haemorrhagic capillary toxicosis; essential thrombocytopenia, etc.);
(4) diseases of the central and peripheral nervous system including infection, intoxication and trauma which cause impaired function; epilepsy;
(5) narcomania;
(6) consequences of trauma of cranium with syndrome of encephalopathy;
(7) psychic diseases;
(8) manifestation of neurosis (neurasthenia, hysteria);
(9) infantilism (expressed);
(10) malignant tumours of any localisation and stage;
(11) precancerous diseases, inclined to malignant metaplasia and recurrence, as well as benign tumours interfering with the wearing of working clothes and washing of the skin;
(12) diseases of the gastro-intestinal tract with frequent attacks (ulcerative disease of the stomach and of duodenum, chronic gastritis, colitis, etc.);
(13) chronic diseases of liver and biliary tracts of any etiology with frequent attacks;
(14) chronic diseases of kidneys and urinary tracts with considerable disorders in the functions of these organs;
(15) organic diseases of cardiovascular system with phenomena of insufficiency of blood circulation (2nd and 3rd stages), among them the hypertonic disease of the 2nd stage;
(16) bronchiectatic disease and pulmonary emphysema; bronchial asthma, chronic bronchitis; pneumosclerosis, suppurative processes in the lungs (during work with radioisotopes in open form);
(17) chronic infectious diseases with frequent episodes of infection;
(18) diseases of the endocrine system and metabolic diseases; bronze disease, diabetes, dysfunction of ovaries, infantilism of genital sphere (fitness for work is determined individually in these cases);
(19) chronic diseases of joints, muscles, tendons of any origin (infections on the basis of metabolic disorders etc.) with disorders of gait;

MEDICAL SURVEILLANCE IN MINING AND MILLING OF URANIUM AND THORIUM AND IN THE HANDLING OF RARE EARTH METALS

(20) spinal changes (congenital defects or consequences of injuries), as well as changes of the form of pelvis or extremities (with considerable limitation of functions). Fitness is determined individually in these cases;

(21) endoarteritis obliterans, Raymond's disease with significant disorder of peripheral blood circulation;

(22) chronic suppurative diseases of accessory sinuses of the nose, severe chronic suppurative otitis media, mucosal atrophic processes. Fitness is determined individually in these cases;

(23) Ménière's disease;

(24) chronic eye diseases of inflammatory and degenerative character with disorders of eye function;

(25) reduction of visual acuity lower than 0.6 for the eye with more acute vision and lower than 0.5 for the eye with less acute vision;

(26) incurable diseases of the eye: atrophy of the optic nerve at any etiology, pigmentary degeneration of retina, glaucoma, cataract at one or both eyes, etc.;

(27) severe chronic recurrent ulcerative blepharitis and diseases of lacrimal ducts;

(28) widely spread chronic skin diseases.

Periodic medical examinations conducted with the aim of prevention of occupational diseases and health observation of workers are also carried out by a representative medical panel with compulsory roentgenologic (not more often than once a year), haematologic and biophysical examinations. Functional examinations of respiratory system are also compulsory. This is explained by the fact that the lungs may be one of the main critical organs, in particular, where inhalation of the thorium- and uranium-containing substances in an insoluble form is encountered.

Literature data, as well as our experimental results, testify to an increase of fibrogenic properties from dust combined with radiation exposure. We studied the biological effects of combined dust and radiation exposure with insoluble dusts of thorium-containing ores and concentrates of rare earth metals. The point is that, although thorium and uranium are not the main components in rare earth raw materials, they turn out to be the inevitable companions in many stages of their technological processing. This is related to peculiarities of the primary geochemical differentiation of rare earth elements as well as of thorium and uranium, both having similar radii and charges. This explains their joint presence in the crystalline grid of rare earth minerals. The latter determines the possibility of encountering radiation exposure despite the fact that the percentage of uranium and thorium in the initial raw materials has no industrial importance.

During 30 years of occupational exposure to natural radioactive rare earth raw material, primarily because of thorium, workers may obtain a lung radiation dose from a few rems to 200 rem or more.

Laboratory tests with white rats using the model of experimental pneumoconiosis from combined dust and radiation exposure over a wide range of doses revealed that under the experimental conditions the pneumoconiosis effect was aggravated. The minimum effective dose was close to 200 rem in experimental animals and this is comparable to the occupational exposure mentioned above.

This is further confirmed by the data on biochemical and morphological changes in pulmonary tissue, the average life duration of rats, the results of observations of the long-term effects showing statistically significant changes in proteins of pulmonary tissue related to the higher degree of pneumosclerotic changes, the tendency to a reduced life span of the experimental animals and the considerable percentage of cases (22.4%) of reticulosarcomas observed in periods far from the start of the experiment (by 15-24 months) at radiation doses absorbed by lungs, exceeding 200 rem. These data were obtained in experiments with single intratracheal administration of dust of different specific activity as well as in experiments with chronic inhalation carried out with the help of an inhalation chamber C 1202 B.

Although the transfer of experimental data to man is a very difficult problem, we assume that during occupational exposures to radioactive dust, there is some risk of starting a pneumoconiotic process. At the same time, well studied clinical experimental parallels concerning dust pathology of lungs, as well as of the similarity of tissue radiosensitivity of rats and man are reasons to suggest that an aggravation of the pneumoconiotic process in man is possible

MEDICAL SURVEILLANCE IN MINING AND MILLING OF URANIUM AND THORIUM AND IN THE HANDLING OF RARE EARTH METALS

with doses to lungs close to those which aggravate this process in the experimental animal. But the maximum dose exposure for workers' lungs under real industrial conditions in rare earth enterprises does not exceed 0.05 rem/day.

An experiment in which the absorbed dose received by lungs of rats during one year was equal to 200 rem showed the minimum coefficient of safety in terms of dose efficiency.

In addition to this value of coefficient of safety for radiation exposure, increase in dust exposure undoubtedly leads to progression of pneumoconiosis in our experiment. This supports the view that combined low dust and radioactive effects upon the lungs of workers, who have exposure to natural radioactive substances with a specific activity of 5.10^{-10} Ci/g, should be considered as radiation-safe. The latter corresponds to a well-known IAEA status of 1969 according to which the operation with substances containing less than 0.05% of uranium or thorium are considered safe from the radioactivity point of view.

It is necessary to emphasise the complex questions of health standardisation and prognosis in evaluating the combined effect on man of a number of unfavourable factors with industrial environment. Thus, during enrichment processing of uranium- and thorium-containing ores in the air of working zones, besides natural radioactive dusts and radiation with daughter products, there may be vapours of acids, alkalis, lead, arsenic, etc. In addition, microclimatic conditions can unfavourably affect the workers. The combination of several unfavourable factors can result in a synergistic effect and increase the degree of their pathogenic properties.

In connection with this, the question of long-term effect of dust and radioactive exposure in workers having occupational contact with uranium- and thorium-containing dusts of low and specific activity (5.10^{-10} up to 1.10^{-9} Ci/g) can be considered as answered. It should be pointed out that, under conditions of sufficient ventilation of mines, as well as of the industrial spaces of enrichment factories, the radiation component (of the combined dust and radioactivity) is insignificantly low. In this case the possibility of a combined effect is affected by the radioactive component. The results of epidemiological investigations of long-term effects of radiation factors in mine workers are widely published in the scientific literature. In these cases scientists hold to the opinion that the progress of malignant neoplasms in lungs is connected not only with radiation of decay products, but with the role of the combination of several factors as well, such as dust, smoking, diesel fumes, etc. The latter dictates the need for further improvement of sanitary hygienic supervision of industrial environmental conditions, development of medical diagnosis and increase in sensitivity of biophysical investigation of the content of radioactive substances in the body of workers.

The above-mentioned points in this paper demonstrate the interrelationship between hygienic science and sanitary practice in securing radiation safety for workers occupied in mining and milling of thorium and uranium substances.

DISCUSSION

K. VALENTINE (Canada): I was keenly interested in that part of your talk which dealt with the problems of pneumoconiosis. We in Canada are faced with a problem referred to as "radiological pneumoconiosis", which is neither carcinoma nor silicosis. The Union I represent has no knowledge of any research in this field and we have been obliged to engage the services of persons competent to do preliminary research. Would it be possible to receive reports from your researchers about their findings in connection with pneumoconiosis?

L. ELOVSKAYA: My report lists 52 sources, including publications giving the results of our own research, of which of course you can use.

K. VALENTINE: I noted your reference to air-conditioning in the process of dealing with radiation. What parts of the process are carried out in air-conditioned surroundings?

L. ELOVSKAYA: Air-conditioning may be essential in very hot workings, for instance in excavator cabs.

MEDICAL SURVEILLANCE IN MINING AND MILLING OF URANIUM AND THORIUM AND IN THE HANDLING OF RARE EARTHS

S. SHALMON (WHO): Did you in the USSR find evidence of any significant shortening of the time-lag until the development of pneumoconiotic symptoms in miners also exposed to radioactive dust?

L. ELOVSKAYA: I do not yet have any data relating to the time elapsing before miners exposed to radioactive dust develop these symptoms. I was talking about experimental results only.

G. WOLBER (France): You referred to a radon threshold in the neighbourhood of 200 rem in the case of rats. We should very much like to know the outcome of any experiments you may have made in this field with doses between 50 and 200 rem. We should also like to know whether you have done any research or undertaken epidemiological investigations into the effects of radon alone or of radon combined with other carcinogenic substances such as arsenic, iron oxide, nickel, etc., and here too, for radon doses between 50 and 200 rem.

L. ELOVSKAYA: In our investigations, making use of an experimental model of pneumoconiosis, the dose in the lungs was conditioned not by the radon but by the thoron component of the mineral dust entering the lungs of the rats, or by thoron. The minimum effective dose was close to 200 bar. Hence, with doses less than this no effects could be observed which might be attributed to the peculiar action of just this radioactive component of the dust. With doses in excess of 200 bar, and in animals, signs of a deepening or intensification of the pneumoconiotic cross were observed, as I mentioned. The effect of complex substances combined with the products of decomposition - arsenic, iron oxide, nickel, which may be present in industrial dust - will have to be investigated by others. We encountered no such combinations. Epidemiological inquiries call for special investigations as well.

Medical surveillance

Risques et nuisances des mines d'uranium
Prévention médicale

J. Chameaud[*], R. Perraud[*], J. Lafuma[**], R. Masse[**]

Abstract - Résumé - Resumen - Резюме

Risks and nuisances in uranium mines - Medical prevention -
A uranium miner is exposed to hazards of two kinds: the conventional risks to which anybody working in a mine where metal ore is extracted (they are well enough known), and risks less familiar, caused by radioactivity. This latter is essentially dangerous to the respiratory system. The danger is of contamination by long-lived dust, and of α-emitters accompanied by all the other atmospheric pollutants existing in a uranium mine, especially silica dust. The authors have, for several years past, been working on animals, and are in a position to offer some further information on the effects on the lungs of radioactivity so produced (whether associated with dust or not), arising out of the work they do in supervising the health of miners, under the French Atomic Energy Commission.

Risques et nuisances des mines d'uranium - Prévention médicale -
Les mineurs d'uranium sont exposés à deux sortes de risques : les risques classiques des mines métalliques, connus depuis longtemps et ceux, nouveaux et bien moins connus, provoqués par la radioactivité. Ces derniers sont essentiellement respiratoires. Ils sont dus à la contamination par des poussières à vie longue et des émetteurs α associés à tous les autres polluants atmosphériques d'une mine d'uranium dont, en particulier, les poussières de silice. Les auteurs ont, sur ce sujet, entrepris depuis plusieurs années des travaux biologiques sur l'animal qui apportent certaines précisions sur les effets, au niveau des poumons, de ces nuisances radioactives associées ou non aux poussières, cela dans le cadre de la surveillance médicale des mineurs du Commissariat à l'énergie atomique.

Peligros y daños en las minas de uranio - Prevención médica -
Los mineros de las minas de uranio están expuestos a dos clases de peligros : los peligros clásicos de las minas metálicas, conocidos desde hace tiempo, y los peligros nuevos y menos conocidos provocados por la radiactividad. Estos últimos son esencialmente de carácter respiratorio; se deben a la contaminación por el polvo que permanece mucho tiempo y emisores α vinculados a todos los demás contaminantes atmosféricos de una mina de uranio y, en particular, el polvo

---

[*]Commissariat à l'énergie atomique, B.P. n° 1 - 87640, Razes, France.

[**]Commissariat à l'énergie atomique, Fontenay-aux-Roses, France.

de sílice. Sobre este tema hemos emprendido desde hace varios años trabajos biológicos en animales que aportan ciertas precisiones en cuanto a los efectos en los pulmones de estos elementos radiactivos asociados o no al polvo, en el marco de la vigilancia médica de los mineros llevada a cabo por la Comisaría de Energía Atomica.

Опасность и вредные воздействия, вызываемые работой в урановых шахтах. Медицинские меры защиты - Шахтеры, работающие на урановых шахтах, подвержены двум видам заболеваний. Обычные заболевания, вызываемые работой в шахтах при добыче железной руды, известные уже длительное время, и новые заболевания, менее известные, вызываемые радиоактивностью. Последние носят главным образом респираторный характер. Они вызываются заражением долгоживущей радиоактивной пылью и изучением альфа-частиц вместе с другими отравляющими веществами, находящимися в воздушной среде урановой шахты, в частности, вместе с известковой пылью. В связи с этим, уже в течение многих лет нами проводились биологические исследования и опыты на животных, которые позволили внести некоторые уточнения относительно воздействия на легкие этих радиоактивных отравляющих веществ вместе с пылью или без нее. Эти биологические исследования и опыты были проведены Комиссариатом по Атомной Энергии в рамках медицинских наблюдений над шахтерами.

Introduction

Les risques et nuisances d'une mine d'uranium sont de deux ordres. D'abord ceux qui sont dus à l'effort physique particulier du mineur et à l'utilisation d'engins de mine provoquant bruit et vibrations par exemple. On les trouve dans toutes les mines métalliques, bien qu'ils soient importants nous n'en parlerons pas ici.

Les autres risques sont propres aux mines d'uranium parce qu'ils proviennent de la radioactivité du minerai. Il s'agit de l'irradiation Y et de la contamination respiratoire par le radon et ses produits de filiation.

L'irradiation Y n'atteint pas, même dans les chantiers les plus riches, des niveaux suffisants pour provoquer des désordres biologiques, à condition d'être contrôlée et limitée dans le temps, ce qui est relativement simple et toujours possible.

La contamination respiratoire par le radon et ses descendants seuls, ou en association avec les autres nuisances atmosphériques de la mine paraît, par contre, beaucoup plus redoutable. C'est pourquoi nous limiterons cet exposé au risque respiratoire, qui est essentiel, et en particulier à la silicose, au cancer du poumon et à l'insuffisance respiratoire.

RISQUES ET NUISANCES DES MINES D'URANIUM
PREVENTION MEDICALE

Nous aborderons l'étude de ces trois affections, dans le cadre des mines d'uranium du Commissariat à l'énergie atomique, à partir de résultats cliniques et biologiques. Les mineurs ont en effet été soumis à une surveillance médicale systématique, comprenant en particulier des radiographies pulmonaires, depuis 1949 date d'ouverture des premières exploitations minières. Parallèlement à cette surveillance nous avons entrepris à partir de 1960 des travaux de pathologie expérimentale concernant les effets sur les poumons, du radon et de ses descendants associés ou non à la poussière de silice.

Effectifs et conditions de travail

Les effectifs des mineurs ont progressivement augmenté pour atteindre 1 000 agents travaillant au fond en 1958; ils sont aujourd'hui de 600, 450 ont plus de 15 ans de fond et parmi ceux-là 300 plus de 18 ans, dont une centaine plus de 20 ans. Il s'agit d'une main-d'oeuvre très stable, embauchée jeune et sans passé minier. L'âge moyen est de 42 ans, 20 % ayant entre 50 et 55 ans.

Sauf au tout début des travaux, il n'y a pas eu de foration à sec. Le marteau piqueur a été très peu utilisé. Les teneurs en poussières sont passées de 400 ppcm^3 de moins de 5 µm dans les années 50 à 250 ces dernières années. Les prélèvements continus effectués actuellement ne donnent que 100 ppcm^3, le taux de silice variant de 20 à 50 %.

La dosimétrie Y a été effectuée depuis le début des travaux par film dosimètre, l'irradiation se situe au fond à 1 rem/an.

Pour le radon, on peut considérer deux périodes : avant 1956, où les concentrations en radon des chantiers n'étaient pas mesurées, depuis 1956 où elles sont connues d'une façon précise. A cette date a été créé un fichier individuel d'irradiation cumulant les trois risques radioactifs, irradiation Y, poussières à vie longue et radon. Leur cumul n'atteint pas les limites maximales admissibles.

L'explosif utilisé a pratiquement toujours été la dynamite gomme BAM.

Jusqu'à ces dernières années, les seuls moteurs diesel au fond étaient ceux des locotracteurs.

Silicose

Dans des mines de granite à teneur en silice libre très élevée, la préoccupation essentielle au début de l'exploitation fut la prévention de la silicose. Cela d'autant plus que certains travaux faisaient état du facteur aggravant de la radioactivité, susceptible d'accélérer l'évolution de cette maladie [1, 2]. C'est pour vérifier cette hypothèse que nous entreprîmes nos premiers travaux biologiques. Des rats furent exposés alternativement durant 15 séances de 5 h à des inhalations de poussière de cristobalite (130 mg/m^3) et à du radon à 30 % de l'équilibre avec ses descendants et à la concentration de 1.10^{-6} Ci/l, tandis que d'autres étaient pendant le même temps exposés uniquement à la cristobalite. Dans les deux groupes des silicoses sont apparues chez tous les rats. Nous avons simplement constaté chez les animaux qui avaient inhalé du radon une modification du processus fibrogène, sans augmentation de son intensité. Les lésions fibreuses obtenues paraissaient plus diffuses mais avec une formation de collagène moindre. D'autres animaux exposés à la poussière de minerai, moins riche en silice et alternativement ou non à du radon n'ont pas développé de silicoses [3].

Sur le plan clinique, en dehors de quelques silicoses apparues rapidement chez des mineurs qui avaient travaillé dans de très mauvaises conditions à l'ouverture des premiers chantiers, nous ne constatons pas aujourd'hui de silicoses caractérisées. Quelques pièces d'exérèse de poumon de mineurs ayant plus de 10 ans de fond ne montrent pratiquement pas de nodules silicotiques.

La clinique paraît donc confirmer les résultats expérimentaux et nous permet de penser que si dans les années à venir des silicoses survenaient chez les plus anciens elles seraient bénignes.

Paradoxalement la présence de radon dans la mine a certainement favorisé la prévention de cette maladie professionnelle à cause de l'aérage qu'elle implique.

Cancer du poumon

Pour comprendre l'évolution de la prévention du cancer du poumon des mineurs, il convient de faire un très bref rappel historique. Au début des années 1950 on n'avait encore aucune certitude quant à l'étiologie de la maladie pulmonaire dont étaient atteints

RISQUES ET NUISANCES DES MINES D'URANIUM
PREVENTION MEDICALE

les mineurs du Schneeberg et de Joachimsthal où, depuis le 15e siècle, on exploitait de nombreux métaux tels que le nickel, l'argent, l'arsenic, le cobalt et de l'uranium depuis la fin du 19e siècle.

Le diagnostic de cancer du poumon fut porté pour la première fois en 1879 par Harting et Hesse. Ce fut le départ de plusieurs études dont l'une révéla que, de 1875 à 1912, 40 % des mineurs du Schneeberg avaient été atteints de cancer du poumon. En 1920, Uhlig avait déjà pensé que cette affection pouvait provenir de la présence de radon dans les mines. Beaucoup plus tard cependant, en 1944, Lorenz [4], reprenant très soigneusement la littérature sur ce sujet, n'y trouva pas les éléments qui auraient permis de confirmer cette hypothèse. D'autres facteurs, pensait-il, intervenaient, tels que les agressions par les différentes poussières, les maladies pulmonaires chroniques et même l'hérédité [5]. Cette idée prévalut jusqu'à ces dernières années où l'on insista en particulier sur le rôle primordial de la fumée de cigarette. Des enquêtes épidémiologiques américaines [6, 7], tchécoslovaques [8] et suédoises [9] mettaient pourtant en évidence la relation entre l'exposition au radon et l'augmentation du nombre des cancers du poumon à partir de 100 à 200 WLM. Mais dans les laboratoires, par contre, si des cancers du poumon étaient obtenus avec différents radionucléides, ils ne l'étaient pas avec du radon. Pour notre part, lors de nos travaux concernant l'action du radon sur la silicose ou sur l'épuration pulmonaire, nous n'avions jamais provoqué de cancers chez les rats. C'est dans de nouvelles expériences où l'exposition fut prolongée et les animaux observés plus longtemps que, pour une certaine concentration en radon, nous vîmes apparaître des cancers du poumon, 10 à 18 mois après le début de l'exposition, chez pratiquement tous les rats exposés [10]. Ces cancers, que nous avons très souvent reproduits maintenant, ont des types histologiques comparables aux cancers humains à l'exception du cancer à petite cellule [11]. Ils apparaissent pour une exposition de 500 à 10 000 WLM. Leur nombre est d'autant plus grand et leur temps de latence d'autant plus court que le niveau d'exposition est plus élevé [12]. Ces résultats expérimentaux apportent la preuve que le radon avec ses produits de filiation est bien, à lui seul, cancérogène. Une étude sur l'influence de la fumée de cigarette associée au radon est en cours; les premiers résultats nous permettent de penser que le tabac aurait plus un rôle de cofacteur que de potentialisateur.

Sur le plan clinique, bien que nous n'ayons pas encore fait d'enquête épidémiologique, notre connaissance du personnel, sa stabilité, nous permettent de savoir les cancers du poumon qui ont pu apparaître. Il y en a 11, dont 9 sont survenus chez de grands fumeurs, 2 correspondent à une exposition de 300 WLM environ, 3 entre 150 et 100 WLM, les autres à des expositions très faibles de 10 à 50 WLM. Il est bien évident qu'il n'y a pour l'instant aucun enseignement à tirer de ces chiffres. Dans quelques années, par contre, nous pourrons formuler des conclusions intéressantes grâce au fichier individuel de contamination. Il nous montre que, depuis 1956, la valeur moyenne d'exposition a été de 0,3 WL, ce qui nous autorise à être optimiste.

Insuffisances respiratoires

Il ne faudrait pas que ces deux grandes maladies professionnelles relèguent au second plan les autres conséquences possibles des différentes agressions auxquelles un poumon de mineur peut être soumis, quelquefois pendant trente ans. Ces agressions sont dues d'abord aux conditions climatiques particulières de nos mines qui sont humides et froides pendant l'hiver à cause de l'intensité de l'aérage, ensuite aux différents polluants, fumées de tir, gaz d'échappement, aérosols d'huile minérale, associés aux poussières et au radon, même si, pour chacun d'entre eux, les limites tolérables sont respectées. La destruction cellulaire qu'ils entraînent au niveau des zones d'échange gazeux du poumon est susceptible à la longue d'altérer la fonction respiratoire. Nous avons constaté en expérimentation animale ce phénomène avec le radon qui, seul, et même à dose relativement faible, provoque une fibrose des cloisons interalvéolaires.

En clinique, la diminution progressive de la fonction respiratoire est difficile à interpréter, car il faut tenir compte du vieillissement et de l'action du tabac, mais c'est un sujet qui doit retenir toute notre attention dans les prochaines années.

Prévention médicale

Il est bien évident que la prévention médicale concernera au premier chef les poumons.

A l'embauche, il faut éliminer les sujets qui ne présentent pas une intégrité de l'appareil respiratoire et en particulier des voies aériennes supérieures pour le rôle de filtre qu'elles ont à jouer. Les séquelles ventilatoires de maladies, même bien stabilisées, sont des contre-indications, de même que l'allergie respiratoire.

RISQUES ET NUISANCES DES MINES D'URANIUM
PRÉVENTION MÉDICALE

Le dépistage précoce des affections dont nous avons parlé sera par la suite l'essentiel de la prévention médicale. Nous avons jusqu'à présent pratiqué des examens cliniques et des radiographies pulmonaires environ tous les 6 mois et des épreuves fonctionnelles respiratoires en fonction de la clinique. A l'avenir nous systématiserons ces épreuves à partir d'une certaine ancienneté au fond. Nous n'avons pas jusqu'à présent recherché les cellules anormales dans les expectorations, nous nous proposons de le faire mais seulement pour les cracheurs et les fumeurs à partir de 45 ans.

Doit-on interdire de fumer pendant le travail ? Cette mesure paraît assez illusoire car elle est difficile à faire respecter et de toute façon c'est la suppression totale du tabac qu'il faudrait obtenir.

Conclusion

Les risques d'une mine d'uranium sont en définitive ceux d'une pollution atmosphérique physique, chimique et radioactive, associée à des conditions climatiques souvent défavorables, sur des organismes soumis à un travail pénible. On a peu d'action sur les conditions climatiques. Les efforts physiques ont été et seront certainement encore diminués dans les années à venir grâce à la mécanisation, mais sans doute au détriment de la pollution chimique. Des progrès substantiels ont déjà été réalisés pour réduire les deux nuisances les plus redoutables : la silice et le radon. Les taux d'empoussiérage et les concentrations en radon ainsi obtenus nous permettent de penser que l'avenir sera favorable. Néanmoins nous savons encore peu de choses sur les effets de cofacteur des différents polluants et nous n'avons pas assez de recul pour juger des conséquences à long terme des doses faibles de radon et de ses descendants. Pour les bas niveaux d'exposition les enquêtes épidémiologiques ne nous fourniront des résultats intéressants que si nous avons une dosimétrie très précise et pas avant de nombreuses années, la date élective d'apparition des cancers bronchopulmonaires se situant entre 55 et 70 ans. C'est pourquoi un effort constant est à faire dans le domaine de la prévention technique et celui de la recherche physique et biologique.

REFERENCES

[1] Engelbrecht, F. M.; Thiart, B. F.; Claassens, A. (1960). Annals of Occupational Hygiene, 2, 257-266.

[2] Kuschneva, V. S. (1960). Hygiène du travail et maladies professionnelles, Moscou, 1, 22-28.

[3] Chameaud, J.; Perraud, R.; Lafuma, J.; Collet, A.; Daniel-Moussard, H. (1968). Etude expérimentale chez le rat de l'influence du radon sur le poumon normal et empoussiéré. Archives des maladies professionnelles, de médecine du travail et de sécurité sociale, 29, 29-40.

[4] Lorenz, E. (1944). Radioactivity and lung cancer : A critical review of lung cancer in the miners of Schneeberg and Joachimsthal. Journal of the National Cancer Institute, 5, 1-15.

[5] Bair, W. J. (1970). Inhalation of radionuclides and carcinogenesis. In - Hanna, M. G Nettesheim, P.; Gilbert, J. R. Inhalation carcinogenesis. US Atomic Energy Commission, Symposium Series 18, 11-101.

[6] Federal Radiation Council (1968). Radiation exposure of uranium miners. Report of an Advisory Committee from the Division of Medical Sciences, National Academy of Sciences - National Research Council. National Academy of Engineerin Washington, DC.

[7] Archer, V. E.; Wagoner, J. K. (1973). Lung cancer among uranium miners in the United States. Health Physics, 25, 351-371.

[8] Sevc, J.; Placek, V.; Jerabek, J. (1971). Lung cancer risk in relation to exposure in uranium mines. Proceedings of the 4th Conference on Radiation Hygiene, CSSR.

[9] Snihs, J. O. (1973). The approach to radon problems in non-uranium mines in Sweden. National Institute of Radiation Protection, Stockholm.

[10] Chameaud, J.; Perraud, R.; Lafuma, J. (1971). Cancers du poumon expérimentaux provoqués chez le rat par des inhalations de radon. In - Compte rendu de l'Académie des Sciences, 273, 2388-2389, Paris.

[11] Perraud, R.; Chameaud, J.; Lafuma, J.; Masse, R.; Chrétien, J. (1972). Cancer broncho-pulmonaire expérimental du rat par inhalation de radon. Comparaison avec les aspects histologiques des cancers humains. Journal français de médecine et de chirurgie thoraciques, XXVI, 172, 25-41.

[12] Chameaud, J.; Perraud, R.; Lafuma, J.; Masse, R.; Pradel, J. (1974). Lesions and lung cancers induced in rats by inhaled radon-222 at various equilibriums with radon daughters. Symposium on Experimental Respiratory Carcinogenesis and Bioassays (June 23-26, 1974). Battelle Seattle Research Center, Seattle, Washington.

[13] Archer, V. E.; Wagoner, J. K.; Lundin, F. E. Jr. (1973). Uranium mining and cigarette smoking effects on man. Journal of Occupational Medicine, 15, No. 3.

RISQUES ET NUISANCES DES MINES D'URANIUM
PREVENTION MEDICALE

DISCUSSION

K. VALENTINE (Canada) : How do you rate pulmonary function tests as a diagnostic tool, as compared with other diagnostic methods, in this type of research?

J. CHAMEAUD : L'insuffisance respiratoire et son évolution sont d'interprétation très délicate. Il faudrait suivre cette évolution sur de nombreuses années. Au point de vue de la recherche expérimentale, nos constatations sont histologiques et ont été mises en évidence par la microscopie électronique.

F. BARAT (France) : Concernant le risque silicotique, vous nous avez donné des renseignements sur le pourcentage de poussières d'un diamètre inférieur à 2 µm. Compte tenu des conditions d'exploitation actuelles, avez-vous des renseignements analogues concernant le pourcentage de poussières d'un diamètre inférieur à 2 µm, qui semble être la limite actuelle retenue pour juger du risque silicotique ?

J. CHAMEAUD : La réglementation française dans les mines exige un comptage des poussières de 0,5 à 5 µm.

G.R. YOURT (Canada) : Did you have any special reason for using cristobalite in your research rather than regular crystallised quartz? Do you agree that cristobalite is much more fibrogenic?

J. CHAMEAUD : Nous avons utilisé la cristobalite uniquement par commodité. On en trouve en effet facilement broyée à 1 µm et avec une granulométrie très régulière. Elle est effectivement très fibrogène.

Chelation studies of uranium for its removal from body

M.B. Hafez[*]

Abstract - Résumé - Resumen - Резюме

Chelation studies of uranium for its removal from body - The elimination of uranium bo formation of a soluble chelate from the body or organs depends, beside the biological factors, on different chemical parameters such as the pH of the medium at which the complex forms, the valency, and the hydrolysis states of the uranium. The object of this review is to search in vitro for the most effective chelating agent among the polyaminopolycarboxylic acids for removing uranium from the body. The investigated chelating agents are: nitrilotriacetic acid (NTA), ethylenediaminetetraacetic acid (EDTA), ethylenebis(oxyethylenenitrilo)tetraacetic acid (EGTA), tetrakis(dicarboxymethylamino)diethyl ether (BAETA), diethylenetriaminepentaacetic acid (DTPA), triethylenetetraaminehexaacetic acid (TTHA). Therefore the quantitative comparative studies of the chelation of uranium tetra and hexavalent at different hydrolysed states with polyaminopolycarboxylic acids, are given under biological condition.

Etudes sur la chélation de l'uranium en vue de son élimination de l'organisme - En plus des facteurs biologiques, l'élimination de l'uranium de l'organisme ou d'organes déterminés, par formation d'un chélate soluble, dépend de divers paramètres chimiques, notamment du pH du milieu où se forme le complexe et de la valence et du degré d'hydrolyse de l'uranium. L'objet de la présente étude est de rechercher in vitro le chélateur le plus efficace parmi la catégorie des acides polyaminopolycarboxyliques pour éliminer l'uranium de l'organisme. Les chélateurs étudiés sont les suivants : acide nitrilotriacétique (NTA), acide éthylènediaminetétracétique (acide édétique, EDTA), acide éthylène-bis(oxyéthylènenitrilo)tétracétique (EGTA), éther tétrakis(dicarboxyméthylamino)diéthylique (BAETA) et acide triéthylènetétramine hexacétique (TTHA). L'étude quantitative comparée de la chélation de l'uranium tétravalent ou hexavalent, pour divers degrés d'hydrolyse, au moyen d'acides polyaminopolycarboxyliques, est donc décrite dans des conditions biologiques.

---

[*]Radiation Protection Department, Atomic Energy Establishment, Cairo, Egypt.

Estudios de quelación del uranio para eliminarlo del cuerpo humano - La eliminación del uranio del cuerpo o de órganos humanos por la formación de un quelato soluble depende, aparte de los factores biológicos, de diferentes parámetros químicos, como el pH del medio en que el complejo se forma, de la valencia y de los estados de hidrólisis del uranio. El objeto de este estudio es determinar el agente más eficaz a los fines de quelación entre los ácidos poliaminopolicarboxílicos para eliminar el uranio del cuerpo humano. Los agentes de quelación estudiados son los siguientes: el ácido nitrilotriacético (NTA), el ácido etilendiaminotetracético (EDTA), el ácido etileno-bis(oxietileno nitrilo) tetracético (EGTA), el eter tetrakis(dicarboxymetilaminodietilenotetracético (BAETA), el ácido dietilenotriamino pentacético (DTPA) y el ácido trietilenotetramino hexacético (TTHA). Por tanto, los estudios cuantitativos comparados de la quelación del uranio tetra y hexavalente en diversos estados de hidrólisis con ácidos poliaminopolicarboxílicos se determinan en condiciones biológicas.

Изучение хелатных образований урана с целью его удаления из организма - Удаление урана из организма или различных органов путем формирования растворимых хелатных образований зависит, помимо биологических факторов, от различных химических параметров, таких как водородный показатель среды, в которой формируется комплекс, валентность и гидролизное состояние урана. Целью настоящего обзора являются поиски в искусственных условиях наиболее эффективного хелатного агента среди полиаминополикарбоксильных кислот для удаления урана из организма. Исследованы следующие хелатные агенты: нитрилотриуксусная кислота (NTA), этилендиаминтетрауксусная кислота (EDTA), этилен-бис(оксиэтилен нитрил) тетрауксусная кислота (EGTA), этертетракис (дикарбоксилэтиламино)диэтиленовая кислота (BAETA), триэтилентетраамингексаацетильная кислота (TTHA). Поэтому дается сравнительный количественный анализ хелатных образований четырехвалентного и шестивалентного урана в различных гидролизных состояниях с полиаминополикарбоксильными кислотами в биологических условиях.

Introduction

In view of the increasing use of uranium and its radioactive isotopes in nuclear industry, contamination of the human body by this element has become one of the important occupational hazards and thus to develop methods for their decontamination has become a matter of increasing importance and dire necessity.

CHELATION STUDIES OF URANIUM FOR ITS REMOVAL FROM BODY

At the same time the possibility of the formation of complex compounds of uranium with different organic complexing agents plays an important part. The complexing agents must be nontoxic and must form water soluble complex compounds with uranium; these compounds being readily diffusible and stable under the conditions existing within the body. Of the methods generally tested for this purpose, internal decontamination by polyaminopolycarboxylic acids has proved to be, so far, the most efficient.

The experimental research on international decontamination by chelating agents generally pursues two main goals:
(a) the search for an effective chelating agent;
(b) the elaboration of an optimal therapeutic regime for a given chelator which will guarantee a maximal uranium chelation and simultaneously avoid harmful side-effects from toxic action of the chelator.

A study of uranium interaction with the most famous polyaminopolycarboxylic acids is of importance in decontamination purposes in that the accumulation of sufficient data on polyaminopolycarboxylic acids complexes with uranium ion may contribute to a better condition for its decontamination.

Metabolic behaviour and toxicity of polyaminopolycarboxylic acids

Basic knowledge about the metabolic behaviour of labelled ^{14}C in EDTA [1] shows that it is very rapidly and almost completely eliminated in urine. Less than 0.1% of the EDTA is eliminated in the form of $^{14}CO_2$; this indicates that very slight part of EDTA is oxidised in the body. EDTA is cleared rather quickly from the blood with a half-time of 30 to 50 minutes. The water soluble of $Na_2CaEDTA$ is unable to permeate cellular membranes such as the erythrocyte and thus is restricted almost completely to the extracellular space. EDTA concentration in blood plasma remains constant at least seven hours after inbibition of urinary excretion and the absorption rate from the gastrointestinal tract is as low as about 5%. Chelate dissociation at low pH of the gastric fluids has been considered as the causative factor responsible for poor absorption. On the other hand, intraperitoneally or intramuscularly injected

EDTA was completely and very rapidly absorbed with a half-time of a few minutes.

The metabolic behaviour of ^{14}C - labelled DTPA is almost identical with that of EDTA, with several minor differences [2]. Most of the DTPA disappears from the blood with a half-time of about 30 minutes, but approximately 10% of the initial blood DTPA is cleared with a half-time of the order of 10 to 24 hours. Also, a comparatively larger fraction (approximately 1%) is found in the liver and kidneys after 24 hours. The metabolic properties of other polyaminopolycarboxylic acids are almost like EDTA and DTPA.

It was recognised early that the extreme toxicity of the sodium compound of EDTA (hypotension, cramps, and death) which is evident a few minutes after administration is probably due to depression of the Ca^{+2} concentration of the blood and could be prevented or compensated for by administration of calcium preparations.

As might be anticipated, the toxicity of a single dose of $Na_2CaEDTA$ is much lower: LD_{50} values in the range of 8-19 mg/kg are reported for mice, rats, rabbits, cats and dogs. The toxicity of single $Na_3CaDTPA$ doses lies in the same range as EDTA. The 1 Ca:1 TTHA-chelate is exceptionally toxic, but the 2 Ca:1 TTHA chelate is well tolerated [3], possibly because TTHA is able to bind more than 1 Ca^{+2} per molecule.

Metabolic behaviour and toxicity of uranium

Scientific knowledge of the patterns of distribution and biological effects of uranium as a function of its pathways and rate of penetration into the organism is the best criterion for developing means of prevention and therapy of injuries cased.

Metabolic studies [4] indicate that distribution of uranium in organs (bone and lung) depends on a number of chemical and biological factors such as the influence of pH of the administrated uranium solution, its valency or dilution with isotopic or non-isotopic carrier (concentration), hydrolysis states of uranium, its age and whether the compound is in ionic or colloidal state.

With the exception of ^{238}U, the toxicity of internally deposited other uranium isotopes is ultimately almost entirely dependent upon the ionizing radiation emitted and not upon their chemical properties.

CHELATION STUDIES OF URANIUM FOR ITS REMOVAL FROM BODY

Upon the basis of toxicity classification [5], uranium can be considered only slightly toxic. The symptoms of toxicity for uranium include writing, ataxia, laboured respiration, walking on the toes with arched back and sedation.

Factors affecting therapeutical effectiveness of chelating agents

The factors that affect therapeutical effectiveness of chelating agents are numerous and have been reviewed in the literature [6, 7]. We shall recall only those that have some relation to the present work:

(1) The effectiveness of a chelator is related to the ratio of the chelate stability constant for uranium to the stability constant for calcium, an ion which markedly impairs the chelate effectiveness by competition as well as on the velocity by which the exchange reactions between therapeutic and endogenous ligands proceeds [8].

(2) As regards the number of ligand atoms a pronounced polydentate nature of the ligand can give rise to a marked increase in chelate stability. As a rule this increase will be more pronounced the higher the coordination number of the metal ion involved [9].

(3) The molecular configuration of the ligand may have a marked effect on its coordination tendencies. This may be either by influencing the basicity of the donor atoms or by impairing the metal ligand orientation [10].

(4) The effectiveness of the chelating agents is inversely related to the interval between the incorporation of the radionuclides and the beginning of treatment [11].

(5) The velocity of the reactions involving the exchange of the radiometal between endogenous ligands and the chelating agent.

(6) It frequently turns out to be necessary to administer the chelated compound repeatedly because a single dose does not give a satisfactory mobilisation effect.

(7) The effectiveness of the chelating agent also depends on the pH and the degree of polymerisation of the radioelement. The polymerised form is less effective.

(8) Chelate effectiveness should be proportional primarily to the radiometal concentration at the time of chelating agent administration.

Chemistry of uranium

Tetravalent uranium exists in acidic solution (2M) as U^{+4}. First hydrolysis state of U^{+4} lead to the formation of $U\,OH^+$ [12]. Different hydrolysis and polymer states such as $U(OH7_n)^{(4-n)+}$ can be formed. The ion $U(OH)_4$ is slightly soluble in acid solution.

It is now accepted that in acid solutions pH < 1.5 uranium (VI) exists as the uranyle ion UO_2^{+2}, which passes through several stages of hydrolysis as pH increases.

Sutton [13] showed that hydrolysis of uranyle salts leads to the formation of several ions such as $U_2O_5^{+2}$, $U_3O_8(OH)^{+2}$, $U_3O_8(OH)_2$ and $U_3O_8(OH)_3$. This was demonstrated by potentiometric titration. The composition of these compounds depends on the molar ratio of alkali to uranyle salt. When it is less than 2 (pH < 7) a yellow uranate, $Na_2U_{16}O_{49}$ is formed which after washing with water changes to $Na_2U_7O_{22}$. At pH > 10 and a molar ratio NaOH : $UO_2:Cl_2$ = 3, sodium diuranate $Na_2U_2O_7$, is formed. Sutton also showed that uranyle polymers can be formed both in alkaline solution and in precipitates. Ellert et al. 14 determined several hydroxo uranyle compounds as a function of pH, for example $UO_2(OH)_2(H_2O)_x$, $(UO_2)_2(UO_2)_2(OH)_5(H_2O)_x$ and $UO_2(OH)_3(H_2O)_x$.

The compositions and structures of uranyle ion and uranates are conformed with the following ideas:
(1) The uranyle ion, (UO_2^{+2}) is present in a great majority of hexavalent uranium compounds, in particular in solid uranates.
(2) The uranyle ion is able to form a series of complex compounds when the inner spheres are substituted.
(3) The uranates are coordinated to each other by oxo and hydroxo bonds.
(4) Complex uranyle compounds must contain inorganic ligands.

It is obvious that a proper understanding of uranates is important both for general and specific coordination chemistry of uranium.

Chelate compounds of uranium

The factors which govern the relative tendencies for various metals to combine with a given donor may be divided into two classes:
(1) the ionic forces which are related to both charge and radius of

the metal ion, and (2) the relative tendencies of various metals to form bonds with electron donors.

The tetra and hexavalent uranium can form chelated species in presence of polyaminopolycarboxylic acids [15,16,17] of this the soluble nonionic, or the inner complex species which are hardly soluble in water, the formation of such chelated species in aqueous solution involves stepwise equilibria. The displacement of each such equilibrium, and therefore the stability of the species in question with respect to its components, is measured quantitatively by the magnitude of the appropriate equilibrium constant called the stability constant.

The present work is devoted only to finding a suitable chelating agent for uranium decontamination. For this purpose some of polyaminopolycarboxylic acids have been chosen on the basis that they have a high affinity for uranium. The stability constant of the chelate was determined spectrophotometrically and is taken as a comparative measure of the effectiveness of the chelating agent.

Since ionic and colloidal tetra and hexavalent uranium show considerable difference in both their metabolism and decontamination by chelating agents, and because uranium is frequently encountered in polymerised state, a study of the chelating effect of these polyaminopolycarboxylic acids on the different hydrolysis states of both tetra and hexavalent uranium at different pH values has also been undertaken.

Experimental conditions and results

Uranyle chloride was of the analytical grade provided by E. Merch. The polyaminopolycarboxylic acids used were purified by recrystallisation several times from ether. The uranyle and the polyaminopolycarboxylic acid solutions were prepared by dissolving in bidistilled water a quantity exactly weighted of the salts. Tetravalent uranium was freshly prepared by reducing uranyle ion using hydrogen gas and orthochloroplatinic acid as catalyst.

To study the chelation of ionic uranium, the uranium and the chelating agent solutions which were already in acidic medium were mixed, the desired pH was attained using sodium hydroxide solutions.

To study the chelation of hydrolysed uranium, the uranium and the polyaminopolycarboxylic acids solutions were adjusted separately to the same desired pH and left to the desired age then mixed together and measurements taken at different time intervals. The molecular ratio and the stability constant of uranium chelates have been determined by optical methods.

Table 1

Stability of 1:1 complex of uranium with polyaminopolycarboxylic acids

ion	NTA	EDTA	BAETA	EGTA	DTPA	TTHA
U IV	15.30	17.00	18.80	19.20	21.6	20.70
U VI	11.20	13.4	14.6	14.90	15.5	15.00

From the analysis of our results [12,18] and those published [15,16,17], the following conclusions may be reached concerning the chelation of uranium:

(1) Tetravalent uranium was found to form a stable complex from pH = 1.5, with NTA, EDTA, EGTA, BAETA, DTPA and TTHA.
(2) At pH > 4.5 the complex of U IV with NTA, EDTA, EGTA and BAETA was found unstable as a function of pH and time after preparing.
(3) Higher complex stability of U IV occurred at 1.5 < pH < 4 in presence of DTPA and TTHA.
(4) The molar ratio of tetravalent uranium to the studied polyaminopolycarboxylic acids was found to be 1/1 at all pH values. No evidence was found for other ratios. The excess of chelating agents stabilized the formed complex.
(5) The values of the stability constants of the 1/1 complex of U VI with the polyaminopolycarboxylic acids increased from NTA to BAETA. The stability constant reached a maximum with DTPA then it decreased with TTHA (see Table 1).

(6) Hexavalent uranium was found to form a soluble 1/1 complex from pH 3 to 7.5, with the different polyaminopolycarboxylic acids. Another soluble complex with moleacular ratio 2/1 at pH 4 to 5.5 was also identified [12,16].

(7) The values of the stability constants of the 1/1 soluble complexes are collected in Table 1 and show the same variation as tetravalent uranium complexes.

(8) Uranyl ion in the presence of NTA, EDTA, DTPA and TTHA forms an insoluble complex from pH 1.5 to 3.5 The molar ratio is 2/1.

(9) EGTA and BAETA do not form such insoluble complex. At pH 7.5 uranyle ion, in presence of ten times excess of the chelating agent, does not complex.

(10) The complex of hexavalent uranium (1/1) was found to be unstable as a function of pH and concentration of the chelating agents.

(11) The polyaminopolycarboxylic acids have no effect on hydrolysed precipitates of tetravalent uranium whatever the age of the precipitates or contact time between precipitates and chelating agents.

(12) The polyaminopolycarboxylic acids can readily complex the freshly prepared hydrolysed hexavalent uranium up to pH < 7.5. When the precipitates were aged it was found that the highest pH at which complete chelation can take place was lowered.

(13) Solubilisation becomes more difficult as the aging time is increased and hence a longer contact time is necessary for long aged precipitates.

(14) The maximum pH at which the complete solubilisation was possible decreased as the precipitates were more aged.

(15) No appreciable solubilisation could be obtained at pH > 7.5 whatever the aging or contact time.

Uranyle ion with polyaminopolycarboxylic-complexes showed stability as function of pH, concentration and time. According to the modern theory the uranyle UO_2^{+2} contains two covalent bonds between the uranium and each oxygen atom, O=U=O.

According to Mikhailov et al. [19], the oxygen atom in many compounds is not only divalent but is capable of showing a higher valency due to its unshared pairs electrons which form dative covalencies bond with atoms possessing vacant orbitals such as uranium which has large vacant orbits (6d and 5f). These orbits remain vacant after the formation of the four ordinary covalent bonds in O=U=O after the formation of bonds with the donor atoms of the chelating agent in a plane perpendicular to the oxygen-uranium-oxygen axis.

The formation of dative bond leads to a partial shift of the negative charge to the uranium which should naturally hinder the shift of donor electrons to the uranium. This leads to a competition between the bonds of ligands and the additional dative bonds in the UO_2 group. This competition may be a factor preventing the formation of stable complexes by the uranyle group with ligands possessing very strong donor properties such as polyaminopolycarboxylic acids.

Conclusion

The previous results show that a stage has now been reached where for uranium a decontamination treatment using BAETA or EGTA can be recommended from the chemical point of view. The probability of finding other soluble chelating agents with relative high stability is considered to be relatively low.

Future studies should concentrate on the application of these two chelates invivo which concern the relationship of the effectiveness of EGTA and BAETA to various parameters (spacing, level, number of doses and time of administration), and the relationship of chelate effectiveness to the chemical and physicochemical form of uranium. Also additional quantitative studies are needed in order to evaluate the toxicity and therapeutic range of EGTA and BAETA administered over an extended period.

REFERENCES

[1] Foreman, H.; Vier, M.; Magee, M. (1953). Journal of Biological Chemistry, 203, 1045.

[2] Foreman, H. (1962). Health Physics, 8, 735.

[3] Catsch, A. (1959). Klinische Wochenschrift, 37, 657.

[4] Ballou, J. E. (1962). Health Physics, 8, 731.

[5] Hodge, H.C.; Sterner, J.H. (1943). American Industrial Hygiene Association Quarterly, 10, 93.

[6] Catsch, A. (1961). Federation Proceedings, 10, 206.

[7] Spencer, H.; Rasoff, B. (1964). Chelation Therapy, 34.

[8] Catsch, A.; Seidi, D. (1963). Diagnosis and treatment of radioactive poisoning, 191. International Atomic Energy Agency, Vienna.

[9] Anderegg, G.; Nageli, P.; Muller, F.; Schwarzenbach, G. (1959). Helvetica Chimica Acta, 42, 827.

[10] Catsch, A.; Schindewolf, D. (1961). Nature, 191, 715.

[11] Catsch, A. (1962). Atomkernenergie, 7, 65.

[12] Hafez, M.B. (1968). CEA-R-3521, France.

[13] Sutton, J. (1955). Journal of Inorganic Nuclear Chemistry, 1, 68.

[14] Chernyaev, I.I.; Golovnya, V.A.; Ellert, G.V. (1960). Russian Journal of Inorganic Chemistry, 7, 719.

[15] Bazbitnaya, L.M. (1964). Radiokhimiya, 2, 193.

[16] Bazbitnaya, L.M.; Koronina, I.A. (1961). Radiokhimiya, 5, 593.

[17] James, D.B.; Powell, J.A.; Spedding, F.H. (1961). Journal of Inorganic and Nuclear Chemistry, 19, 133.

[18] Hafez, M.B.; Patti (1969). Bull. Soc. chimique de France, 4, 1419.

[19] Dyatkina, M.E.; Markov, V.P.; Isapkina, I.V.; Mikhailov, Ju. N. (1961). Russian Journal of Inorganic Chemistry, 5, 293.

Round table on waste management

Waste management in mining and milling of uranium

R.G. Beverly[*]

Abstract - Résumé - Resumen - Резюме

Waste management in mining and milling of uranium - A short history is presented indicating an encouraging future. Mine wastes consisting of solids, mine water and exhaust gases must be monitored but to date have presented no hazard. Open pit mining with its large waste piles will require additional reclamation efforts in the future. The accumulation of 100 million metric tons of uranium mill tailings has led to the establishment of regulations in at least one state, Colorado, for the stabilisation of inactive uranium mill tailing piles. Methods of stabilisation include covering with different materials, seeding and establishing vegetation directly in the tailings. The large quantities of tailings and long half-life radioactive material which they contain present a long-term problem which deserves considerable research. Liquid effluents from uranium mills are commonly evaporated but in some cases must be treated for radium removal before discharging to rivers. New environmental regulations require consideration of other parameters such as acidity, heavy metals, toxic materials and dissolved salts. Stack emissions and dust from uranium operations must be monitored not only for radioactivity but also for solids and chemical contents. Various waste regulations and the government agencies administering them are discussed and numerous references are cited throughout the paper.

La gestion des déchets dans l'extraction et le traitement de l'uranium - L'auteur retrace brièvement l'historique de l'extraction et du traitement de l'uranium aux Etats-Unis. Les perspectives sont encourageantes. Les déchets miniers, qui consistent en solides, en eaux de mine et en effluents gazeux, doivent être contrôlés mais ne présentent pas, à ce jour, de risques particuliers. L'extraction à ciel ouvert, avec ses amoncellements de déchets, exige encore des efforts de récupération. L'accumulation de 100 millions de tonnes métriques de résidus des usines de traitement a conduit à l'institution d'une réglementation dans l'Etat du Colorado, pour la stabilisation des piles de déchets inactifs. Les méthodes de stabilisation comprennent le recouvrement avec diverses matières, l'ensemencement et l'implantation de la végétation directement dans les déchets.

---

[*] Mining and Metals Division, Union Carbide Corporation Grand Junction, Colorado, United States.

Par leur quantité et la longue période radioactive des matières qu'ils renferment, les déchets présentent un problème à long terme qui mérite des recherches importantes. Les effluents liquides des usines sont généralement évaporés mais on doit parfois les traiter pour éliminer le radium avant de les déverser dans les cours d'eau. Les nouvelles réglementations sur la protection de l'environnement exigent que d'autres paramètres (acidité, métaux lourds, substances toxiques, sels dissous, etc.) soient pris en considération. Les déchets et les poussières résultant du traitement de l'uranium doivent être contrôlés non seulement du point de vue de la radio-activité mais également pour leur contenu solide et chimique. Le rapport fait état de diverses réglementations concernant les déchets et les institutions gouvernementales intéressées. Nombreuses références bibliographiques.

Utilización de residuos en la extracción y molienda de uranio - En este documento se hace una breve reseña de la industria de la extracción y la molienda del uranio en los Estados Unidos, que anuncia un futuro prometedor. Si bien hasta ahora no han entrañado riesgo alguno, hay que controlar los desechos de las minas, que consisten en sólidos, en agua y en gases de escape. La minería a cielo abierto, con sus grandes cantidades de desechos, requerirá en el futuro mayores esfuerzos de aprovechamiento. Debido al acumulamiento de 100 millones de toneladas métricas de desechos de molienda de uranio, ha sido necesario establecer, al menos en un Estado (Colorado), disposiciones sobre la estabilización de montones de residuos de molienda de uranio inactivo. Entre los métodos de estabilización figuran el cubrirlos con diversos materiales, la siembra y la vegetación directa de los residuos. Las grandes cantidades de desechos y la larga vida media del material radiactivo que contienen presenta un problema a largo plazo que merece estudiarse debidamente. Normalmente, los efluentes líquidos de las moliendas de uranio se evaporan, pero, en algunos casos, hay que tratarlos para eliminar el radio antes de descargarlos en los ríos. Las nuevas disposiciones sobre el medio ambiente imponen la consideración de otros parámetros como acidez, metales pesados, materiales tóxicos y sales disueltas. Hay que controlar el amontonamiento de emisiones y de polvo procedentes de las operaciones de tratamiento del uranio, no sólo por lo que respecta a la radioactividad, sino también a su contenido sólido y químico. En el documento se trata de diversas disposiciones sobre residuos y de los organismos gubernamentales encargados de administrarlas, y a lo largo del mismo se citan numerosas referencias.

Обращение с отходами при добыче и обработке урана - Приводится краткая история промышленности США по добыче и обработке урана с указанием на ее перспективность. Рудничные отходы, состоящие из твердых, жидких и газообразных веществ, должны контролироваться, но до сих пор они не представляли опасности. Добыча открытым способом, в результате которой образуются большие отвалы отходов, потребует в будущем дополнительных усилий по использованию земель. Накопление 100 миллионов метрических тонн отходов обработки урана привело к установлению специальных правил по крайней мере в одном штате, а

WASTE MANAGEMENT IN MINING AND MILLING OF URANIUM

именно в Колорадо, в целях стабилизации находящихся в отвалах неактивных отходов обработки урана. Методы стабилизации включают покрытие различными материалами, засев и посадку растений непосредственно в такие отходы. Большие количества отходов и радиоактивные материалы с длительным периодом полураспада, которые они содержат, представляют собой долговременную проблему, заслуживающую значительных усилий по изучению. Сточные жидкости урановых предприятий обычно испаряются, но в некоторых случаях необходима обработка с целью удаления из них радия, прежде чем они сбрасываются в реки. Новые правила по защите окружающей среды требуют рассмотрения других параметров, таких как кислотность, тяжелые металлы, токсичные материалы и растворенные соли. Выброс из вытяжных труб и пыль, образующиеся в результате операций с ураном, должны проверяться не только на радиоактивность, но также и на содержание твердых частичек и по химическому составу. В данном документе говорится о различных правилах, регулирующих обращение с отходами, и о правительственных учреждениях, занимающихся этими вопросами. На протяжении всего документа приводятся многочисленные ссылки.

History of the Uranium Industry in the United States

The year 1948 could be considered the birth of the uranium industry in the United States. That year 34 500 metric tons (38 000 short tons) of ore was mined and 75 metric tons (83 short tons) of U_3O_8 was produced [1]. As a result of the United States Atomic Energy Commission's uranium purchasing programme the industry grew rapidly, reaching a peak in 1960 when approximately 7 200 000 metric tons (8 000 000 short tons) of ore were mined and almost 17 000 metric tons (19 000 short tons) of uranium oxide concentrate were produced [1]. The stretch-out of the USAEC buying programme and its eventual cessation in 1970 caused a drop in uranium production which reached a low figure in 1966. Uranium purchases for commercial power plants gradually took over the market and now once again the mining and production of uranium have reached a vigorous and growing state. In the year 1973, 5.9 million metric tons (6.5 million short tons) of ore were mined and approximately 12 300 metric tons (13 600 short tons) of U_3O_8 were produced [1].

Although the majority of the early production of uranium ore was from underground mines, the trend has gradually shifted until now when 70% of the ore produced comes from open pit mines. There are currently about 33 open pit mines in operation and approximately 122 underground mines. There are 16 mills in operation with a cumulative processing capacity of 26 000 metric tons (28 500 short tons) per day. In addition there are 20 mills which have been shut down and have either been demolished or are being held in a standby condition for possible future use. Currently there are approximately 6 500 persons employed in the raw materials phase of the nuclear industry; 3 500 in mining, 1 500 in milling and 1 500 in exploration [1].

The future of the uranium industry looks encouraging. The United States Atomic Energy Commission estimates the United States demand for U_3O_8 will go up from 9 000 metric tons (10 000 short tons) in 1974 to 45 000 metric tons (50 000 short tons) in 1985 [1].

Mine Waste

Underground mines

Wastes from underground mining operations can be categorised as water, solids and exhaust ventilation gases. The Atomic Energy Act of 1946 excluded mining from the jurisdiction of the USAEC, and existing mine waste regulations are found in other Federal or State agency standards.

Some mines in western United States are very dry, to the point that water must be hauled to the mines for use in drilling, while other mines are wet and may discharge as much as 1 m^3 (several hundred gallons) of water per minute. The quality of the water discharged is generally good except it may contain measurable amounts of radioactivity, particularly from radium. Discharge standards emphasise radioactivity, but also limit materials which may be toxic to human or aquatic life. Mine water can be treated for removal of radium, as will be described in the section on mill liquid wastes, however, most mine water which cannot meet the standards for discharge directly to streams is impounded in evaporation ponds. Evaporation rates in the arid western United States are high, 75-125 cm per year (30-50 in. per year), and evaporation is a practical way of disposing of liquid wastes.

WASTE MANAGEMENT IN MINING AND MILLING OF URANIUM

The solid waste from underground mines consists primarily of waste rock and low-grade ore which is commonly termed "mineral". If mine waste rock contains radioactivity at a level more than double background levels, consideration should be given to retaining it on the property and not using it for purposes where significant exposure to anyone could result.

The large quantities of ventilation air required to meet the federal standard for radon decay products within the mines result in the discharge to the atmosphere of large volumes at low radioactive concentrations. However, the immediate and large dilution of the exhaust by atmospheric air and the remote locations of most mines in the western United States preclude any significant exposure to anyone. Accordingly, no control measures have been required to limit the discharge of radon or its decay products.

Open pit mines

As in underground mines, water is often generated in open pit mines and must be pumped from the mine, normally to surface drainages near the mine. The presence of radioactivity may require impoundment of the water and disposal by evaporation. A future consideration for the disposal of this water might be its use to irrigate vegetation which is being established on mine waste piles.

The greatest amount of waste in open pit mining is the overburden which is stripped prior to mining the ore. The amount of waste material which must be removed may be from 10 to 20 times the amount of ore that is eventually mined. As the increasing price of uranium permits mining of deeper deposits, this ratio will increase. This waste material is commonly deposited immediately adjacent to the mine or is used to backfill a previously mined pit. Figures 1 and 2 show backfilling of open pits at uranium mining operations conducted by the Union Carbide Corporation in Wyoming. Future planning of mining operations should attempt to utilise all mine waste for backfill of existing pits.

Figure 1
Backfilling with mine waste has just started in this open pit uranium mine in Gas Hills, Wyoming (1971)

Figure 2
View after completion of backfilling of the same open pit mine (1973)

WASTE MANAGEMENT IN MINING AND MILLING OF URANIUM

Mill tailings

About 14% of the total radioactivity contained in the ore fed to mills is recovered in the uranium concentrate. The short-lived radionuclides ^{234}Th, ^{234}Pa and ^{231}Th are subsequently lost by decay. Approximately 70% of the activity in the ore remains undissolved in the solid mill tailings which are impounded in tailing dams.

All mills discharge tailing material containing the radioactive solids and a liquid effluent to a tailing pond. The areas of the ponds vary from 20 000 to 1 000 000 m^2 (five to several hundred acres). The solid tailings are commonly used to build a dam, and the solution is retained in the pond for a sufficient time to allow settling of residual solids. Currently there are 100 000 000 metric tons (110 000 000 short tons) of uranium tailings in the United States located at active and inactive mills.

Regulations pertaining to tailings

Tailings at inactive mills and at abandoned mill sites are not under the jurisdiction of the USAEC. In response to the concern of the several federal agencies involved with uranium mill tailings [2], and because no regulations existed, representatives of Colorado's uranium industry approached the State of Colorado early in 1966 and suggested that regulations be drawn up for the stabilisation of inactive uranium mill tailing piles. After several months of cooperative effort by state and industry representatives, the regulations were written, approved by the federal agencies concerned, and adopted by Colorado [3,4]. These regulations require mill operators to stabilise the tailing piles with dirt, vegetation, rock or other material to prevent wind and water erosion.

Stabilisation of inactive tailing piles

Various methods have been used to stabilise the tailing piles. Some piles have been graded, covered with earth, and where it was practical, planted with vegetation. On others, the vegetation was grown directly on the tailing pile surfaces. Tailing piles at all abandoned uranium mill sites in Colorado have now been stabilised.

The first major tailings stabilisation project was completed in 1961 by the USAEC at the site of the Commission-owned mill in Monticello, Utah [5]. The vegetation is now well established, and the land is currently unrecognisable as a former mill tailings disposal area.

In 1966 the Union Carbide Corporation initiated the first industrial tailings stabilisation project at a former mill site just east of Rifle, Colorado. Approximately 10 acres of tailings area were levelled, drainage around the pile was established, the sides of the pile were faced with broken concrete from old mill foundations, and the entire area was covered with approximately 15 cm (6 in.) of earth from an adjacent hillside. The area was planted with a mixture of grasses, a sprinkler system was installed, and good growth was established the first year. Figures 3 and 4 show this former mill site before demolition was started and after reclamation was completed.

Union Carbide has used several different techniques to stabilise other tailing piles depending on suitability for the particular site. Piles located in desert areas have been covered with an earth-rock mixture with no attempt to establish a vegetation cover. The largest stabilisation project was recently completed on a 250 000 m^2 (60 acre) tailing pile where mine waste from earlier open pit operations was used for cover.

At another location a 120 000 m^2 (30 acre) inactive pile was stabilised by establishing vegetation directly in the tailings. Ten varieties of grasses, wheat and alfalfa were planted, an elaborate sprinkler system was installed which is controlled by electrically operated valves that are actuated by programmable timers, and chemical fertilizer is applied through the sprinkling system. Waist high grasses exist over most of the pile.

Cost of tailings reclamation

Cost of stabilising inactive tailing piles has varied from US $0.25 to US $0.86 per square meter (US $1 00 to $3 500 per acre) depending upon the size of the pile, effort required to

WASTE MANAGEMENT IN MINING AND MILLING OF URANIUM

Figure 3

Shut down uranium-vanadium mill near Rifle, Colorado, before reclamation was started

Figure 4

Former Rifle mill site ten years later after removal of buildings and reclamation of tailings area

reduce slide slopes, thickness of cover, distance to move cover, water requirements, etc. Maintenance costs on piles where the vegetation has been established directly on the tailings have been high, averaging about US $0.041 per square meter (US $165 per acre) per year.

Although the costs have not been large for maintaining piles which have been covered and vegetation established, the few years of experience are not sufficient to establish a realistic maintenance cost. The maintenance includes cleaning drainage ditches, redressing the cover where it may have been washed from heavy rains, reseeding, fertilizing and fence repair.

Agency and university assistance

The United States Bureau of Mines, Salt Lake City, Utah, Metallurgy Research Center, through a programme initiated by Mr. K.C. Dean [6], and Colorado State University's Department of Agronomy, under the direction of Dr. William Berg [7], have been of great assistance to Union Carbide on several tailing reclamation projects.

Mill liquid wastes

Sources of wastes

Uranium extraction techniques generally involve either acid or carbonate leaching of the ores after preparation by crushing, grinding and, in some cases, roasting [8]. Soluble uranium is recovered by ion exchange, solvent extraction, or in the case of certain alkaline leach processes by precipitation. The uranium barren solutions from these uranium recovery steps make up the liquid wastes containing small amounts of radioactivity and varying amounts of dissolved solids [9,10].

The ores from which uranium is recovered in western United States contain in the order of 0.20% to 0.25% uranium oxide (U_3O_8), and the radioactive materials present are the naturally occurring ^{238}U and ^{235}U isotopes and their decay products. The low natural ratio of ^{235}U to ^{238}U (1 to 139) automatically reduces the potential significance of the ^{235}U decay products [11].

WASTE MANAGEMENT IN MINING AND MILLING OF URANIUM

Of the total radioactivity in uranium ore, only about 1%, and in some cases much less, will leave the mill as dissolved α and β activity in the liquid effluent that enters the tailing pond or is discharged to the river. The total uranium concentration in the liquid effluent is usually maintained well below the maximum level of 60 mg/l permitted by the Code of Federal Regulations [12]. Most of the radium in the ore is insoluble and remains in the impounded tailing solids. A small portion of the radium, in the order of 1% or less, is dissolved. In the case of acid-leach mills, the dissolved radium does not usually accompany the uranium in the mill processing but is discharged in the ion exchange barren solution or in the raffinate in the case of solvent extraction processes. However, in certain processes, a portion of the radium may be removed from process streams within the mill. In alkaline-leach mills, radium in solution after leaching of the ore will largely be precipitated with the uranium product. Radium in the mill effluents or in the impounded solution in the tailing ponds will vary from 250 to 500 pCi/l [10].

Up to a maximum of about 50% of the thorium-230 in the ore may be dissolved in acid solutions, and this, like the radium, is usually contained in the process effluent until the solution has been neutralised and the thorium precipitated.

Currently the Code of Federal Regulations [12] provides for an annual average maximum permissible concentration for individual radionuclides of 3×10^{-8} µCi Ra-226/ml, 2×10^{-6} µCi ^{230}Th/ml, and 60 mg natural uranium per liter for effluents released to unrestricted areas. The United States Public Health Service drinking water standard includes a recommended maximum concentration of ^{226}Ra of 3×10^{-9} µCi/ml [13]. The natural radium background in the western rivers ranges from 0.04 to 0.20 pCi/l [14].

Although the radionuclides ^{223}Ra, ^{227}Th, ^{227}Ac, ^{210}Pb and ^{210}Po may also be present in liquid effluents, only a limited amount of work has been done to determine the quantity of other uranium-chain decay products because the ^{226}Ra level has been the most restrictive and consequently the most significant isotope of concern [9]. Also, the majority of the decay products have relatively short half-

311

lives. Generally, little if any natural thorium (^{232}Th) is contained in mill feeds; therefore it has not been necessary to investigate the decay products of ^{232}Th. Concentrations of ^{210}Pb have been studied to determine their significance and concentrations in the effluents generally are below the allowable limits with no measurable increases in the rivers.

Methods of disposal

A few of the uranium mills now in operation are located on river drainage areas and, because of the lack of level ground for evaporation ponds, have little choice but to treat effluents and release the treated effluent to the river. At most mills the tailing ponds are of sufficient size that the waste liquids evaporate or seep into the ground. Some mills recycle the tailing pond overflow back to the process either for reasons of uranium recovery, conservation of water, reduction of effluent volumes, or combinations thereof. Several mills use evaporation ponds to dispose of waste liquids. The Anaconda Company of Grants, New Mexico, has used a deep-well injection method for liquid-effluent disposal [15].

Liquid effluents leaving the mill property are continuously sampled, and if the effluent is discharged to a river the river is sampled at locations above and below the point of effluent release. Records of the flow of effluent and the rivers are maintained. Some mills sample groundwater by means of monitoring wells in the vicinity of tailing ponds. Liquid samples are commonly analysed for ^{226}Ra, ^{230}Th, ^{210}Pb and uranium activity.

Union Carbide experience

The Mining and Metals Division of Union Carbide operates a mill for the recovery of uranium and vanadium at Uravan, Colorado and a mill in the Gas Hills of Wyoming for uranium production. The company also owns former uranium mill sites on which mill tailings are located near the towns of Maybell, Rifle and Slick Rock in Colorado and at Green River, Utah.

Several methods of liquid effluent disposal have been used at Union Carbide mills. At the Uravan plant a radium decontamination circuit utilising barite ($BaSO_4$) was installed in 1958. Early in

1960 a system was installed providing for recirculation of the tailing pond liquid, thus substantially reducing the radioactivity released. Following extensive laboratory investigations it was found that the use of barium chloride or barium carbonate was more efficient and more economical than barite in removing dissolved radium from a liquid effluent. A new radium decontamination circuit was installed at Uravan in 1960. A concentrated solution of $BaCl_2$ or $BaCO_3$ is added to the clarified effluent at the rate of 0.05 to 0.3 g of barium salt per liter of effluent, depending upon the characteristics of the effluent. The radium is co-precipitated with $BaSO_4$ and the precipitate settled and impounded before the decontaminated effluent is released.

Table 1 shows the results of mill-scale decontamination studies in which the effectiveness of different barium compounds were studied on two different effluents, a neutralised uranium-vanadium plant

Table 1

Radium decontamination using barium salts. Mill scale tests at Union Carbide's Uravan, Colorado Mill

Effluent	Reagent	Reagent Addition (g/l)	Radium Concentration (pCi/l) Before Treatment	Radium Concentration (pCi/l) After Treatment	Radium Removal (%)
Neutral	$BaSO_4$	0.3	100	30	70
		1.0	300	70	77
	$BaCO_3$	0.1	470	30	94
		0.2	490	40	92
	$BaCl_2$	0.03	800	20	97
		0.06	440	6	99
		0.1	400	2	99
		0.2	430	2	99
Acidic	$BaCO_3$	0.1	150[1]	18[2]	88[2]
		0.2	150[1]	20[2]	87[2]
		0.3	150[1]	30[2]	80[2]
	$BaCl_2$	0.1	150[1]	5-15	90-97

[1] Based on average of several sampling periods; individual samples were somewhat erratic.

[2] Differences in results not considered significant.

effluent and an acidic effluent at a pH of 2.0 from a similar process. Each study lasted from one week to one month or more to assure stable conditions.

It was found that in most instances $BaCl_2$ was more efficient than $BaCO_3$ and $BaCO_3$ was more efficient than $BaSO_4$.

At present the neutral effluent treated for radium removal is made up largely of yellow cake filtrate from uranium precipitation and tailing pond seepage. At an input concentration of 40 pCi/l and with the addition of 0.06 to 0.09 g $BaCl_2$ per liter, efficiencies have ranged from 95% to 97% resulting in an effluent of 1 to 3 pCi/l. Barium chloride treatment costs currently average approximately US $0.077 per cubic meter (US $0.29 per 1 000 gallons). Of this cost 80% is for $BaCl_2$.

Thorium-230 is efficiently removed from acidic effluents by neutralisation to a pH of 5 or higher. The USAEC regulation limit is easily met by neutralisation.

To reduce chemical pollution from dissolved salts in the Uravan effluent, a more efficient means of liquid waste disposal was developed. Extensive investigations indicated evaporation-percolation ponds would serve as an efficient and economic disposal method for several years. Net evaporation losses are approximately 1.3 m (50 inches) per year.

A 200 000 m^2 (50 acres) area owned by the company near the mill provided the only terrain which, although not flat, would permit construction of large ponds. The geology was favourable in that the base rock dipped away from the river and a drilling programme indicated there was extensive gravel beds under the surface. Over a period of several years, six ponds were built having a liquid surface area of 120 000 m^2 (30 acres) and a holding capacity of approximately 265 000 cubic meters (70 million gallons) (Fig. 5). Disposal rate has averaged about 3.7 ml/m^2 of pond area (4 gpm per acre), 35% by evaporation and 65% by percolation. A decrease in percolation rate has been noted indicating an expected gradual drop in disposal capacity of the ponds.

An effluent neutralisation plant was built to treat that portion of the mill effluent which could not be handled in the

Figure 5
Evaporation-percolation ponds built in 1963 by Union Carbide Corporation at Uravan, Colorado, uranium-vanadium mill for disposal of mill wastes

evaporation-percolation ponds. The effluent is neutralised in a series of three tanks with limestone which is mined and crushed by the company. Ammonia is used for final control of the pH at 7.0. The precipitated material is settled and the solids are pumped to a separate retention pond. After sedimentation barium chloride solution is added to the neutralised solution for removal of radium. The solution is mixed with other effluents and flows through a final settling pond before being sampled, monitored and discharged to the river. The cost of the limestone-ammonia neutralisation is approximately US $0.63 per cubic meter (US $2.38 per 1 000 gallons). Of this amount 88% is for mining, hauling and grinding the limestone.

Chemical limitations in effluents

In addition to radioactive parameters, the mill operator today is faced with numerous chemical and physical parameters which must be considered. Legislation passed by the United States Congress late in 1972 resulted in new and broad concepts of water pollution control [16]. Fundamentally the law requires the application of the best practical treatment by 1977 and the best available treatment, without regard for economics, by 1983. The overall goal of the law is for no discharge by 1985. Although this is an admirable goal, it is recognised by most industry and many in government that it is technically unachievable.

In 1973 the Environmental Protection Agency published suggested effluent concentrations for use in issuing discharge permits. The guidelines state: "Every pollution problem *must* be evaluated on a case-by-case basis." Table 2 shows the suggested uniform effluent concentrations and illustrates the ever-increasing effluent restrictions with which the uranium milling industry is confronted [17].

Table 2

Uniform effluent concentrations
United States Environmental Protection Agency - 1973
All concentrations in milligrams per litre

Parameter	Maximum stream concentration to protect water uses	Uniform effluent concentration	Maximum
Arsenic	0.010	0.050	0.075
Cadmium	0.010	0.100	0.150
Chromium	0.050	0.100	0.150
Lead	0.010	0.100	0.150
Mercury	none	0.005	0.005
Barium	1.0	2.0	4.0
Copper	0.02	1.0	2.0
Iron, total	0.1	2.0	3.0
Iron, dissolved	0.1	1.0	2.0
Manganese	0.05	0.1	0.2
Nickel	0.5	1.0	2.0
Selenium	0.010	0.010	0.020
Silver	0.003	0.100	0.100
Zinc	1.0	1.0	2.0
Cyanide	0.01	0.025	0.050
Fluoride	1.0	1.5	1.5
Suspended solids	none	30.0	30.0
BOD$_5$	none	30-75	90.0
Residual chlorine	0.002	0.1	0.2

WASTE MANAGEMENT IN MINING AND MILLING OF URANIUM

Mill airborne emissions

Air pollution has not been a major problem in connection with uranium milling. Certain precautions on the control of airborne emissions must be taken, however, to meet radioactive limitations as well as limitations on solids discharged and chemical emissions.

Radioactive emissions

The USAEC limits the amount of airborne radioactive material which can be released to unrestricted areas (Table 3) [12]. Compliance with the limitations can be determined either at the point of stack emission, by dispersion equations combined with meterological data, or boundary-line sampling. Union Carbide's experience shows that boundary-line samples are normally in the range of less than 10 per cent of the regulatory limits, many being less than 1 per cent.

Table 3

Maximum concentration in air in unrestricted areas
From USAEC 10 CFR Part 20 Regulations

U-natural (insoluble)	2×10^{-12} µCi/ml [1]
(proposed)	5×10^{-12} µCi/ml [2]
U-natural in ore dust	3 µg/m^3
Radium-226 (insoluble)	2×10^{-12} µCi/ml [3]
Thorium-230 (insoluble)	3×10^{-13} µCi/ml [3]
Lead-210 (insoluble)	8×10^{-12} µCi/ml [3]

[1] Based on former special definition of a curie of natural uranium where specific activity is 3.33×10^{-7} curies per gram U.

[2] Based on proposed change to definition of a curie of natural uranium where specific activity is 6.77×10^{-7} curies per gram U.

[3] If the mixture of radionuclides consists of uranium and its daughter products in ore dust prior to chemical processing of the uranium ore, the values specified below may be used in lieu of those determined, etc. (values specified below are those shown in the above table for ore dust).

Particulate and chemical emissions

Most states and the Environmental Protection Agency have established limits on particulate or solid matter which can be released, either from stacks or in the form of windborne dust, and limits on sulfur dioxide; the latter would apply to a sulfuric acid plant operated in conjunction with a uranium mill.

Contaminated Mill Equipment

The disposal of equipment and trash contaminated with radioactivity also has certain restrictions, guidelines for which have been established by the USAEC [18] (Table 4).

Table 4

Maximum surface contamination levels
From guidelines issued by the USAEC
(For U-nat and decay products)

Total α (average)	10 000 dpm[1] per 100 cm^2
(maximum)	25 000 dpm per 100 cm^2
Removable α (maximum)	1 000 dpm per 100 cm^2
β-γ (average)	0.2 mrad/h at 1 cm
(maximum)	1.0 mrad/h at 1 cm

[1] Disintegrations per minute corrected for background, efficiency and geometric factors associated with the instrument.

If the radioactivity on the used equipment does not exceed the guideline levels, it can be transferred to other locations, sold to used equipment dealers, or disposed of as scrap. If the levels are exceeded it may be feasible to clean the equipment and sell it to used equipment dealers, or it may be more economical to retain it on the mill property.

Trash contaminated with uranium can usually be burned in an incinerator to recover uranium values. A special amendment to the radiation license is required to do so and certain precautions should be taken to prevent unnecessary exposure of employees.

WASTE MANAGEMENT IN MINING AND MILLING OF URANIUM

Waste regulations

Radiation

The United States Atomic Energy Commission promulgated standards for protection against radiation in 1958 [12]. These regulations pertain to the protection of the worker as well as the environment. Over the past decade the USAEC has encouraged states to assume the licensing and regulatory function and, to date, 25 of the 50 states have done so.

Mine safety

The Federal Metal and Non-metallic Mine Safety Act, passed by Congress in 1966, gives the United States Bureau of Mines, Department of Interior, jurisdiction over safety and health conditions in all metal and non-metallic mines including uranium mines [19]. The Secretary of the Interior in 1973 established a new group, the Mining Enforcement and Safety Administration, to administer the health and safety functions under the Act. The Federal Act makes provisions for state mining agencies to assume the function of administering safety and health regulations and, to date, six states have assumed this responsibility.

Environmental protection

The Environmental Protection Agency administers the Federal Water Quality Act, the Federal Air Quality Act, and the Federal Waste Disposal Act. Most states throughout the country have also adopted water and air pollution control regulations.

Significant future aspects of waste management

Long term tailings disposal

The large quantities of uranium mill tailings which have been, and continue to be, generated from milling operations, combined with the long half-life radionuclides contained in the tailings, should prompt the uranium industry, along with appropriate government agencies, to initiate ongoing research on the long-term disposition of uranium mill tailings. Current stabilisation techniques should serve for a few decades providing maintenance is performed; however, many questions arise concerning the long-range disposition of the tailings: who retains ownership and liability of the land on which the tailings are deposited? What is the answer to permanent stabilisation? Should they all be collected in one location? Would the high cost of such a plan result in justified benefits? Who pays the cost? Is there possible use of the radioactivity remaining? Obviously considerable research will be required to answer these questions.

Open pit mine reclamation

As uranium mining has shifted from predominately underground to open pits, large areas of land are disturbed. The public awareness of and concern for these open pit operations continues to grow. Government bodies are almost frantically writing reclamation regulations; some are practical, others are beyond present economics. The industry must address itself to this ever-expanding problem. It must work closely and candidly with government agencies toward the establishment of reclamation regulations. It must plan now for minimal environmental impact from future operations.

REFERENCES

[1] Statistical data of the uranium industry (1974). US Atomic Energy Commission, Grand Junction Office, Grand Junction, Colorado, Jan. 1, 1974.

[2] Disposition and control of uranium mill tailings piles in the Colorado River Basin (1966). US Department of HEW, Federal Water Pollution Control Administration, March 1966.

[3] Regulation providing tailing piles from uranium and thorium mills be adequately stabilized or removed (Adopted May 9, 1966). Colorado State Department of Public Health.

[4] Regulation of the Colorado Department of Public Health requiring stabilization of uranium and thorium mill tailing piles (Adopted December 12, 1966). Radiation Regulation No. 2, Colorado State Department of Public Health.

[5] Erosion control, uranium mill tailing project, Monticello, Utah (December 20, 1963). RMO-3005, Grand Junction Office, US Atomic Energy Commission. Also Supplement to RMO-3005, April 20, 1966.

[6] Dean, K.C.; Havens, R.; Clantz, M.W. (1974). Methods and costs for stabilizing fine-sized mineral wastes. USBM Report of Investigations No. 7896. US Department of Interior, Washington, DC.

[7] Berg, W.A. (1971). Vegetative stabilization of mine wastes in Colorado. Colorado State University, Ft. Collins, Colorado.

[8] Merritt, C. (1971). The extractive metallurgy of uranium. Johnson Publishing Co., Boulder, Colorado.

[9] Waste Guide for the uranium milling industry (1962). US Department of HEW, Public Health Service, Technical Report W62-12.

[10] Process and waste characteristics at selected uranium mills (1962). US Department of HEW, Public Health Service, Technical Report W62-17.

[11] Beverly, R.G. (1965). Disposal of radioactive waste from the operation of uranium mills and mines. Nuclear Safety, II-3.

[12] Code of Federal Regulations. Title 10, Chapter 1, Part 20. Standards for Protection against radiations.

[13] Public Health Service drinking water standards. (1962). US Department of Health, Education and Welfare, Washington, DC.

[14] Radium-226, uranium and other radiological data collected from water quality surveillance stations located in the Colorado River Basin of Colorado, Utah, New Mexico and Arizona - Jan. 1961 - June 1972 - (July 1973). US Environmental Protection Agency, 8SA/TIB-24, Denver, Colorado.

[15] Lynn, R.D.; Arlin, Z.E. (1962). Anaconda successfully disposes of uranium mill wate water by deep well injection. Mining Engineering, 14, No. 7.

[16] Federal Water Pollution Control Act (Amendments of 1972). Public Law 92-500, 92nd Congress, S.2770, Washington, D.C. October 18, 1972.

[17] Recommended uniform effluent concentration (1973). US Environmental Protection Agency, Office for Air and Water Program, Washington, D.C.

[18] Guidelines for decontamination of facilities and equipment prior to release for unrestricted use or termination of licenses for byproduct, source, or special nuclear material (April 1970). US Atomic Energy Commission, Washington, DC.

[19] Federal Metal and Non Metallic Mine Safety Act (1966). Public Law 89-577. 89th Congress, H.R.8989, Washington, DC, September 16, 1966.

DISCUSSION

P. FALKOWSKI (Canada): Did you have any problems with your recycling process of the liquid from your "tailing-area"?

R.G. BEVERLY: No problems were encountered as the tailing pond acted as another thickner or step in the tailing washing circuit. I should point out, however, that there is a discharge of an effluent from the processing circuit after the uranium and vanadium have been recovered.

P. FALKOWSKI: Did you ever consider recycling all the required process water from your operation? If not, why not?

R.G. BEVERLY: In some plants we recycle significant amounts, maybe 60 to 80%, but because of all the chemicals added there must be an effluent or a bleed from the process somewhere. This may be evaporated or treated and released as a discharge. In the United States there is a goal of no discharge by 1985. This is an admirable goal but it is unachievable - almost ridiculous. The amount of recycle permitted often depends on the process and how many chemicals are added.

P. PELLERIN (France): En France, deux eaux minérales de très grande consommation contiennent, l'une 75 µg d'uranium par litre, l'autre, 20 à 30 pCi de radium-226 par litre. Mais je voudrais demander à M. Beverly si, en dehors des utilisations traditionnelles (aiguilles et tubes de curiethérapie, peintures radioluminescentes), le radium, notamment celui qui est récupéré lors de l'épuration des déchets, est encore utilisé aux Etats-Unis?

R.G. BEVERLY: There has not been a demand for radium in sufficient quantities to make a market for it. Since the Belgian Congo uranium-radium deposits were found there has been little or no radium production in the United States. Man-made isotopes have largely replaced radium in the medical field.

The radium recovered from the mill effluents is impure and extremely low grade and has no value. The sludge precipitated from the barium chloride treatment is periodically allowed to dry and is scraped up and hauled to the mill tailing pile. The tailing has over 99% of the radium that was originally in the ore and the radium sludege adds only a small amount more of radium.

H. SORANTIN (Austria): Can you give us figures as to what level ^{226}Ra can be brought down to by limestone neutralisation.

R.G. BEVERLY: Perhaps 70-80% of radium may be removed during limestone neutralisation but barium treatment following the neutralisation is still necessary to reach the required levels for discharge.

WASTE MANAGEMENT IN MINING AND MILLING OF URANIUM

H. SORANTIN: What concentration of $BaCl_2$ is allowed in drinking water in your country, because by Ba-Ra co-precipitation other water pullutants, "Ba" ions, which are poisonous, are created!

R.G. BEVERLY: It is true that barium can also be a pollutant, but the levels in the effluent after barium treatment are well below the 1.0 mg/l limit in drinking water. The barium must all precipitate because of the high sulphate levels. I do not have the exact figures.

M. RAGHAVAYYA (India): Do you look for any other chemical toxic substances in the waste effluents, apart from radium?

R.G. BEVERLY: We evaluate over 80 parameters in all our effluents; for discharge permit applications, EPA requires all dischargers to have a permit. We have always looked at particularly toxic materials such as mercury, arsenic, cyanide, selenium, etc. We must also evaluate heavy metals which may be toxic to fish. We have not seen any big problem except on occasions the matter of total heavy metals.

H. MULLER (Federal Republic of Germany): What is the influence of the uranium mines wastes upon the ground water table and to what distance and depth is there chemical or pH change in the water?

P.G. BEVERLY: Recently we are required to drill monitoring wells to study effect of tailing ponds. Also some are using clay liners to minimise seepage from the ponds. Earlier we did not study this matter too much. However, some of the studies did show that radium apparently ion exchanges on the soils and is no hazard to the ground water. After all, it is only micro-micro gram quantities to be removed.

P. FALKOWSKI (Canada): In regard to the use of detection devices I would like to impress upon the governments that inspection responsibility should be placed into the hands of an independent agency. In many mines the environment is being cleaned to a degree before an inspection is carried out. I hope that governments will see the value of placing inspection into the hands of independent agencies. In fact, I am appealing to the Government of Canada to make the change and place the inspection of work environment into the hands of independent qualified agencies.

Question: Sputum testing has been controversed in Canada among the medical profession. Could I have the opinion of the medical profession here present?

D. MECHALI (France): Les enquêtes épidémiologiques et l'expérimentation animale paraissent être deux voies d'études qui se complètent parfaitement. L'expérimentation animale permet de faire varier indépendamment les différents facteurs qui entrent en jeu, dose totale, répartition de l'exposition dans le temps, etc. Les enquêtes épidémiologiques sont d'interprétation plus difficile mais elles fournissent directement des données sur l'homme, alors que l'expérimentation animale demande une extrapolation. En résumé, l'expérimentation apporte des données irremplacables sur les mécanismes et les enquêtes épidémiologiques permettent de reporter sur l'homme les informations fournies par l'expérimentation.

Conclusions

Conclusions

P. Pellerin[*]

Dans le cadre de ce colloque, nous nous sommes préoccupés de la protection de la santé de ces travailleurs particuliers que sont les travailleurs des mines radioactives. Je replacerai tout à l'heure la question du risque global de l'énergie atomique dans l'échelle générale des différents risques que l'homme court à partir du moment où il est sur terre.

Mais si nous ne parlons que de l'énergie atomique dans son acception la plus large, c'est-à-dire aussi bien les centres de recherche que les centres de production d'énergie comme les centrales électronucléaires, il est certain que le colloque de Bordeaux s'est préoccupé de ceux des travailleurs de l'énergie atomique qui sont confrontés au risque majeur. Si l'on parle de cancers, si l'on parle de risques de maladies graves, voire malheureusement mortelles, c'est, dans le cadre de l'énergie atomique, d'abord aux mineurs d'uranium que l'on doit penser.

Tous les médecins ici présents, tous ceux qui s'occupent de radioprotection et de radiopathologie savent très bien qu'en dehors de l'irradiation interne des mineurs par les descendants du radon, nous en sommes, pour les risques présentés par l'énergie atomique, encore aux hypothèses. Jusqu'à présent, à part quelques cas tout à fait malheureux et très exceptionnels liés à des accidents - quelles que soient les précautions que l'on prend dans le cadre de l'activité humaine les accidents sont toujours possibles - il faut prendre en considération l'ensemble de tous les pays du monde pour trouver à peine une vingtaine de personnes tuées par des accidents nucléaires depuis les

---

[*]Service central de protection contre les rayonnements ionisants, Le Vésinet, France.

35 dernières années. Comparé avec les industries conventionnelles, c'est un chiffre remarquablement faible, sans précédent. Ainsi en France, malgré toutes les précautions prises, malgré un énorme effort du ministère du Travail qui a mis au point une réglementation extrêmement sévère, on ne peut éviter qu'il y ait, dans l'industrie du bâtiment par exemple, deux ou trois morts par jour. Essayons d'imaginer ce qui se passerait si, du fait de l'activité de l'énergie atomique, il y avait ne serait-ce que deux ou trois morts par jour dans le monde entier ! Il y aurait certainement une protestation générale et l'on arrêterait tout de suite l'exploitation des réacteurs (ce qui serait complètement déraisonnable parce qu'il n'y a aucune raison pour avoir deux poids et deux mesures, et même si trois personnes par jour mouraient dans le monde de l'énergie atomique, cela ne représenterait encore qu'une proportion dérisoire par rapport aux autres activités industrielles). N'en concluez pas que je demande qu'on relève les niveaux de sécurité ! Bien au contraire, je considère qu'il faut utiliser cette situation remarquable de l'énergie atomique comme un modèle de ce qui devrait être fait dans les autres domaines de l'activité humaine.

Les travailleurs de l'énergie atomique les plus exposés sur le plan cancérologique sont donc les mineurs d'uranium. Mais dans ce domaine on a exercé une surveillance particulièrement sévère, des dispositions technologiques ont été prises, qui ne l'ont jamais été ailleurs. Ainsi, dans certaines mines traditionnelles (charbon, fer, etc.), comme l'ont très bien montré certains de nos orateurs, il existe des risques d'exposition au radon et à ses descendants solides pour lesquels, malheureusement, on n'a jusqu'à présent pu faire grand chose.

L'ennui, si l'on veut faire de l'épidémiologie, est que le nombre total des mineurs d'uranium dans le monde est faible : en France, je ne crois pas me tromper en disant qu'il est de l'ordre de quelques centaines : 300 ou 400 mineurs; 800 personnes peut-être, au total, si l'on considère tous les travailleurs (y compris les secrétaires employées sur le site de la mine !). Aux Etats-Unis, il doit être de l'ordre de quelques milliers, 2 000 ou 3 000 personnes. Je ne connais pas les chiffres pour l'URSS, mais compte tenu de la dimension du pays et de l'importance de son énergie nucléaire, ce doit être à peu près du même ordre. Dans le monde entier, on ne doit donc pas atteindre un effectif total de 10 000 mineurs d'uranium. Or, sur le plan de l'épidémiologie, un tel chiffre n'est pas significatif pour la probabilité que nous connaissons de voir apparaître des lésions. Certes, il faut des études épidémiologiques, mais des études bien faites, ce qui n'est pas facile.

Un autre écueil de l'étude statistique est lié à la valeur des doses : lorsqu'on veut expérimenter sur l'animal on passe à deux ou trois ordres de grandeur au moins au-dessus de la dose que pourrait être, dans les cas les plus extrêmes, amené à recevoir l'homme. Et c'est là que l'on ne sait plus très bien ce que l'on fait. Il ne faut pas oublier en effet que toutes les doses maximales admissibles ont été déterminées par la Commission internationale de protection radiologique en postulant la linéarité de la courbe dose-effet, et en admettant que cette courbe passe par l'origine, c'est-à-dire que la moindre dose pourrait avoir un effet. Or, il semble bien que, depuis deux ou trois ans, on soit amené à réviser cette position, et ceci n'est pas seulement vrai pour les radiations.

Cela est vrai aussi dans le domaine de la toxicologie conventionnelle et j'ai trouvé très intéressante la position prise par l'OMS sur le plan de la toxicologie en général au cours d'une réunion qui a eu lieu en 1973. Pour la première fois, on a inséré dans un rapport général portant sur tous les toxiques - et non pas seulement sur les substances radiotoxiques - l'idée qu'il n'était pas certain que l'hypothèse de l'absence de seuil soit fondée. Et, pour passer sur le plan de la toxicologie en général, l'OMS, dans ce rapport d'experts, a rappelé que cette hypothèse avait été prise en considération à titre de prudence par la CIPR dans le cadre des rayonnements, mais que la CIPR elle-même - je fais allusion ici à sa publication n° 22 - était en train, sinon de revenir sur ce postulat, du moins de l'aménager et de le commenter d'une façon beaucoup moins pessimiste qu'auparavant : l'hypothèse de l'absence de seuil avait été retenue dans l'ignorance où nous étions à l'époque de ce qui se passait pour les très faibles doses.

Or, tout récemment on a mis en évidence l'importance des mécanismes de réparation cellulaire d'une part, et d'une façon plus générale des mécanismes de défense de l'organisme vivant contre les irradiations, mais aussi contre les agressions de toutes sortes. Je suis certain qu'il y a ici des personnes beaucoup plus compétentes que moi pour parler du problème particulier de la lutte contre la radiocontamination pulmonaire et ses effets. Certes, les particules radioactives, et notamment les particules émettrices α, sont, en quantité suffisante, susceptibles de déclencher des cancers à terme. Mais, d'abord, ces cancers n'interviennent pas dans la semaine qui suit l'irradiation, on a beaucoup de temps devant soi, quinze ou vingt ans par exemple, et par conséquent aussi le temps de prendre les précautions nécessaires. En particulier pour supprimer l'association tabac-uranium, car le tabac multiplie le risque par un facteur dix ! Ensuite, on sait aussi que la plupart de ces particules se trouvent après un certain temps regroupées dans les ganglions pulmonaires et l'on a pu mettre en évidence une espèce d'encapsulation de ces particules. Par conséquent, déjà à l'échelon macroscopique, cellulaire, en tout cas tissulaire, l'organisme se défend.

Ce qui est encore plus intéressant, ce sont les mécanismes de défense à l'échelon subcellulaire (j'allais dire presque submoléculaire, en parlant des mécanisme de défense des molécules biologiques fondamentales telles que l'acide désoxyribonucléique). Vous savez que depuis deux ou trois ans, des chercheurs comme Boag, Adams et puis, en France, Latarjet, ont mis en évidence l'extraordinaire importance de ces mécanismes de réparation qui remettent, sur le plan pratique, complètement en cause le postulat d'une absence de seuil d'action des rayonnements ionisants. Ils expliquent même qu'on puisse se demander si, dans certains cas, un effet bénéfique des très faibles doses ne serait pas possible ! Ne me faites pas dire ce que je ne veux pas dire, je pose des questions et je ne tranche pas ! Je fais allusion ici à des travaux faits récemments en URSS (mais ce ne sont pas les seuls), qui ont mis en évidence l'action bénéfique, semble-t-il, d'une petite quantité de rayonnement sur l'élevage des poulets.

Parmi les oeufs élevés dans les conditions les plus rigoureuses de laboratoire il y en a, quoi qu'on fasse, toujours 20 à 25% qui n'arrivent pas à terme parce qu'ils comportent dès le départ une malformation interne. Or, il semble, d'après ces travaux russes et d'après certains travaux français en cours, que l'irradiation avec de faibles doses augmente très nettement le rendement de l'élevage. Si l'on confronte cela avec les toutes dernières découvertes en matière de réparation cellulaire, on arrive peut-être à trouver, en partie au moins, l'explication de phénomènes paradoxaux qui commencent à être relatés ça et là sur le plan de la recherche, découvertes dont certaines remontent à six mois ou un an seulement et qui sont à peine publiées.

CONCLUSIONS

On sait que le mécanisme de réparation cellulaire, qui intervient au niveau de l'acide désoxyribonucléique, est commandé par des enzymes. Sans entrer dans le détail des mécanismes (ceux que cela intéresse peuvent se reporter aux travaux de Boag, d'Adams et de Latarjet) je rappellerai simplement que, pour la construction de la cellule, la molécule d'acide désoxyribonucléique est comme une sorte de bande perforée sur laquelle tout le plan, tout le programme de construction de l'être est représenté. Un certain nombre de séquences de ces bandes restent normalement bloquées, bouchées provisoirement, par ce qu'on appelle un "répresseur" parce que l'organisme n'a pas besoin, momentanément, de ces parties du programme. Le fait extrêmement intéressant qui vient d'être découvert, c'est que la fabrication des enzymes de réparation semble être déclenchée par l'irradiation. C'est-à-dire que la présence de produits de radiolyse dans une cellule entraîne le retrait du répresseur sur la molécule de DNA, sur la partie qui est chargée de programmer la fabrication des enzymes de réparation, et ce retrait du répresseur entraîne la production intense de ces enzymes de réparation. Enzymes de réparation qui ne sont pas spécifiques des radiolésions, qui réparent donc toutes les lésions, de toutes origines, qu'elles rencontrent.

Par conséquent, on peut se demander si, dans le cas des oeufs (dans le cas aussi par exemple des expériences sur des bactéries conduites à l'Université de Toulouse, dans des cavernes souterraines à l'abri de tout rayonnement, et qui ne se développent plus à moins qu'on ne les irradie artificiellement), cet effet bénéfique, d'une irradiation faible, n'est pas dû simplement au fait que l'agression rayonnée lève le répresseur et fait apparaître des enzymes de réparation qui vont alors beaucoup mieux réparer tout ce qui se trouve défectueux dans la cellule. N'en concluez pas que l'irradiation générale de la population ou des travailleurs soit à recommander ! Je ne cite cet exemple que pour souligner qu'il faut tout de même être prudent dans l'interprétation exacte des effets de certains travaux de nuisance, car l'homme, à partir du moment où il est né, est exposé sur la terre à toutes sortes d'agressions contre lesquelles il est armé pour lutter. Et il n'est pas établi que leur totale suppression soit toujours bénéfique.

Pour revenir aux études épidémiologiques, il convient donc qu'elles s'adressent à un nombre suffisant de cas. Depuis longtemps l'OMS étudie le problème des risques génétiques de l'irradiation. En 1960, déjà, elle avait conclu, sous la plume de Lindell et de Dobson, à peu près ceci : pour avoir une statistique significative du risque éventuellement présenté par les irradiations à faibles doses, il faudrait considérer plusieurs millions de sujets humains ! C'est dire que, pratiquement, c'est impossible et que l'on ne peut dégager que des tendances et non trancher dans l'état actuel de nos connaissances.

Je rappellerai encore les travaux de Russel qui a montré que, pour voir apparaître ce qu'on peut appeler le premier "mort génétique", même sur un million de personnes qui auraient reçu en une seule fois un rad (ce qui est, il faut le souligner, théorique et impensable dans le cadre des recommandations que nous sommes tous chargés de faire respecter), il faudrait attendre 600 ans ! Or la "mort génétique" est un mécanisme par ailleurs tout à fait banal puisque c'est lui qui procède à l'élimination de la plupart des tares génétiques.

Quelques chiffres encore : sur un million de personnes, dans le monde entier, on voit en moyenne apparaître 400 cancers par an. D'autre part, sur un million de naissances vivantes, on compte 30 000 naissances anormales (celles qui ont échappé à l'élimination naturelle). Il faut en effet se souvenir qu'indépendamment des radiations, il y a un beaucoup plus grand nombre de "ratés" dans le mécanisme biologique qui font qu'une proportion inévitable d'anomalies apparaissent, soit sur le plan génétique, soit sur le plan somatique, quelles que soient les précautions prises.

Une étude édifiante a été menée tout récemment par le Professeur Lawther qui dirige en Angleterre le Centre international de référence de l'OMS pour la pollution atmosphérique. Le Professeur Lawther, lors d'un colloque tenu récemment à Athènes, relatait l'étude qu'il a conduite sur l'épidémiologie du cancer du poumon par les gaz de combustion des moteurs. Il a étudié un groupe significatif de travailleurs particulièrement exposés au risque de contamination par ces gaz de combustion, un groupe de chauffeurs d'autobus de Londres, qu'il a comparé à un groupe de référence constitué de chauffeurs de trolleybus. A sa grande surprise, son service a découvert que la fréquence du cancer pulmonaire était trois ou quatre fois plus grande chez les conducteurs de trolleybus que chez ceux qui étaient exposés au risque incriminé du gaz de combustion des

CONCLUSIONS

moteurs à explosion ! Ils ont cherché quelle pouvait en être la cause et l'ont trouvée assez rapidement. Elle est très simple. C'est parce que dans les garages où l'on manipule des produits pétroliers, il est absolument interdit de fumer, alors que cela n'est pas interdit aux conducteurs d'autobus électriques ! Ainsi, le groupe de référence n'était pas celui qu'il pensait, et la responsabilité écrasante du tabac dans le cancer du poumon est, une fois de plus, apparue dans toute son horreur ...

Je crois que c'est cela qu'il faut toujours avoir présent à l'esprit, et même quand il s'agit de la contamination des travailleurs des mines d'uranium : il faut bien se dire que, malheureusement, il y a d'autres facteurs qui sont des facteurs écrasants sur le plan de la morbidité et de la mortalité et dont on fait, dans notre civilisation industrielle, presque volontairement abstraction. Ainsi, si on ne lutte pas contre le tabagisme en même temps qu'on lutte contre le radon, on perd rigoureusement son temps. Tout cela dépasse d'ailleurs la seule santé des travailleurs pour intéresser celle de la population.

C'est là-dessus que je voudrais conclure. Ce colloque a montré une fois de plus que l'énergie atomique, dans tous les pays, représente, même au niveau de son risque majeur, les mines d'uranium, le modèle de ce qui devrait être fait dans le cadre de la protection des travailleurs, comme dans le cadre de la protection de l'environnement et de la population. Je tiens particulièrement à le dire à l'époque où nous voyons, en tout cas dans les pays occidentaux, développer par certains une opposition passionnelle à l'énergie nucléaire. L'énergie atomique a tort de rester sur la défensive, compte tenu de ce qu'elle a fait sur le plan de la protection, tant des travailleurs que de la population, car elle n'a pas à rougir de son oeuvre dans ce domaine, bien au contraire.

Le développement de l'énergie nucléaire est de toutes façons une nécessité sur le plan de la santé publique, parce que cette énergie, contrairement à toutes les sottises que l'on voit répandre en ce moment par quelques-uns, est dépolluante et parce que nous savons très bien que l'on ne peut pas faire de la bonne santé publique, de la bonne hygiène publique sans énergie. Les pays en voie de développement ne cessent d'en témoigner. Et cette opposition devient criminelle le jour où elle risque de retarder l'équipement sanitaire d'un pays quel qu'il soit.

Il faudrait donc que vous, les ingénieurs qui êtes chargés de développer l'énergie atomique, vous ne restiez pas sur la défensive. Il faut contre-attaquer, et il faut dire partout combien tout ce qu'une petite minorité, à laquelle on fait bien trop de publicité, raconte actuellement, est stupide et devient même, comme je le disais tout à l'heure, à la limite, criminel. Nous, médecins, devrions d'ailleurs faire notre mea culpa. Nous savons très bien que 99% de l'irradiation artificielle provient de procédures médicales. Si l'on n'y prend garde, on risque d'arriver un jour à ce que je pourrais appeler le "mur de la radiologie". Si, pour poser un diagnostic absolument sûr, vous étiez obligé de donner à une personne 500 rad en une fois vous la tueriez aussi sûrement. Il faudrait donc bien alors choisir entre le bon diagnostic et la survie du malade. Tout récemment, aux Etats-Unis notamment, on a mis en évidence une conséquence extrêmement inquiétante de l'irradiation médicale : il semble actuellement que 80% des personnes ayant reçu une irradiation de plus de 150 rad seulement sur la région thyroïdienne fassent, après 20 ou 25 ans, des cancers de la thyroïde.

Nous devons donc confronter les différents risques et je reviens à mon point de départ. Plaçons d'abord le risque atomique à sa vraie place dans l'échelle des irradiations, quelles qu'elles soient : nous voyons qu'il se trouve très loin derrière l'irradiation par les procédures médicales.

Pour placer ensuite l'ensemble des risques de l'irradiation, quelle qu'elle soit, dans l'échelle générale de tous les risques connus par l'humanité, je rappellerai simplement ce qu'a dit le Dr Jammet : les travailleurs les plus exposés dans le monde sont les pilotes d'essai, ce qui n'étonnera personne. Ce qui paraîtra plus étonnant, c'est qu'ensuite ce sont les travailleurs agricoles qui utilisent un tracteur, car le tracteur a toujours été construit en ne tenant aucun compte de la sécurité : il tue chaque année, je crois rien qu'en France, plus d'une centaine de personnes. Par contre, le risque couru par les personnes qui travaillent dans les centres atomiques, mis à part les mineurs d'uranium, se situe à peu près au niveau des risques courus par les ouvriers de la chaussure !

Alors quand on vient nous faire du catastrophisme avec l'énergie électronucléaire, qui va en France employer 5 000 personnes dans des conditions extrêmement contrôlées comme jamais on ne l'a fait nulle part, j'estime qu'il faudrait renvoyer les redresseurs de torts,

CONCLUSIONS

qui sont la plupart du temps des ignorants, visiter quelques installations industrielles conventionnelles : ils y apprendraient peut-être quelque chose de sensé, et notamment que, malgré tous les efforts accomplis, les dangers qui y subsistent et dont ils ne parlent jamais sont sans commune mesure avec ceux qu'ils prétendent dénoncer !

LIST OF PARTICIPANTS

AKA, Fsref Zeki
Etibank
Cihan Sokok n° 2
Ankara
Turkey

ALAMILLOS, Francisco
Junta de Energia Nuclear
Sección de Protección Interna
Avda. Complutense, 22
Ciudad Universitaria
Madrid 3
España

ANGEL, Michel
Péchiney Ugine Kuhlmann
B.P. 787 08
75360 Paris Cedex
France

BARAT, François
CRAMA
Service Prévention
20, avenue Charles de Gaulle
33200 Bordeaux
France

BARDET, Georges
P.F.C. Engineering Infratome
62-68, rue Jeanne d'Arc
75013 Paris
France

BASSIGNANI, Sandro
AGIP NUCLEARE
Corso di Porta Romana, 68
Milano
Italia

BAVOUX, Bernard
Direction des Productions
C.E.A.
Division de Vendée
Boîte Postale n° 85
85290 Mortagne-sur-Sèvre
France

BESSUGES, Jacques
C.E.A.
29-33, rue de la Fédération
75015 Paris Cedex
France

BEVERLY, Robert
Director of Environmental Control
Mining and Metals Division
Union Carbide Corporation
P.O. Box 1049
Grand Junction, Co. 81501
USA

BIRIOULINE, Guennadi Service Scientifique et Technique auprès de
l'Ambassade de l'URSS
79, rue de Grenelle
75007 Paris
France

BOJOVIC, Predrag Conseil Confédéral - Confédération des
Syndicats de Yougoslavie
Belgrade
Yougoslavie

BOOTH, Daryl Frederick Australia House
Strand
London WC 2B 4LA
United Kingdom

BOUVILLE, André C.E.A.
DPr. SPS
B.P. n° 6
92260 Fontenay-aux-Roses
France

BRESSON, Gilbert C.E.A.
DPr. Dir.
B.P. n° 6
92260 Fontenay-aux-Roses
France

BUBAKER, Saad Libyan Atomic Energy Commission
P.O. Box 391
Tripoli
Libye

CHAMEAUD, Jean C.E.A.
B.P. n° 1
87640 Razès
France

CHAUD, André C.E.A.
SPR
CEN, Cadarache
B.P. n° 1
Saint-Paul les Durance
France

CHAUVET, Raymond COMUF
Mounana par Moanda
Gabon

CLEUET, André I.N.R.S.
30, rue Olivier Noyer
75680 Paris Cedex 14
France

DE TROY, Félix André Métallurgie Hoboden-Overpelt
Watertorenstraat
Olen
Belgique

DOUSSET, Marc	C.E.A. DPr. SPS B.P. n° 6 92260 Fontenay-aux-Roses France
DRUON, Marcel	C.E.A. Direction des Productions Département des Exploitations Minières Route du Palais 87032 Limoges France
DUPORT, Philippe	C.E.A. DPr. STEPPA 87640 Razès France
DOGU, Altan	M.T.A. Enstitüsü Inönü Buluari Ankara Turkey
DVORAK, Zdenek	Institut de l'Hygiène du Travail à l'Industrie d'Uranium Kamenna Tchécoslovaquie
ELOVSKAJA, Liudmila, Mrs.	Ministry of Health of the USSR Rahmanovskij per. 3 Moscow USSR
ERIKSSON, R., Mrs.	Swedish Miners' Union Box 19 S 772 01 Grängesberg Sweden
EUINTON, L.E.	Department of Labour Chief Occupational Medical Officer Division of Occupational Health and Safety 1150 Rose Street Regina, Sask. Canada
FADEL, Mohammed Omar	Libyan Atomic Energy Commission P.O. Box 391 Tripoli Libye
GOOSSENS, Herman C.D.	F.B.E.C. Europalaan 12 2480 Dessel Belgique
GREGOIRE, Pierre	Department of Labour Saskatchewan Government Occupational Health and Safety Branch Canada

FAGNANI, François

INSERM-CEA
DPr. SPS
B.P. n° 6
92260 Fontenay-aux-Roses
France

FALKOWSKI, Paul

United Steelworkers of America
92 Frood Road
Sudbury, Ontario
Canada

FOSTER, Maurice

Member of Parliament
Ottawa
Canada

FRANCOIS, Yves

C.E.A.
DPr. STEPPA
Division de la Crouzille
87640 Razès
France

GARCIA ROJAS, Fernando

Secretaria del Trabajo y Previsión Social
Dirección General de Medicina y Seguridad
 en el Trabajo
av. Dr. Bertiz y Dr. Rio de la Roza
Mexico 7, D.F.
Mexico

GASPARINI, Mario

S. Donato Milanese
B.P. n° 4174
Milano
Italia

GERARD, André

A.A.F. S.A.
rue William Dian
27620 Gasny
France

GOMEZ, Juan Pedro

Consejo Nacional de Empresarios de España
Empresa Nacional del Uranio
Paseo del Prado n° 18
Madrid 1
España

GOODWIN, Aurel

Chief Health Division
Metal and Nonmetal Mine Health and Safety
Mining Enforcement and Safety Administration
Room 4520
Department of the Interior
18th and C Streets
N.W. Washington, D.C. 20240
USA

GROER, Peter G.

Argonne National Laboratory
Radiological and Environmental Research
 Division
9700 South Cass Avenue
Argonne, Illinois 60439
USA

GROZDANOV, Grozdan	Redvi Metali Sofia Bulgarie
HAFEZ, Mohamed	Atomic Energy Est. Radiation Protection Department Cairo Egypt
HAIDER, B.	Gesellschaft für Strahlen- und Umweltforschung Institut für Strahlenschutz Ingolstädter Landstr. 1 8042 München-Neuerberg Federal Republic of Germany
HAKIMI, Ali	Ministère de l'Energie et de l'Industrie Alger Algérie
HERNANDEZ JURADO, Raul	Plan Nacional de Higiene y Seguridad del Trabajo Calle Torrelaguna Sin Número Madrid 27 España
HOLMES, Aaron J.	Deputy Minister of Lands and Mines of Liberia Ministry of Lands and Mines Monrovia Liberia
HULOT, Michel	F.S.M. 213, rue Lafayette 75480 Paris France
IBE, Librado D.	Philippines Atomic Energy Commission Commonwealth Avenue Diliman Quezon City Philippines
JAMES, Anthony Clive	National Radiological Protection Board Building 383 Harwell Didcot, Oxon OX11 ORQ United Kingdom
JAMMET, Henri	Chef du Département de Protection C.E.A. B.P. n° 6 92260 Fontenay-aux-Roses France
JURMAN, Franc	Ministry of Economy of Republic Slovenijo Chief Inspector of Mining of Republic Slovenijo Titova 85 61000 Ljubljana Yougoslavie

KAHLOS, Heimo Aatos
Institute of Radiation Physics
P.O. Box 268
00101 Helsinki 10
Finland

KOBAL, Yvan
"J. Stefan" Institute
Jamova 39
61000 Ljubljana
Yougoslavie

KONDI-TAMBA
Commissariat des Sciences Nucléaires
B.P. 868
Kinshasa XI
Zaïre

LAFUMA, Jacques
DPr. SPTE
B.P. n° 6
92260 Fontenay-aux-Roses
France

LEGAT, Franc
Geoloski Zavod Ljubljana
Dimicava 16
61000 Ljubljana
Yougoslavie

LETOURNEAU, Ernest
Bureau de radioprotection
Chemin Brookfield
Santé et bien-être social
Ottawa, Ontario KIA ICI
Canada

LEVY, Jacques
Ministère du Travail
127, rue de Grenelle
75007 Paris
France

LEWIN, Hans-Eric
AB Atomenergi Studsvik
Fack
611 00 Nykoping
Sweden

LOEMBA, Norbert
Ambassade de la République Populaire du Congo
57 bis, rue Scheffer
75016 Paris
France

MAMBANGUI, François
COMUF
Mounana par Moanda
Gabon

MAZAURY
Conseiller Médical
C.E.A.
29-33, rue de la Fédération
75015 Paris
France

MECHALI, David

DPr.
C.E.A.
B.P. n° 6
92260 Fontenay-aux-Roses
France

MILLER, James Matthew

Institute of Geological Sciences
154 Clerkerwell Road
London EC1
United Kingdom

MOREAU, Gérard

INSTN
C.E.A.
B.P. n° 2
91190 Gif-sur-Yvette
France

MUELLER, Herbert

Saarbergwerke AG
Trieterstr. 1
Postfach 1030
Saarbrücken
Federal Republic of Germany

MULLER, Jan

Ontario Ministry of Health
Occupational Health Protection Branch
15 Overlea Bvd. 5th floor
Toronto, Ontario M4H IA9
Canada

NASLUND, John

Swedish Miners' Union
Svenska Gruvindustriarbetareforbundet
Box 19
772 01 Grängesberg
Sweden

NAWA

Radiation Protection Services
National Council for Scientific Research
P.O. Box Ch 158
Lusaka
Zambia

NICOLAI, R.A.

Service Médical du Travail
B.P. n° 2
91190 Gif-sur-Yvette
France

PELLERIN, Pierre

Chef du S.C.P.R.I.
B.P. n° 35
78110 Le Vésinet
France

PERRAUD, Roger

Division de La Crouzille
C.E.A.
B.P. n° 1
87640 Razès
France

PHILIPPE, Marcel   Union Internationale des Syndicats de Mineurs
                                C.E.A.
                                B.P. n° 1
                                87640 Razès
                                France

POMAROLA, José   Chef du S.P.R.
                                C.E.A.
                                B.P. n° 6
                                92260 Fontenay-aux-Roses
                                France

PRADEL, Jacques   B.P.G.
                                C.E.A.
                                B.P. n° 6
                                92260 Fontenay-aux-Roses
                                France

PRADINAUD, Adolphe   Ministère de l'Industrie
                                Direction des Mines
                                3, rue Marcel Sembat
                                44000 Nantes
                                France

QUADJOVIE, Massan   Direction des Mines
                                B.P. n° 576
                                Libreville
                                Gabon

RAGHAVAYYA, Muliya   Health Physics Unit (UCIL)
                                P.O. Box JADUGUDA Mines
                                Bihar 832 102
                                India

ROCH, Joseph   United Steelworkers of America
                                Local 5762
                                49 Manitoba Road
                                Elliot Lake, Ontario
                                Canada

SICILIA SOCIAS, Jose M.   Plan Nacional de Higiene y Seguridad
                                  del Trabajo
                                Calle Torrelaguna Sin Número
                                Madrid 27
                                España

SIMPSON STUART, Douglas   Atomic Energy of Canada Ltd.
                                Chalk River Nuclear Laboratories
                                Chalk River, Ontario KOJ IJO
                                Canada

SNIHS, Jan Olof   National Institute of Radiation Protection
                                10401 Stockholm 60
                                Sweden

SORANTIN, Herbert   Österreichische Studien Gesellschaft für Atom-
                                     energie
                                 Lenaugasse 10
                                 1082 Wien
                                 Austria

SØRENSEN, Arne   Danish Atomic Energy Commission
                                 Risø
                                 4000 Roskilde
                                 Denmark

SOUCEK, Vladimir   Bureau des Mines de la République Socialiste
                                     Tchécoslovaque
                                 PSC 110 01
                                 Kozi 4
                                 Praha 1
                                 Tchécoslovaquie

SUBHI, Al-Hashimi   Atomic Energy Commission
                                 Nuclear Research Institute
                                 Tuwaitha
                                 Baghdad
                                 Iraq

SURJOUS, Robert   Compagnie française des Minerais d'Uranium
                                 Mine du Cellier
                                 Saint-Jean La Fouillouse
                                 48170 Châteauneuf de Randon
                                 France

VALENTINE, Kenneth   United Steelworkers of America
                                 55 Eglinton Ave. East, 8th floor
                                 Toronto 12, Ontario
                                 Canada

VERGNE, Julien   Chef du Service Juridique et du Contentieux
                                 C.E.A.
                                 29-33, rue de la Fédération
                                 75015 Paris
                                 France

VINCI, Marco   Ministero del Lavoro
                                 Ispettorato Medico Centrale del Lavoro
                                 Via XX Septembre 97/c
                                 Roma
                                 Italia

VYCHYTIL, Peter   Federal Ministry of Health and Environment
                                 Stubenring 1
                                 1010 Wien
                                 Austria

WALOSZEK, Ernest   C.E.A.
                                 B.P. n° 5
                                 85290 Mortagne-sur-Sèvre
                                 France

WOLBER, Guy	Electricité de France
Comité de Radioprotection
3, rue de Messine
75008 Paris
France

YILDIRIM, Yusuf	Etibank Genel Müdürlügü
Ankara
Turkey

YOUNG, Bruce	United Steelworkers of America
49 Manitoba Road
Elliot Lake, Ontario
Canada

YOURT, G. Reuben	Consulting Engineer
  representing Denison Mines Ltd.
Eldorado Nuclear Ltd., Moranda Mines Ltd.
Rio Algom Mines Ltd.
120 Adelaide St. W., 26th floor
Toronto, Ontario M5H IW5
Canada

ZETTWOOG, Pierre	DPr. STEPPA
C. E. A.
B. P. n° 6
92260 Fontenay-aux-Roses
France

INTERNATIONAL ORGANISATIONS

International Commission on Radiological Protection	JAMMET, Henri
International Social Security Association	CLEUET, André
Miners' Trade Union International	PHILIPPE, Marcel
World Federation of Trade Unions	HULOT, Michel

NO LONGER THE PROPERTY
OF THE
UNIVERSITY OF R. I. LIBRARY